BORUCKI · MATHEMATIK ZUM SCHMÖKERN

# Mathematik zum Schmökern

Ein mathematisches Lesebuch
für junge Leute
und ihre älteren Geschwister
und ihre Eltern
und ihre Großeltern
und ihre Urgroßeltern
und ihre . . .
und . . .
von
Hans Borucki

AULIS VERLAG DEUBNER & CO KG · KÖLN

**Die Deutsche Bibliothek — CIP-Einheitsaufnahme**

**Borucki, Hans:**
Mathematik zum Schmökern : ein mathematisches Lesebuch
für junge Leute und ihre älteren Geschwister und ihre Eltern
und ihre Grosseltern und ihre Urgrosseltern und ihre... und...
/ von Hans Borucki. - Köln : Aulis-Verl. Deubner, 1993
ISBN 3-7614-1471-4

Das vorliegende Werk wurde sorgfältig erarbeitet.
Dennoch übernehmen Autor,
Herausgeber und Verlag
für die Richtigkeit von Angaben,
Hinweisen und Ratschlägen
sowie für eventuelle Druckfehler
keine Haftung.

Bestell-Nr. 6086
Alle Rechte bei AULIS VERLAG DEUBNER & CO KG Köln 1993
Einbandgestaltung: Atelier Warminski, Büdingen
Satz: Druckerei KAHM, Frankenberg/Eder
Illustrationen: Eberhard Binder, Magdeburg
Printed in Hungary
ISBN 3-7614-1471-4

# INHALTSVERZEICHNIS

# Zur Einleitung

*Liebt die Leseratte Mathe, dann ist sie eine Matheratte!*

Und Matheratten brauchen zu ihrem Gedeihen einen ganz besonders bekömmlichen Matherattenfraß.
Hier ist er!
122 leckere Matherattenmahlzeiten stehen bereit!
Darunter sind kleine Matherattenhäppchen, die man zwischendurch mal schnell mit einem Biß hinunterschlingen kann.
Darunter sind aber auch umfangreiche Matherattenmenüs, die man tunlichst langsam und genußvoll zu sich nehmen sollte, damit sie nicht zu schwer im Magen liegen.
Und darunter sind schließlich auch leckere Knochen, an denen man lange herumknaupeln und herumknobeln kann.
Ich hoffe, daß dieser Matherattenfraß kein matter Rattenfraß ist, und wünsche:
Viel Spaß beim Fraß!

Hans Borucki

# Wie man große Zahlen liest

In diesem Buch werden häufig sehr große Zahlen auftreten, wie zum Beispiel:
45 389 725 374 048 739 005 125 689.
Wir finden kaum jemanden, der diese Zahl auf Anhieb lesen kann. Das ist aber im Grunde genommen auch nicht erforderlich. Durch die Ziffernschreibweise ist diese Zahl eindeutig bestimmt. Ein Name ist eigentlich reiner Luxus, wenn es sich um große Zahlen handelt, mit denen man im Alltag selten etwas zu tun hat. Aber immerhin, wenn sich jemand diesen Luxus unbedingt leisten will, so kann er die in der deutschen Sprache üblichen Zahlennamen der folgenden Tabelle entnehmen.

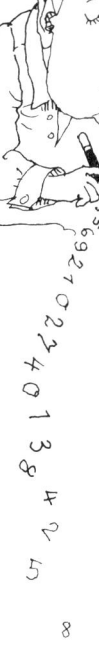

| | |
|---:|:---|
| 1 | eins |
| 10 | zehn |
| 100 | (ein)hundert |
| 1 000 | (ein)tausend |
| 10 000 | zehntausend |
| 100 000 | (ein)hunderttausend |
| 1 000 000 | eine Million |
| 10 000 000 | zehn Millionen |
| 100 000 000 | (ein)hundert Millionen |
| 1 000 000 000 | eine Milliarde |
| 10 000 000 000 | zehn Milliarden |
| 100 000 000 000 | (ein)hundert Milliarden |
| 1 000 000 000 000 | eine Billion |
| 10 000 000 000 000 | zehn Billionen |
| 100 000 000 000 000 | (ein)hundert Billionen |
| 1 000 000 000 000 000 | eine Billiarde |
| 10 000 000 000 000 000 | zehn Billiarden |
| 100 000 000 000 000 000 | (ein)hundert Billiarden |
| 1 000 000 000 000 000 000 | eine Trillion |
| | |
| (ein)tausend Trillionen | eine Trilliarde |
| 1 Million Trillionen | eine Quadrillion |
| 1 Million Quadrillionen | eine Quintillion (Quinquillion) |
| 1 Million Quintillionen | eine Sextillion |
| 1 Million Sextillionen | eine Septillion |

| 1 Million Septillionen | eine Oktillion |
| 1 Million Oktillionen | eine Nonillion |
| 10 000 Septillionen Nonillionen | ein Gaugol |

Jetzt ist es nicht mehr schwer, unsere Beispielzahl beim Namen zu nennen. Sie heißt: fünfundvierzig Quadrillionen dreihundertneunundachtzig Trilliarden siebenhundertfünfundzwanzig Trillionen dreihundertvierundsiebzig Billiarden achtundvierzig Billionen siebenhundertneununddreißig Milliarden fünf Millionen einhundertfünfundzwanzigtausendsechshundertneunundachtzig.

Es genügt durchaus, Zahlen in ihrer wissenschaftlichen Darstellung zu lesen, so unsere Beispielzahl als

$$45, 389\,725\,374\,048\,739\,005\,125\,689 \cdot 10^{24}$$

# Dezimark, Hektopfennig und Millitonne

Fürwahr, eine seltsame Überschrift! Derartige Bezeichnungen wird kaim jemand schon einmal vernommen haben. Was soll das wohl bedeuten: Dezimark?

Ja, was eine „Mark" ist, das weiß jeder. Und auch die Vorsilbe „Dezi-" begegnet uns öfter, zum Beispiel im Zusammenhang mit der Längeneinheit Meter:

Ein Dezi*meter* ist der zehnte Teil eines **Meters.**

Aha! Dann muß also eine Dezi*mark* gleich dem zehnten Teil einer **Mark** sein.

In der Tat! Eine „Dezi*mark"* ist lediglich eine etwas ungewöhnliche Bezeichnung für ein Zehn-Pfennig-Stück oder, wie man in einigen Gegenden Deutschlands sagt, für einen Groschen.

Und wenn ein Hekto*liter* gleich 100 **Liter** ist, dann werden wohl mit der Bezeichnung Hekto*pfennig* 100 Pfennige oder eine Mark gemeint sein. Und weil ein Milli*meter* der tausend-

12

ste Teil eines **Meters** ist, so wird wohl das seltsame Wort Millitonne den tausendsten Teil einer Tonne bezeichnen.

Und weil eine Tonne gleich 1000 Kilogramm ist, werden wir unter dem seltsamen Wort „Millitonne'' ein Kilogramm zu verstehen haben.

Mathematiker und Naturwissenschaftler verwenden bestimmt Vorsilben, um Vielfache oder Bruchteile von Maßeinheiten auszudrücken, einige davon sind in der folgenden Tabelle aufgeführt.

| Vorsilbe | Abkürzung | Bedeutung | Beispiel |
|----------|-----------|-----------|----------|
| Kilo- | k | Tausendfach | 1 Kilogramm (kg) = 1000 g |
| Hekto- | h | Hundertfach | 1 Hektoliter (hl) = 100 l |
| Deka- | da | Zehnfach | 1 Dekagramm (dag) = 10 g |
| Dezi- | d | Zehntel | 1 Dezimeter (dm) = 1/10 m |
| Zenti- | c | Hundertstel | 1 Zentiliter (cl) = 1/100 l |
| Milli | m | Tausendstel | 1 Milligramm (mg) = 1/1000 g |

Versuchen wir doch einmal, ob wir mit diesen Vorsilben nicht noch andere scherzhafte Bezeichnungen finden können, um Eltern, Geschwister und Freunde damit zu verblüffen!

„Höherer Blödsinn'', meint da jemand? Na ja, es muß ja nicht gleich ein „Hekto-'' oder „Kilofüßler'', vielleicht sogar ein „Hektometerläufer'', dem es um „Zentisekunden'' geht, oder ein „Dekakämpfer'' sein. Aber ein „Kilosassa'' wäre der schon, der dieses lustige Spielchen auf die Spitze treibt und seine Sammlung derartiger Wortschöpfungen schließlich auch noch mit Hilfe eines „Kilographen'' „hektofach'' unter die Leute bringt, um seinem „Kiloschönchen'' zu imponieren.

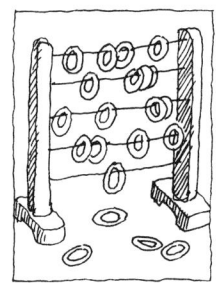

# Die „heimtückische" Null

Die hinterlistigste aller Zahlen ist die Null.

Harmlos und so, als wäre sie gar nicht vorhanden, gibt sie sich bei der Addition:

$$2 + 0 = 2$$
$$15 + 0 = 15$$
$$23\,896 + 0 = 23\,896$$

Auch bei Subtraktion tut sie so, als könne sie kein Wässerchen trüben:

$$5 - 0 = 5$$
$$17 - 0 = 17$$
$$83\,451 - 0 = 83\,451$$

Bei der Multiplikation aber läßt sie die Maske fallen und entpuppt sich als unbarmherziger Zahlenkiller:

$$25 \cdot 0 = 0$$
$$134\,678 \cdot 0 = 0$$
$$0 \cdot 89\,756 = 0$$

Alles macht sie zuschanden, selbst die allergrößten Zahlen:
$$7\,678\,985\,664\,798\,421\,865 \cdot 0 = 0$$
Ja, sogar mehrere Zahlen gleichzeitig bringt sie mit einem Schlag zum Verschwinden:
$$4\,731 \cdot 12\,528 \cdot 9\,856\,236 \cdot 188\,456\,346 \cdot 0 = 0$$
Und dieses unbarmherzige Werk vollbringt sie aus jeder Lage, gleichgültig, ob sie sich am Anfang, am Ende oder mitten in einer solchen Zahlenversammlung befindet:
$$92\,456 \cdot 87\,652\,458 \cdot 0 \cdot 2\,355\,466 \cdot 4\,776\,339 = 0$$
Ganz anders zeigt sich die Null bei der Division. Während sie bei der Multiplikation jede Zahl, und sei sie auch noch so groß, zum Verschwinden bringt, bläht sie bei der Division jede Zahl, und sei sie noch so klein, derart auf, daß wir überhaupt kein Resultat mehr angeben können.

14

Um das zu verstehen, lassen wir den Divisor, also die Zahl hinter dem Doppelpunkt, schrittweise immer kleiner werden und damit der Null immer näher kommen, ihr also immer ähnlicher werden. Das Ergebnis der Divisionsaufgaben wird dabei immer größer und wächst schließlich über alle Grenzen:

$1 : 1 = 1,$     denn 1 ist 1 mal in 1 enthalten.

$1 : \dfrac{1}{2} = 2,$     denn $\dfrac{1}{2}$ ist 2 mal in 1 enthalten;

$1 : \dfrac{1}{5} = 5,$     denn $\dfrac{1}{5}$ ist 5 mal in 1 enthalten;

$1 : \dfrac{1}{10} = 10,$     denn $\dfrac{1}{10}$ ist 10 mal in 1 enthalten;

$1 : \dfrac{1}{100} = 100,$     denn $\dfrac{1}{100}$ ist 100 mal in 1 enthalten;

$1 : \dfrac{1}{1\,000} = 1\,000,$     denn $\dfrac{1}{1\,000}$ ist 1 000 mal in 1 enthalten;

$1 : \dfrac{1}{1\,000\,000} = 1\,000\,000,$     denn $\dfrac{1}{1\,000\,000}$ ist 1 000 000 mal in 1 enthalten;

Für die Aufgabe 1 : 0 kann man deshalb gar kein Resultat nennen, so groß wäre es.

Dieselbe Überlegung können wir auch mit anderen Zahlen wie z. B. 2; 3; 4 usw. durchführen, dann wachsen die Divisionsergebnisse noch schneller.

Die Division einer beliebigen Zahl durch Null ergibt also keine bestimmte Zahl.

Aber nicht genug damit, daß die Null Zahlen zum Verschwinden bringen und Zahlen bis „ins Unendliche" vergrößern kann. Sie kann uns regelrecht an der Nase herumführen, wenn sie als unternehmungslustiges Pärchen in der Form 0 : 0 auftritt. Diesem Ausdruck läßt sich nämlich mit unseren üblichen Rechenerfahrungen einfach nicht beikommen.

Denn 0:0=0 wäre richtig, weil die Probe 0·0=0 stimmt.
Nehmen wir 0:0=1 oder eine beliebige andere Zahl, etwa 0:0=243, so stimmen die Proben 0·1=0 bzw. 0·243=0 auch, usw.

Die Divisionsaufgabe 0:0 ist also eine völlig unbestimmte Sache, ein Irrwisch. Jede beliebige Zahl kann Ergebnis dieser Aufgabe sein, denn mit jeder beliebigen Zahl geht die Probe auf.

Daß die Null bei der Addition und Subtraktion so tut, als wäre sie überhaupt nicht vorhanden, nehmen die Mathematiker klaglos hin. Auch über die brutale Zahlenkillerei der Null bei der Multiplikation sehen sie noch großzügig hinweg.

Was sich die Null bei der Division leistet, das hinzunehmen, sind sie nicht mehr bereit.

Und deshalb haben sich die Mathematiker aller Zeiten und aller Länder darauf geeinigt:

„Durch Null darf nicht dividiert werden!''

Man sagt auch: „Quotienten mit dem Divisor Null sind nicht definiert''.

# Eine eigenartige Hälfte

Es gibt unendlich viele natürliche Zahlen:
1, 2, 3, 4, 5, 6, 7, 8, 9, 10, 11...
Jede zweite natürliche Zahl ist eine gerade Zahl:
2, 4, 6, 8, 10, 12...
Und daraus schließt der mathematische Normalverbraucher messerscharf, daß die Anzahl der natürlichen Zahlen doppelt so groß ist wie die Anzahl der geraden natürlichen Zahlen. Merkwürdigerweise läßt sich aber auch zeigen, daß es

genau so viele natürliche Zahlen geben muß, wie es gerade natürliche Zahlen gibt. Schließlich kann man doch jeder natürlichen Zahl ihr Doppeltes zuordnen:

$$
\begin{array}{cccccccc}
1 & 2 & 3 & 4 & 5 & 6 & 7 & 8\ldots \\
\downarrow & \downarrow & \downarrow & \downarrow & \downarrow & \downarrow & \downarrow & \downarrow \\
2 & 4 & 6 & 8 & 10 & 12 & 14 & 16\ldots
\end{array}
$$

Man sieht: Von jeder natürlichen Zahl geht ein Pfeil zu einer geraden natürlichen Zahl.

Das bedeutet aber: Die natürlichen Zahlen und die geraden Zahlen lassen sich paarweise aufschreiben, so daß jede natürliche Zahl genau einen „gerade" Partner bekommt. Mit der gleichen Methode können wir nachweisen, daß die Anzahl der ungeraden Zahlen ebenfalls gleich der Anzahl der natürlichen Zahlen sein muß.

Und somit haben wir zwei einander widersprechende Sätze bekommen:

1. Die Anzahl der natürlichen Zahlen ist doppelt so groß wie die Anzahl der geraden bzw. ungeraden natürlichen Zahlen.

2. Die Anzahl der natürlichen Zahlen ist genau so groß wie die Anzahl der geraden natürlichen Zahlen.

Diese beiden Sätze führen zu folgenden bemerkenswerten Aussagen:

„Unendlich minus Unendlich ist gleich Unendlich", denn wenn man von den unendlich vielen natürlichen Zahlen die unendlich vielen geraden bzw. ungeraden Zahlen abzieht, dann bleiben die unendlich vielen ungeraden bzw. geraden Zahlen übrig.

Und weil es üblich ist, für den Begriff „Unendlich" das Zeichen „$\infty$" zu benutzen, können wir schreiben: $\infty - \infty = \infty$.

„Unendlich geteilt durch zwei ist gleich Unendlich", denn die unendlich vielen geraden bzw. ungeraden Zahlen stellen ja die Hälfte der unendlich vielen natürlichen Zahlen dar.

Was war es denn eigentlich, was uns zu diesen widersprüchlichen Sätzen und zu diesen merkwürdigen Aussagen geführt hat? Irgendwo muß uns doch wohl bei unseren Überlegungen ein Irrtum unterlaufen sein! In der Tat, wir haben einen fundamentalen Fehler gemacht: Wir haben den Begriff der „Anzahl", der ja nur einen Sinn hat, wenn man etwas wirklich bis „zum Ende zählen" kann, auf Mengen von unendlich vielen Zahlen übertragen. Wir haben den Begriff „Unendlich" wie eine natürliche Zahl behandelt und zusammen mit solchen „Anzahlbegriffen" wie „Hälfte" und „genauso viele" benutzt. Und das muß schiefgehen, weil die beiden Begriffe „Anzahl" und „Unendlich" nicht zueinander passen.

# Malnehmen mal ganz anders

In unseren Breiten rechnet man die Multiplikationsaufgaben 37 · 45 schriftlich so:

$$\begin{array}{ll} 37 \cdot 45 & \\ \hline 148 & \text{Ergebnis von } 37 \cdot 4 \\ 185 & \text{Ergebnis von } 37 \cdot 5 \\ \hline 1665 & \text{Endergebnis} \end{array}$$

Andere Länder, andere Sitten!
Es gibt Gegenden, wo man dieselbe Multiplikationsaufgabe folgendermaßen berechnet:
Man schreibt die beiden Zahlen, die man miteinander malnehmen soll, zunächst nebeneinander:

$$37 \qquad\qquad 45$$

Nun teilt man die linksstehende Zahl — also die Zahl 37 — durch 2 und schreibt das Ergebnis ohne den dabei auftretenden Rest unmittelbar darunter. Weil 37 : 2 = 18 Rest 1 ist, ergibt sich

18

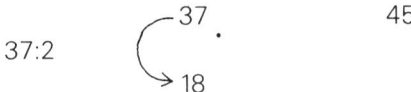

$37 : 2$

Unter die rechtsstehende Zahl — also die Zahl 45 — schreibt man ihr Doppeltes, also 90:

$37 : 2$

Mit diesen beiden neuen Zahlen — hier 18 und 90 — verfährt man nun entsprechend und erhält die dritte Zeile unserer Rechnung:

$37 : 2$

$18 : 2$

Dieses Verfahren — Halbieren der linken und Verdoppeln der rechten Zahl — setzen wir solange fort, bis in der linken Spalte die Zahl 1 erscheint:

**linke Spalte**          **rechte Spalte**

: 2

: 2

: 2

: 2

: 2

19

Nun streicht man alle Zeilen weg, in denen in der linken Spalte eine gerade Zahl steht. Es ergibt sich:

| linke Spalte | rechte Spalte |
|:---:|:---:|
| 37 | 45 |
| ~~18~~ | ~~90~~ |
| 9 | 180 |
| ~~4~~ | ~~360~~ |
| ~~2~~ | ~~720~~ |
| 1 | 1440 |

Wenn man jetzt die nicht durchgestrichenen Zahlen der rechten Spalte zusammenzählt, dann erhält man das Ergebnis unserer Multiplikationsaufgabe:

| linke Spalte | rechte Spalte |
|:---:|:---:|
| 37 | 45 |
| ~~18~~ | ~~90~~ |
| 9 | 180 |
| ~~4~~ | ~~360~~ |
| ~~2~~ | ~~720~~ |
| 1 | 1440 |
| | 1665 |

Manchmal werden bei diesem Verfahren fast alle Zeilen weggestrichen. Zum Beispiel bei der Aufgabe 33 · 2.

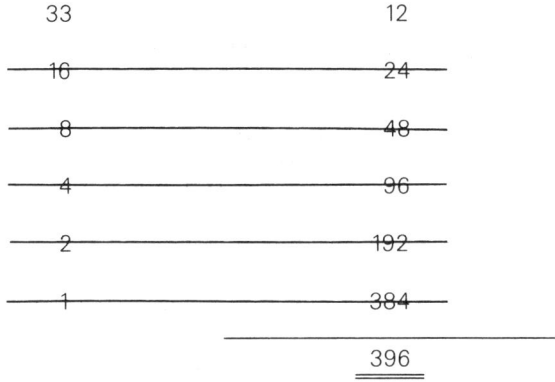

```
   33                    12
   16̶ ─────────────── 2̶4̶ ──
    8̶ ─────────────── 4̶8̶ ──
    4̶ ─────────────── 9̶6̶ ──
    2̶ ─────────────── 1̶9̶2̶ ──
    1̶ ─────────────── 3̶8̶4̶ ──
        ───────────────
                396
                ═══
```

Ein andermal kann es durchaus vorkommen, daß keine einzige Zeile weggestrichen werden kann, wie beispielsweise
bei der Aufgabe 31 · 15.

```
   31                    15

   15                    30

    7                    60

    3                   120

    1                   240

        ───────────────
                465
                ═══
```

Welches Produkt aus zwei natürlichen Zahlen wir auch wählen, in jedem Fall liefert dieses merkwürdige Verfahren das
richtige Ergebnis.
An Hand einiger selbstgestellter Aufgaben, kann das jeder
nachprüfen.
Grundlage dieses nicht alltäglichen Multiplikationsverfahrens
ist die Tatsache, daß sich der Wert eines zweigliedrigen Pro-

duktes nicht ändert, wenn man den ersten Faktor halbiert und zugleich den zweiten Faktor verdoppelt.
Am Beispiel 12 · 25 sieht das so aus:

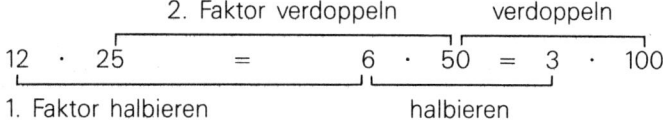

$$12 \cdot 25 = 6 \cdot 50 = 3 \cdot 100$$

1. Faktor halbieren    halbieren

Was aber bei dieser Methode mit den Resten geschieht, die beim Dividieren entstehen, und weshalb wir alle Zeilen streichen müssen, in denen links eine gerade Zahl steht, können wir ohne viel Mühe aus der folgenden Gegenüberstellung erkennen.

# Die Stotterzahl

„Denk dir eine dreistellige Zahl!" so beginnt eine kleine Zahlenspielerei. „Nimm sie mal 7, multipliziere das Ergebnis mit 11 und das Ergebnis dieser Aufgabe dann noch mit 13! Was fällt dir an dem Resultat auf?"

Nun, wenn uns etwas auffallen soll, müssen wir das Spielchen einmal ausführen. Nehmen wir als Beispiel die Zahl 125. Nach der Vorschrift multiplizieren wir sie nacheinander mit 7, 11 und 13. Wir erhalten:

$$
\begin{array}{r}
125 \cdot 7 \\
\hline
875 \cdot 11 \\
\hline
875 \\
875 \\
\hline
9625 \cdot 13 \\
\hline
9625 \\
28875 \\
\hline
125125 \\
\hline
\hline
\end{array}
$$

Das Bemerkenswerte an diesem Ergebnis ist, daß bei ihm die Ziffernfolge der gedachten Zahl zweimal nacheinander auftritt. Es ist so, als hätten wir gestottert: „125125". Wir könnten nun „sprachschöpferisch" derartige Zahlen „Stotterzahlen" nennen. 125125 und 743743 wären dann die Stotterzahlen zu 125 bzw. 743. Ob bei dieser mathematischen Spielerei am Ende wohl immer die „Stotterzahl" der gedachten Zahl herauskommt?

Probieren wir's doch einmal mit der Zahl 507. Es ergibt sich:

$$
\begin{array}{r}
507 \cdot 7 \\
\hline
3549 \cdot 11 \\
\hline
3549 \\
3549 \\
\hline
39039 \cdot 13 \\
\hline
39039 \\
117117 \\
\hline
507507 \\
\hline
\hline
\end{array}
$$

Tatsächlich! Wieder haben wir die Stotterzahl der gedachten Zahl erhalten.

Da scheint eine Gesetzmäßigkeit vorzuliegen! Aber welche? Also noch ein Beispiel: Denken wir uns diesmal die Zahl 357. Diese Zahl sollen wir nacheinander mit 7, 11 und 13 malnehmen. Wir sollen also 357 · 7 · 11 · 13 rechnen.

Nun gilt aber bei der Multiplikation natürlicher Zahlen das Verbindungsgesetz, auch Assoziativgesetz genannt. Es lautet: Bei einem mindestens dreigliedrigen Produkt kann man die einzelnen Faktoren nach Belieben in Klammern setzen und diese Klammern zunächst für sich berechnen, ohne daß sich dabei der Wert des Produkts ändert.

Wenn wir also die drei Faktoren 7, 11 und 13 in Klammern setzen, so ergibt sich:

$$357 \cdot 7 \cdot 11 \cdot 13 = 357 \cdot (7 \cdot 11 \cdot 13)$$

Das Produkt, das in der Klammer steht, rechnen wir nun für sich aus. Wir erhalten:

$$
\begin{array}{r}
11 \cdot 7 \\
\hline
77 \cdot 13 \\
\hline
77 \\
231 \\
\hline
1001
\end{array}
$$

Also gilt:

$$357 \cdot 7 \cdot 11 \cdot 13 = 357 \cdot 1001$$

Das bedeutet: Die Multiplikation einer Zahl nacheinander mit 7, 11 und 13 ergibt dasselbe, wie die Multiplikation dieser Zahl mit 1001.

Wenn man aber eine dreistellige Zahl mit 1001 multipliziert, ergibt sich eine „Stotterzahl", wie unser Beispiel zeigt:

$$
\begin{array}{r}
357 \cdot 1001 \\
\hline
357000 \\
357 \\
\hline
357357
\end{array}
$$

So leicht war die Erklärung!

Ob sich das Spielchen wohl so einrichten läßt, daß es auch bei vierstelligen oder sogar bei fünfstelligen Zahlen auf die jeweilige „Stotterzahl" der gedachten Zahl führt?

Wer Lust dazu hat, kann es ja probieren!

# Eine schnell wachsende Pflanze

Jemand hat eine kleine Lotosblume in seinen Gartenteich gesetzt. Offensichtlich findet die Pflanze dort äußerst günstige Lebensbedingungen vor, denn sie entwickelt ein erstaunliches Wachstum. Jeden Tag, den Gott werden läßt, überdeckt sie eine doppelt so große Fläche wie am Vortage. Nach 10 Tagen ist der Teich total zugewachsen.

Nach wie vielen Tagen wäre der Teich wohl völlig bedeckt gewesen, wenn sein Besitzer zwei derartige Lotosblumen hineingesetzt hätte? Bitte erst eine Antwort, dann weiterlesen!

„Bereits nach 5 Tagen" könnte man meinen. Das ist aber ein gewaltiger, wenn auch naheliegender Irrtum. Ganz so schnell geht's wirklich nicht!

Wenn eine derart rasch wachsende Pflanze nach 10 Tagen die gesamte Wasserfläche bedeckt, so hat sie am Tage zuvor, also nach 9 Tagen, erst die Hälfte des Teiches überdeckt.

Zwei Hälften ergeben aber ein Ganzes.

Also brauchen zwei Lotosblumen, wenn jede von ihnen die Hälfte der Teichfläche bedecken soll, dazu genau 9 Tage Zeit.

Erst nach 9 Tagen und nicht schon nach 5 Tagen haben es die beiden Pflanzen geschafft.

# Eine stumpfsinnige Zählerei

Ob es wohl jemals schon einen Menschen gab, der von eins bis eine Million gezählt hat? Zahl für Zahl: ,,Eins, zwei, drei . . . siehenhundertachtundzwanzig, siebenhundertneunundzwanzig, siebenhundertdreißig . . . achtundvierzigtausenddreihundertsiebenundsechzig, achtundvierzigtausenddreihundertachtundsechszig . . . neunhundertneunundneunzigtausendneunhundertachtundneunzig, neunhundertneunundneunzigtausendneunhundertneunundneunzig, eine Million.''

Sollte es tatsächlich irgendwann einmal einen Ehrgeizling geben, der mit dieser Leistung ins Guinness-Buch der Rekorde Einzug halten will, so müßte er für seine geistlose Zählerlei viel viel Zeit mitbringen.

Nehmen wir an, dieser Typ wäre ein geübter Schnellsprecher. Dann könnte es ihm gelingen, zum Aussprechen eines jeden der eine Million Zahlwörter im Schnitt nur 1 Sekunde zu benötigen. Um von eins bis eine Million zu zählen, brauchte er folglich genau 1 000 000 Sekunden.

1 000 000 Sekunden sind 1 000 000 : 60 ≈ 16 667 Minuten; 16 667 Minuten sind 16 667 : 60 ≈ 278 Stunden; 278 Stunden sind 11 Tage 14 Stunden.

Unser stumpfsinniger Zähler müßte also ununterbrochen 11 Tage und 14 Stunden zählen, bis er endlich bei einer Million angelangt ist. Bei einer Arbeitswoche von 5 Tagen zu je 8 Stunden würde er für sein wahrhaft blödsinniges Vorhaben

26

rund 7 Wochen benötigen. Wollte dieser Rekordjäger gar von eins bis eine Milliarde zählen, so brauchte er, weil eine Milliarde tausend Millionen sind, tausendmal so viel Zeit, also rund 7000 Wochen. Wenn wir ihm 2 Wochen Urlaub im Jahr gönnen, wären das immerhin 140 Jahre.

# Der gehetzte Bundestags-abgeordnete

Rund 200 000 Wahlberechtigte umfaßt der Wahlkreis des frischgebackenen Bundestagsabgeordneten Wahlmann. Für 4 Jahre haben sie ihn in den Bundestag gewählt. Da er nach dieser Zeit unbedingt wieder gewählt werden möchte, hat sich Herr Wahlmann vorgenommen, mit jedem dieser 200 000 Wahlberechtigten wenigstens einmal ins Gespräch zu kommen, und er hat für jedes dieser Gespräche im Schnitt 3 Minuten veranschlagt. Ob er das wohl bis zur nächsten Bundestagswahl schafft? Rechnen wir's durch!
Um sich jedem der 200 000 Wahlberechtigten 3 Minuten zu widmen, braucht Herr Wahlmann $200\,000 \cdot 3 = 600\,000$ Minuten.
600 000 Minuten sind $600\,000 : 60 = 10\,000$ Stunden.
10 000 Stunden sind $10\,000 : 24 \approx 417$ Tage.
Er müßte also ununterbrochen 417 Tage und Nächte mit seinen potentiellen Wählern sprechen. Da er aber auch Schlaf braucht und weil hin und wieder auch seine Anwesenheit in Bonn erforderlich ist, dürften ihm im Schnitt nur 2 Stunden täglich für seine Wahlkreisarbeit bleiben. Um jedem Stimmberechtigten seines Wahlkreises 3 Minuten zu widmen, brauchte Herr Wahlmann also $10\,000 : 2 = 5000$ Tage. Und das sind rund $13\frac{1}{2}$ Jahre. Bereits nach 4 Jahren will er jedoch wiedergewählt werden!

# Die unmenschliche „Strafarbeit"

Oberstudienrat Streng macht seinem Namen wieder einmal alle Ehre. Die Zahlen von 1 bis 100 000 bis zur nächsten Stunde aufschreiben zu lassen, droht er Daniela als Strafe für ihre Geschwätzigkeit. Daniela gibt zurück: „Das ist bis morgen nicht zu schaffen!" „Soll ich dir etwa eine Woche Zeit geben für das bißchen schreiben?" höhnt Herr Streng. „Dann würde ich es vielleicht schaffen", behauptete Daniela, „aber nur, wenn ich Tag und Nacht arbeite." Hat sie recht?

Zwar sind „nur" 100 000 Zahlen zu schreiben. Aber für den Umfang ihrer Arbeit ist nicht die Anzahl der zu schreibenden Zahlen maßgebend, sondern die Anzahl der zu schreibenden Ziffern. Um herauszubekommen, wie viele Ziffern Daniela zu schreiben hat, überlegen wir folgendermaßen:
Die 9 einstelligen Zahlen von 1 bis 9 haben zusammmen 9 Ziffern; die zweistelligen Zahlen von 10 bis 99 haben zusammmen $90 \cdot 2 = 180$ Ziffern;
die 900 dreistelligen Zahlen von 100 bis 999 haben zusammmen $900 \cdot 3 = 2700$ Ziffern;
die 9000 vierstelligen Zahlen von 1000 bis 9999 haben zusammmen $900 \cdot 4 = 36 000$ Ziffern;
die 90 000 fünfstelligen Zahlen von 10 000 bis 99 999 haben zusammmen $90 000 \cdot 5 = 450 000$ Ziffern;
die einzige sechsstellige Zahl 100 000 hat 6 Ziffern.
Insgesamt hat Daniela also $9 + 180 + 2700 + 36 000 + 450 000 + 6 = 488 895$ Ziffern zu schreiben. Daniela kann in jeder Sekunde eine Ziffer schreiben. Sie braucht für ihre Strafarbeit deshalb 488 895 Sekunden.
488 895 Sekunden sind $488 895 : 60 \approx 8148$ Minuten; 8148 Minuten sind $8148 : 60 \approx 136$ Stunden; 136 Stunden sind 5 Tage 16 Stunden.
Würde Daniela ihre Strafarbeit auf einen Papierstreifen schreiben und brauchte sie für 2 Ziffern 1 cm Platz, so müßte dieser Papierstreifen $488 895 : 2 = 244 447,5$ cm

lang sein. Das sind rund 2444 m, d. h. fast 2,5 km. Auf einer gewöhnlichen Rechenheftseite bringt man, wenn man ganz eng schreibt, 1000 Ziffern unter.

Daniela würde also für diese Arbeit 488 895 : 1000 ≈ 489 Seiten brauchen. Ob es wohl solche Rechenhefte gibt?

# Milliardär und Millionär

Ein Milliardär, also ein Mann, der ein Vermögen von 1 000 000 000 DM besitzt, braucht seinen Lebensunterhalt sicherlich nicht mehr ,,mit seiner Hände Arbeit'' zu bestreiten. Er kann recht gut von den Zinsen seines Vermögens leben. Wahrscheinlich gelingt es ihm trotz größter Anstrengung nicht, soviel Geld auszugeben, wie er einnimmt.

Nehmen wir einmal an, er erhält für sein Vermögen 6 % Zinsen. Dann bekommt er pro Jahr
1 000 000 000 DM · 0,06 = 60 000 000 DM an Zinsen.

Das sind pro Tag

$$60\,000\,000 \text{ DM} : 365 \approx 164\,384 \text{ DM}$$

und pro Stunde

$$164\,384 \text{ DM} : 24 \approx 6850 \text{ DM}$$

und pro Minute

$$6850 \text{ DM} : 60 \approx 114 \text{ DM}$$

und pro Sekunde

$$114 \text{ DM} : 60 \approx 1,90 \text{ DM}.$$

29

Wie arm dagegen ist doch ein „einfacher Millionär". Er bekäme ja nur ein Tausendstel dieses Betrages. Bei einem Zinssatz von ebenfalls 6 % erhält er pro Jahr 1 000 000 DM · 0,06 = 60 000 DM an Zinsen.
Das sind pro Tag

$$60 000 \text{ DM} : 365 \approx 164,38 \text{ DM}$$

und pro Stunde

$$164,38 \text{ DM} : 24 \approx 6,85 \text{ DM}$$

und pro Minute

$$6,85 \text{ DM} : 60 \approx 0,11 \text{ DM}$$

und pro Sekunde

$$0,11 \text{ DM} : 60 \approx 0,002 \text{ DM, d. h. } \frac{1}{5}$$
Pfennig.

Übrigens: Ein Millionär wird erst dann zum Milliardär, wenn es ihm gelingt, jedes einzelne „Mark-Stück", das er besitzt, durch einen „Tausend-Mark-Schein" zu ersetzen!

# Mit Sparen allein schafft man's kaum

Millionär will er werden, erwidert der kleine Traugott Zuversicht auf die Frage nach seinen Zukunftsplänen. Und wenn man ihn dann noch fragt, wie er das wohl erreichen will, sagt er nur ein Wort: „Sparen!"
Nehmen wir einmal an, Traugott könnte, nachdem er einen Beruf ergriffen hat, jeden Tag 50 DM sparen. Er brauchte

dann, um auf 1 000 000 DM zu kommen, genau
1 000 000 : 50 = 20 000 Tage. Das sind knapp 55 Jahre.
Traugott müßte also 55 Jahre lang jeden Tag 50 DM eisern
sparen, erst dann wäre er Millionär.
Zugegeben, wenn man die Zinsen mitrechnet, geht's ein
bißchen rascher. Aber sehr bequem und aussichtsreich ist
das Vorhaben wirklich nicht!

# Die Findelkinder von Paris

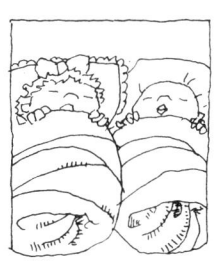

Als die Mathematiker um die Wende des 18. Jahrhunderts
begannen, sich etwas systematischer mit der Wahrscheinlichkeitsrechnung zu befassen, untersuchten sie u. a. mit viel
Aufwand eine bemerkenswerte Erscheinung. Schon lange
davor hatte man festgestellt, daß unter den Neugeborenen
offensichtlich das männliche Geschlecht prozentual überwiegt. Es werden, über längere Zeiträume betrachtet, mehr
Knaben als Mädchen geboren. Die Ursache für diese
Erscheinung interessiert die Mathematiker weniger, viel mehr
aber, um wieviel die Knabengeburten die Mädchengeburten
überwiegen. Und so werteten sie die Geburtenregister der
verschiedensten Städte und Länder aus. Das Ergebnis dieser
Untersuchung lautete: Auf 1000 Geburten fallen im Mittel
512 Knabengeburten und 1000 − 512 = 488 Mädchengeburten. Dieses Zahlenverhältnis war in allen untersuchten
Städten, unter anderem Neapel, Berlin, St. Petersburg und
London, nahezu gleich. Auch für Frankreich, als Ganzes
betrachtet, zeigte sich dasselbe Verhältnis von 512 Knabengeburten auf 1000 Geburten. Nur die Stadt Paris fiel aus
dem Rahmen. Hier kamen auf 1000 Geburten nur 510 Knabengeburten dafür aber 490 Mädchengeburten. Das ist zwar
kein übermäßig großer Unterschied, muß jedoch eine Ursache haben. Aber welche? Liegt es vielleicht am Pariser Trink-
wasser? Oder an der Pariser Luft? Oder gar an der Tatsache,
daß sich die Pariser durch eine besonders hohe Wertschät-

zung gegenüber dem weiblichen Geschlecht auszeichnen? Im Gegenteil! Eine ausgesprochene Mißachtung des weiblichen Geschlechts erwies sich als Ursache für diese merkwürdige Erscheinung. Es stellte sich nämlich heraus, daß im Gegensatz zu allen anderen untersuchten Städten im Geburtenregister der Stadt Paris auch die Findelkinder verzeichnet waren, also die Kinder, die von ihren Eltern einfach auf den Straßen von Paris ausgesetzt worden waren. Bei der bäuerlichen Bevölkerung in der Umgebung von Paris galt jedoch ein neugeborener Knabe mehr als ein neugeborenes Mädchen. Die Jungen konnte man, wenn sie herangewachsen waren, als billige Arbeitskräfte in der Landwirtschaft einsetzen. Mädchen dagegen galten als unnütze Esser, deren spä-

tere Verheiratung noch zusätzliche Schwierigkeiten bereiten könnte. Also brachte man vorwiegend neugeborene Mädchen nach Paris und setzte sie dort aus. Daß man damit wirklich die Ursache für diese merkwürdige Verschiebung der Geburtenzahlen zugunsten der Mädchen gefunden hatte, erwies sich, als man die Findelkinder aus der Untersuchung herausnahm. Denn ohne Berücksichtigung der Findelkinder ergab sich auch für Paris dasselbe Zahlenverhältnis wie in den übrigen Städten und Ländern: 512 Knabengeburten zu 488 Mädchengeburten auf 1000 Neugeborene.
Bei diesem Verhältnis handelt es sich offensichtlich um eine Art Naturkonstante, deren Wert über längere Zeit gleichbleibt und vom Menschen nicht beeinflußt werden kann. Noch können ja die Eltern — Gott sei Dank — nicht bestimmen, welches Geschlecht ihr Kind haben soll. Für die Her-

steller von Baby-Bekleidung ist dieses gleichbleibende Verhältnis von Knabengeburten zu Mädchengeburten ein unverdienter Glücksfall, können sie doch auf lange Zeit vorausplanen, in welchem Verhältnis sie beispielsweise rosa und blaue Strampelanzüge produzieren müssen.

Übrigens: Das Auffinden des Geburtenverhältnisses ist bei weitem nicht das einzige einleuchtende Beispiel für den praktischen Nutzen der Wahrscheinlichkeitsrechnung.

# Raucher-Problem

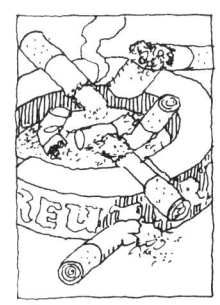

Etwa 210 Milliarden Zigaretten rauchen die Bewohner der Bundesrepublik Deutschland durchschnittlich im Jahr. Jeder der rund 80 Millionen Bürger, vom jüngsten Säugling bis zum ältesten Greis, raucht als, statistisch gesehen, pro Jahr

$$210\,000\,000\,000 : 80\,000\,000 = 2625$$

Zigaretten,
und das sind pro Tag

$$2625 : 365 \approx 7,2 \text{ Stück.}$$

Bezieht man den Zigarettenverbrauch nur auf die rund 64 Millionen Bundesbürger, die über 15 Jahre alt sind, so würde jeder von ihnen pro Jahr

$$210\,000\,000\,000 : 64\,000\,000 \approx 3281 \text{ Zigaretten}$$

und pro Tag

$$3281 : 365 \approx 9 \text{ Zigaretten}$$

rauchen.
Verglimmt der Tabak einer Zigarette, so bildet sich dabei im Mittel 0,023 Gramm Teerfraktionen.
210 Milliarden Zigaretten ergeben somit

$$210\,000\,000\,000 \cdot 0,023\,g \approx 4\,830\,000\,000\,g$$
Teerstoffe,

und das sind immerhin 4 830 000 kg.

Als unverbesserliche Optimisten nehmen wir an, daß von den 64 Millionen Erwachsenen nur 20 Millionen den Zigarettenkonsum aktiv fördern. Rechnen wir doch einmal aus, wieviel Gramm Teerstoffe, von denen ein Teil krebserregend wirkt, ein Raucher bei uns jährlich seinen Atemwegen zumutet! Ganz zu schweigen von dem Geld, das sich auf diese Weise in Rauch und Asche auflöst! Darüber hat ja auch schon Goethe nachgedacht, wie sein Freund von Knebel berichtete: ,,Schon jetzt (1806) gehen 25 Millionen Taler in Deutschland in Tabakrauch auf. Die Summe kann auf 40, 50, 60 Millionen steigen, und kein Hungriger wird gesättigt und kein Nackter gekleidet. Was könnte mit dem Geld geschehen!'' Ahnte Goethe, daß 180 Jahre später Milliardenbeträge ,,verraucht'' werden?

# Junge oder Mädchen?

Schon sechs Kinder hat Familie Hankel. Alle sechs sind Mädchen. Eines schöner als das andere. Nun haben Herr und Frau Hankel im gegenseitigen Einvernehmen den letzten Versuch gestartet, um doch noch zu dem heiß ersehnten Stammhalter zu kommen. Das siebte Kind ist unterwegs. Wird es ein Junge? Oder wird es wieder ein Mädchen? ,,Ich wette 100 : 1, daß es ein Junge wird!'' macht sich Herr Hankel während der Frühstückspause im Kreise seiner Arbeitskollegen Mut. ,,Die Wahrscheinlichkeit, daß man sieben Mädchen nacheinander bekommt, ist so verschwindend klein, daß ich die Wette fast mit Sicherheit gewinne!'' Halt! Hier ist Herr Hankel ein Denkfehler unterlaufen, der ihn teuer zu stehen kommen könnte, sollte einer seiner Arbeitskollegen auf die angebotene Wette eingehen. Wenn überhaupt, so sollte Herr Hankel tunlichst 1 : 1 wetten, denn die Chancen dafür, daß ein neugeborenes Kind ein Junge ist, stehen nunmal 512 : 488, d. h. annähernd 1 : 1. Und das ist unabhängig davon, welches Geschlecht seine vor ihm geborenen Geschwister haben.

Die Chancen ,,Junge oder Mädchen'' stehen beim ersten Kind einer Familie genau so 512 : 488 wie bei allen folgenden Kindern. Also ist die Chance dafür, daß Herrn Hankels siebtes Kind ein Junge wird, genau so groß wie die, daß sein erstes Kind oder sein zweites oder sein drittes oder sein viertes oder sein fünftes oder sein sechstes Kind ein Bub geworden wäre.

Vielleicht werden die mathematischen Zusammenhänge etwas klarer, wenn wir an Stelle der Geburt eines Kindes das Ziehen eines Loses aus einem Gefäß mit 512 Losen der Sorte A und 488 Losen der Sorte B betrachten. Beides sind mathematisch gleichwertige Vorgänge. Es sind Zufallsexperimente mit zwei möglichen Versuchsergebnissen: Bei beiden sind die Chancen für einen bestimmten Versuchsausgang ungefähr gleich groß. Mathematisch gesehen können wir deshalb die komplizierte und langwierige Geburt eines Kindes durch die einfache, viel schneller durchführbare Los-Ziehung ersetzen. Die Mathematiker sprechen in diesem Zusammenhang von einer Simulation und sagen: Das Zufallsexperiment ,,Geburt eines Kindes'' wird durch das Zufallsexperiment ,,Ziehen eines Loses'' simuliert. Wenn wir jetzt eines der 1000 Lose ziehen, so ist unsere Chance, ein Los der Sorte A zu erwischen, 512 : 488. Nehmen wir an, wir hätten ein Los der Sorte B gezogen. Dieses Los rollen wir wieder ordnungsgemäß zusammen, geben es ins Gefäß zurück und mischen die Lose erneut. Wiederholen wir die Ziehung, dann haben wir die gleiche Chance wie vorher, ein Los der Sorte A zu ziehen. Natürlich gilt das auch dann, wenn wir zuerst ein Los der Sorte A gezogen hätten. Das Ergebnis der zweiten Ziehung

---

*Anmerkung:* In der Mathematik sagt man: Die Wahrscheinlichkeit dafür, daß ein Junge geboren wird, beträgt $p_1 = {}^{512}/1000 = 0,512$, und die Wahrscheinlichkeit für die Geburt eines Mädchens ist $p_2 = 0,488$.

ist völlig unabhängig von dem Ergebnis der ersten, da wir
bei beiden Ziehungen die gleiche Anzahl Lose im Gefäß
haben.

Wie oft wir dieses Experiment auch wiederholen, jedesmal
haben wir annähernd die gleiche Chance, ein Los der Sorte
A bzw. der Sorte B zu ziehen, wenn wir nur nach der Ziehung den Anfangszustand (512mal A und 488mal B) wieder
herstellen.

Wenn wir also eine Wette über den Ausgang einer bestimmten Ziehung, z. B. der siebten, abschließen, dann sollten wir
tunlichst 1 : 1 wetten.

Ganz anders sieht das jedoch aus, wenn wir eine Serie von
sieben Ziehungen planen und vor der ersten eine Wette darüber abschließen, daß bei diesen sieben Ziehungen mindestens ein Los der Sorte A gezogen wird. Die Chance, daß
alle sieben gezogenen Lose von der Sorte B sind, ist sehr
gering. Sie liegt bei 1 : 100. Wir könnten also getrost
100 : 1 wetten, daß mindestens ein Los der Sorte A
erscheint.

Zurück zu Herrn Hankels Wettangebot während der Frühstückspause.

Sein Angebot lautet: 100 : 1 dafür, daß das siebte Kind ein
Bub wird. „Zugreifen!'' kann man da nur sagen, denn so ein
Angebot bekommt man nicht alle Tage. Wir wissen ja jetzt,

daß Herrn Hankels Chancen bei dieser Wette nur etwa 1 : 1 stehen. Wenn wir — hoffentlich — gewinnen, kassieren wir den hundertfachen Einsatz. Und das, obwohl unsere Gewinnchance genau so groß ist wie die von Herrn Hankel. Herrn Hankels Wettangebot von 100 : 1 wäre nur dann der Situation angemessen, wenn er vor der Geburt des ersten Kindes darauf gewettet hätte, daß unter den geplanten sieben Kindern mindestens ein Junge ist.

Damit ist klar: Herr Hankel hat in seiner begreiflichen Aufregung zwei unterschiedliche Wettangebote durcheinander gebracht: Das mit der Chance 1 : 1 zu bewertende Angebot: ,,Wetten, daß das siebte Kind ein Junge wird'', und das mit der Chance 100 : 1 zu bewertende Angebot: ,,Wetten, daß mindestens eines meiner noch nicht geborenen, aber bereits geplanten sieben Kinder ein Junge wird''.

Hoffen wir, daß keiner seiner Arbeitskollegen auf sein Angebot eingeht. Der arme Mann hätte im Falle der Geburt eines Mädchens außer dem Spott auch noch die Kosten einer falsch eingeschätzten Wette zu tragen.

# Ein haariges Problem

Ob es wohl zwei Menschen auf der Welt gibt, die ,,haargenau'' die gleiche Anzahl von Haaren auf dem Kopf haben? Natürlich gibt es die, wenn wir zum Beispiel zwei Glatzköpfe miteinander vergleichen. Sie haben in der Tat gleich viele Haare auf dem Kopf, nämlich gar keine.

So war aber die Frage nicht gemeint, sondern ob es auf der Erde zwei Menschen mit richtigen ,,Wuschelköpfen'' gibt, die gleich viele Kopfhaare haben. Wie muß wohl die Antwort lauten? Auf die Frage, ob es zwei Menschen gibt, die am selben Tage Geburtstag haben, brauchten wir mit unserer Antwort nicht zu zögern: ,,Natürlich gibt es die!''

Denn überhaupt können ja nur insgesamt 366 Menschen an verschiedenen Tagen Geburtstag haben, weil es bekanntlich nicht mehr Tage in einem (Schalt-)Jahr gibt. Sobald also 367 Leute beieinander sind, müssen unter allen Umständen mindestens zwei von ihnen am gleichen Tag Geburtstag haben, anders geht es nicht. Natürlich können auch mehr als zwei, ja sogar alle 367 am gleichen Tag Geburtstag haben. Das muß jedoch kein bestimmter Tag des Jahres, beispielsweise der 25. Juni, sein. Das kann zwar so sein, muß aber nicht so sein.

Aus verschiedenen Lexika können wir erfahren, daß der Mensch nicht mehr als 125 000 Kopfhaare hat. Jetzt ist es uns aber ein leichtes, die Antwort auf unsere Anfangsfrage zu geben: Es gibt mindestens zwei Menschen auf der Erde, die gleich viele Haare auf dem Kopf haben. Wir brauchen dazu nicht einmal die ganze Erde, ja nicht einmal Europa bzw. ganz Deutschland zu betrachten. Es genügt eine Stadt mit mindestens 125 001 Einwohnern. In dieser Stadt gibt es mit absoluter Sicherheit zwei Menschen, die genau dieselbe Anzahl von Kopfhaaren besitzen.

Das heißt jedoch nicht etwa, daß es irgendwo jemanden gibt, der genau so viele Kopfhaare hat wie eine bestimmte Person, etwa unser Staatsoberhaupt. Das läßt sich, wie unsere Überlegung mit den Geburtstagen gezeigt hat, nicht

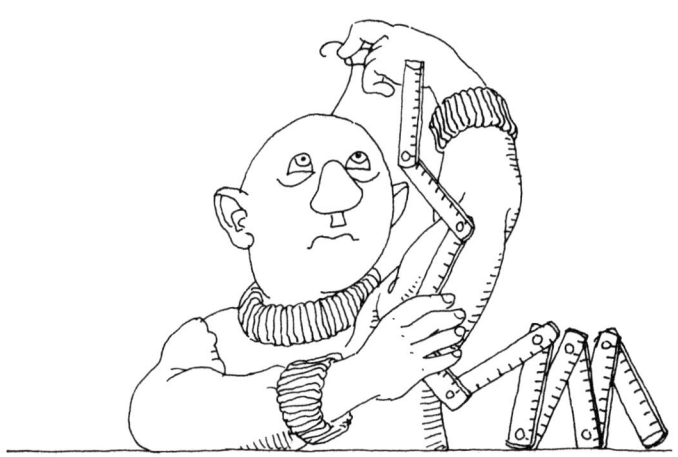

mit Sicherheit sagen. Es könnte durchaus sein, daß die betreffende Person mit ihrer Haarpracht ganz allein steht und auf der ganzen Erde keinen ,,Haarzwilling'' hat. Genauso gut könnte es aber auch sein, daß im Augenblick 2 467 893 Menschen auf der Erde leben, die exakt so viele Haare haben wie die betreffende Person.

Außerdem können wir keine Aussagen darüber machen, ob es zwei Menschen mit einer ganz bestimmten Anzahl von Haaren gibt, beispielsweise mit genau 108 758. Diese Frage läßt sich nicht durch logisches Schließen, sondern nur durch eine Reihenuntersuchung beantworten. Wir müßten so lange ,,Haare zählen'', bis wir entweder auf zwei Personen mit je 108 758 Haaren gestoßen sind oder bis wir unsere ,,Haarzählung'' bei allen derzeit lebenden Menschen ausgeführt haben.

Fürwahr, ein äußerst mühsames Unterfangen! Auch schon deshalb, weil man ja schon nach dem nächsten Windstoß oder nach der nächsten Kopfwäsche ein paar Haare weniger haben könnte als in diesem Augenblick.

Übrigens: Wie viele Meter Kopfhaar produziert wohl der menschliche Körper an einem einzigen Tag? Das Ergebnis ist schier unglaublich! Da ein einzelnes Haar — nach Angabe des Lexikons — jeden Tag um rund 0,4 mm wächst, wachsen 125 000 Haare um insgesamt $125\,000 \cdot 0,4$ mm, und das sind immerhin 50 000 mm, also 50 m. Selbst wenn man nur 100 000 Haare auf dem Kopf haben sollte, müßte man neben seiner sicherlich schon recht schweren Tagesarbeit auch noch so ganz nebenher 40 m Haar produzieren.

# Vorwärts — rückwärts, rückwärts — vorwärts

Es gibt Wörter, die sowohl vorwärts als auch rückwärts gelesen einen Sinn ergeben. Zum Beispiel:

| | |
|---|---|
| REGEN | NEGER |
| MADE | EDAM |
| REGAL | LAGER |
| LEBEN | NEBEL |

Während Wörter mit einer solchen Eigenschaft recht selten sind, läßt sich jede beliebige natürliche Zahl, die nicht auf ,,0'' endet, sowohl vorwärts als auch rückwärts lesen. Zum Beispiel:

| | |
|---|---|
| 235 | 532 |
| 1078 | 8701 |
| 289 007 | 700 982 |

Solche Zahlenpaare nennt man Spiegelzahlen. Es gibt auch einige wenige Wörter, die vorwärts und rückwärts gelesen nicht nur einen Sinn ergeben, sondern sogar vollkommen gleich lauten, wie zum Beispiel:

ANNA
OTTO
RADAR
NEBEN
LAGERREGAL
RELIEFPFEILER

Viel leichter als solche sehr seltenen Wörter lassen sich Zahlen mit dieser Eigenschaft finden, zum Beispiel:

121
3553
1 790 971

Solche Zahlen stimmen mit ihren Spiegelzahlen überein.
Man hat sogar ganze Sätze gefunden, die sich vorwärts und
rückwärts lesen lassen*. Sie haben allerdings meistens keinen besonders tiefsinnigen Inhalt, wie die folgenden Beispiele zeigen:

SEI FEIN, NIE FIES
NUR DU GUDRUN
EIN NEGER MIT GAZELLE ZAGT IM REGEN NIE

Ob sich auch mit Zahlen etwas Ähnliches bilden läßt wie ein
Satz, der vorwärts und rückwärts gelesen werden kann? Mit
Einschränkung könnten wir sagen: Was dem Wort der Satz,
das ist der Zahl die Gleichung!
Wir fragen uns deshalb: Gibt es Gleichungen, die man vor-
wärts und rückwärts lesen kann und die in beiden Fällen
wahre Aussagen liefern
Eine einfache Gleichung mit dieser Eigenschaft ist

$$12 \cdot 12 = 144.$$

Lesen wir sie rückwärts, also von rechts nach links, so erhalten wir die Gleichung

$$441 = 21 \cdot 21.$$

Und auch diese Gleichung stimmt, wie wir leicht nachprüfen
können. Auch die Gleichung $13 \cdot 13 = 169$ ist rückwärts les-
bar und bleibt richtig, denn es gilt $931 = 31 \cdot 31$.
Dann ist aber erst einmal Schluß. So einfach geht es nicht
weiter. Die Gleichung $14 \cdot 14 = 196$ kann man zwar auch
rückwärts lesen, aber sie wird dann ganz schlicht und einfach falsch, denn $691 \neq 41 \cdot 41$.

---

*Anmerkung:* Sogar ganze Gedichte gibt es, die man vorwärts und rückwärts lesen
kann. Beispiele findet man in: Herbert Pfeiffer, Oh Cello voll Echo. Insel Verlag 1992

Weitere Beispiele für Gleichungen, die beim Rückwärtslesen richtig bleiben, sind:

$$121 \cdot 121 = 14641$$
$$102 \cdot 102 = 10404$$
$$85 \cdot 101 = 8585$$

Wir können es gleich nachprüfen! Ein Taschenrechner wird ja wohl zur Hand sein! Wenn nicht, so dürfte es auch nicht schaden, endlich wieder einmal eine einfache Multiplikationsaufgabe mit dem eigenen Gehirn statt mit dem Elektronengehirn zu rechnen.

Und dann sollten wir uns doch auf die Suche nach weiteren derartigen Gleichungen machen. Ein besonders schönes Exemplar sollte mir eingesandt werden. Ich sammle solche Beispiele, wie andere Leute Briefmarken, Münzen oder Bierkrüge sammeln. Meine Anschrift: Hans Borucki, Im Weingarten 10, 97638 Mellrichstadt. Herzlichen Dank schon im voraus! Das schließt nicht aus, daß ich zum Dank auch noch eine Ansichtskarte aus Mellrichstadt schicke.

## Wann ist Ostern?

Woher wissen wir eigentlich, wann im nächsten Jahr Ostern ist? Dumme Frage, wird mancher jetzt denken, da schaut man einfach im Kalender nach, da steht's. Aber wer sagt dem Kalendermann, wann im nächsten Jahr Ostern ist, oder im übernächsten Jahr, oder im über-übernächsten Jahr, oder im Jahre 2032?

Niemand sagt's ihm. Er muß es selbst berechnen. Aber wie?

Da müssen wir zuerst einmal wissen, nach welchen Gesichtspunkten der Ostertermin festgelegt wird.

Auf dem Konzil von Nizäa, einer Zusammenkunft von Bischöfen und anderen kirchlichen Amts- und Würdenträgern, wurde im Jahre 325 für die gesamte Christenheit

beschlossen: Das Osterfest wird am ersten Sonntag nach dem ersten Vollmond nach Frühlingsbeginn gefeiert. Danach richten wir uns noch heute. Der frühestmögliche Ostertermin ist also der 22. März.

Ein so frühes Osterfest wurde schon lange nicht mehr gefeiert und wird auch lange nicht mehr gefeiert werden. Sowohl in diesem Jahrhundert als auch im nächsten gibt es kein einziges Jahr, in dem Ostern auf den 22. März fällt. Zuletzt fand dieses seltene Ereignis 1818 statt. Das nächste Mal wird es erst im Jahre 2285 wieder der Fall sein.

Der spätestmögliche Ostertermin ist der 25. April. Ein solches, mitten im schönsten Frühling liegendes Osterfest konnte zuletzt im Jahre 1943 gefeiert werden. Das nächste Osterfest am 25. April wird erst im Jahre 2038 wieder eintreten.

Aber nun zurück zu unserer Frage, wie man das Osterdatum berechnen kann, d. h. den ersten Sonntag nach dem ersten Vollmond nach Frühlingsanfang. Schließlich muß man es ja berechnen können, weil man anderenfalls jedes Jahr erneut beobachten müßte, wann der erste Frühlingsvollmond ist, um danach über Rundfunk und Fernsehen zu verkünden: „Nächsten Sonntag ist Ostern!"

Wir können in der Tat den Ostertermin auf Jahre hinaus vorherberechnen, aber auch rückblickend, wann beispielsweise im Jahre 1903 Ostern gefeiert wurde.

Die Formel dafür hat der berühmte Mathematiker Carl Friedrich Gauß entdeckt. Sie ist recht kompliziert, aber mit etwas Konzentration und Beharrlichkeit durchaus zu kapieren. Die Gaußsche Vorschrift zur Berechnung des Ostertermins lautet:

**1. Schritt:**

Teile die Jahreszahl durch 19, und bestimme den bei dieser Division verbleibenden Rest a.

Beispiel

$$1911 : 19 = 100 \text{ Rest } 11$$
$$a = 11$$

**2. Schritt:**

Teile die Jahreszahl durch 4, und bestimme den bei dieser Division verbleibenden Rest b.

$$1911 : 4 = 477 \text{ Rest } 3$$
$$b = 3$$

**3. Schritt:**

Teile die Jahreszahl durch 7, und bestimme den bei dieser Division verbleibenden Rest c.

$$1911 : 7 = 273 \text{ Rest } 0$$
$$c = 0$$

**4. Schritt:**

Teile $19 \cdot a + 24$ durch 30, und bestimme den bei dieser Division verbleibenden Rest d.

$$(19 \cdot 11 + 24) : 30 =$$
$$233 : 30 = 7$$
$$\text{Rest } 23$$
$$d = 23$$

**5. Schritt:**

Teile $2 \cdot b + 4 \cdot c + 6 \cdot d + 5$ durch 7, und bestimme den bei dieser Division verbleibenden Rest e.

$$(2 \cdot 3 + 4 \cdot 0 + 6 \cdot 23 + 5) : 7 =$$
$$149 : 7 = 21 \text{ Rest } 2$$
$$e = 2$$

44

## 6. Schritt:

Bilde die Summe 22 + d + e. Falls sie größer als 21 und kleiner als 32 ist, dann fällt Ostern in dem betreffenden Jahr auf den (22 + d + e)$^{ten}$ März, andernfalls, auf den (d + e − 9)$^{ten}$ April.

$22 + 33 + 2 = 47 > 31$

Ostertermin im Jahre 1911:
$(23 + 2 − 9) = 16.$ April

Folgendes müssen wir aber noch beachten:

1. Falls wir auf diesem Wege den als Ostertermin nicht möglichen 26. April herausbekommen, so liegt Ostern eine Woche früher, also am 19. April.

2. Falls wir den an sich gerade noch als Ostertermin möglichen 25. April erhalten, müssen wir die Divisions d und a noch einmal untersuchen. Falls d = 28 und a >10 wird, fällt Ostern nicht auf den berechneten 25. April, sondern auf den 18. April. Das wär's! Ganz schön happig, was? Aber man kann's verstehen. Hier sind noch ein paar Ostertermine. Daran können wir jederzeit prüfen, ob wir die Gaußsche Osterformel mit Hilfe der Anleitung benutzen können.

Übrigens: In der angegebenen Form ist die Gaußsche Osterformel nur für die Jahre von 1900 bis 2099 zu verwenden.

### Datum des Ostersonntags in den Jahren 1931–2032

| | | | | | |
|---|---|---|---|---|---|
| 1931 | 5. April | 1941 | 13. April | 1951 | 25. März |
| 1932 | 27. März | 1942 | 5. April | 1952 | 13. April |
| 1933 | 16. April | 1943 | 25. April | 1953 | 5. April |
| 1934 | 1. April | 1944 | 9. April | 1954 | 18. April |
| 1935 | 21. April | 1945 | 1. April | 1935 | 10. April |
| 1936 | 12. April | 1946 | 21. April | 1956 | 1. April |
| 1937 | 28. März | 1947 | 6. April | 1957 | 21. April |
| 1938 | 17. April | 1948 | 28. März | 1958 | 6. April |
| 1939 | 9.April | 1949 | 17. April | 1959 | 29. März |
| 1940 | 24. März | 1950 | 9. April | 1960 | 17. April |

| 1961 | 2. April | 1985 | 7. April | 2009 | 12. April |
|------|----------|------|----------|------|-----------|
| 1962 | 22. April | 1986 | 30. März | 2010 | 4. April |
| 1963 | 14. April | 1987 | 19. April | 2011 | 24. April |
| 1964 | 29. März | 1988 | 3. April | 2012 | 8. April |
| 1965 | 18. April | 1989 | 26. März | 2013 | 31. März |
| 1966 | 10. April | 1990 | 15. April | 2014 | 20. April |
| 1967 | 26. März | 1991 | 31. März | 2015 | 5. April |
| 1968 | 14. April | 1992 | 19. April | 2016 | 27. März |
| 1969 | 6. April | 1993 | 11. April | 2017 | 16. April |
| 1970 | 29. März | 1994 | 3. April | 2018 | 1. April |
| 1971 | 11. April | 1995 | 16. April | 2019 | 21. April |
| 1972 | 2. April | 1996 | 7. April | 2020 | 12. April |
| 1973 | 22. April | 1997 | 30. März | 2021 | 4. April |
| 1974 | 14. April | 1998 | 12. April | 2022 | 17. April |
| 1975 | 30. März | 1999 | 4. April | 2023 | 9. April |
| 1976 | 18. April | 2000 | 23. April | 2024 | 31. März |
| 1977 | 10. April | 2001 | 15. April | 2025 | 20. April |
| 1978 | 26. März | 2002 | 31. März | 2026 | 5. April |
| 1979 | 15. April | 2003 | 20. April | 2027 | 28. März |
| 1980 | 6. April | 2004 | 11. April | 2028 | 16. April |
| 1981 | 19. April | 2005 | 27. März | 2029 | 1. April |
| 1982 | 11. April | 2006 | 16. April | 2030 | 21. April |
| 1983 | 3. April | 2007 | 8. April | 2031 | 13. April |
| 1984 | 22. April | 2008 | 23. März | 2032 | 28. März |

Wer einen Computer hat, der die Programmiersprache BASIC versteht, kann ihn mit dem nachfolgenden Programm „überreden", die Ostertermine der Jahre 1900 bis 2099 zu berechnen.

```
1 REM "OSTERTERMIN"
10 CLS
20 INPUT "WELCHES JAHR"
30 IF J<1900 OR J>2099 THEN 250
40 LET A=J-(INT(J/19)*19)
50 LET B=J-(INT(J/4)*4
60 LET C=J-(INT(J/7)*7)
70 LET D=(19*A+24)-(INT((19*A+24)/30)*30)
80 LET E=(2*B+4*C+6*D+5)-(INT((2*B+4*C+6*D+5)/7)*7
90 LET F=22+D+E
100 IF F>31 OR F<21 THEN 140
120 PRINT "IM JAHRE";J;"LIEGT OSTERN AM";F;".MÄRZ."
130 END
140 LET G=D+E-9
150 IF G=26 THEN 190
160 IF G=25 THEN 210
170 PRINT "IM JAHRE";J;"LIEGT OSTERN AM";G;".APRIL."
180 END
190 PRINT "IM JAHRE";J;"LIEGT OSTERN AM";G-7;".APRIL."
200 END
210 IF D=28 THEN 230
220 GOTO 170
230 IF A>10 THEN 190
250 PRINT "DIESES PROGRAMM GILT NUR FÜR DIE JAHRE VON 1900 BIS 2099"
```

# Mächtige Potenzen

Für die Addition mehrerer gleicher Zahlen gibt es die Kurzschreibweise:

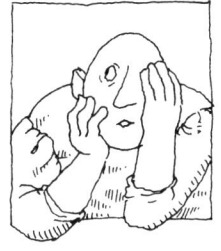

$$2 + 2 + 2 + 2 + 2 + 2 + 2 + 2 + 2 + 2 = 10 \cdot 2$$
10 gleiche Summanden

Eine ähnliche Kurzschreibweise haben wir auch für die Multiplikation gleicher Zahlen:

$$2 \cdot 2 \cdot 2 \cdot 2 \cdot 2 \cdot 2 \cdot 2 \cdot 2 \cdot 2 \cdot 2 = 2^{10}$$
10 gleiche Faktoren

Einen Ausdruck der Form $2^{10}$ (gelesen „zwei hoch zehn'') nennt man eine Potenz. 2 ist die Grundzahl oder Basis; 10 ist die Hochzahl oder der Exponent.
Die Hochzahl einer Potenz gibt also an, wie oft die Grundzahl als Faktor gesetzt werden soll:

$$a^n = a \cdot a \cdot a \cdot a \cdot a \cdot \ldots \cdot a$$
n Faktoren

Potenz kommt aus dem Lateinischen und heißt auf Deutsch Mächtigkeit. Und mächtig sind Potenzen allemal. Schon bei verhältnismäßig kleinen Grund- und Hochzahlen können sich ganz gewaltige Potenzwerte ergeben:

$2^{10}$ = 1024
$2^{20}$ = 1 048 576
$5^{12}$ = 244 140 625
$12^9$ = 5 159 780 352
$10^{20}$ = 100 000 000 000 000 000 000
$5^{100}$ = 7 888 609 052 210 118 054 117 285
652 827 862 296 732 064 351 090 230
047 702 789 306 640 625

Die Frage nach der größten Zahl, die sich mit zwei Ziffern schreiben läßt, können wir mit diesen Kenntnissen leicht beantworten.
Es ist nicht etwa die Zahl 99, sondern die Zahl $9^9$. Und für die Potenz $9^9$ liefert uns der Taschenrechner den Wert 387 420 489.
Machen wir uns nun auf die Suche nach der größten Zahl, die sich mit drei Ziffern schreiben läßt!
Die Zahl 999 scheidet aus, denn mit Sicherheit ist die ebenfalls mit nur drei Ziffern geschriebene Zahl $99^9$ größer. Sie ist so groß, daß bereits ein gewöhnlicher Taschenrechner bei ihrer Berechnung zu streiken beginnt. Aber immerhin gibt er einen Näherungswert an, nämlich:

48

$99^9 \approx 913\,517\,247\,500\,000\,000.$

Noch größer ist die Zahl $9^{99}$.
Auch hier gibt der Taschenrechner nur einen Näherungswert an:

$9^{99} \approx 2\,951\,266\,541\,000\,000\,000\,000\,000\,000\,000\,000\,000 \ldots$

insgesamt 85 Nullen

Obwohl $9^{99}$ eine Zahl mit immerhin 95 Stellen ist, gibt es noch eine weitaus größere Zahl, die sich mit drei Ziffern schreiben läßt.
Es ist die Zahl $9^{(9^9)}$
Die Klammern bestimmen, daß das in ihnen Stehende zuerst berechnet werden soll. Weil $9^9 = 387\,420\,489$ ist, ergibt sich:

$$9^{(9^9)} = 9^{387\,420\,489}$$

Und bei dieser Zahl streikt nun der Taschenrechner endgültig. Nicht einmal einen Näherungswert gibt er mehr an. Man kann ihm das auch nicht verdenken, denn die Zahl $9^{387\,420\,489}$ besteht immerhin aus $369\,693\,100$ Ziffern. Die ersten 60 Ziffern dieser Mammutzahl sind: 428 124 773 175 747 048 036 987 115 930 563 521 339 055 482 241 443 514 174 753.
Die letzten 26 Ziffern sind:
24 178 799 359 681 422 627 177 289.
Die dazwischenliegenden $369\,693\,014$ Ziffern kennt bisher offensichtlich noch kein Mensch.
Wer die gesamte Zahl aufschreiben will, muß viel Zeit dafür aufbringen. Falls er in jeder Sekunde zwei Ziffern zu schreiben vermag, so braucht er für sein Werk rund 51 346 Arbeitsstunden. Bei einer 5-Tage-Woche mit täglichen 8 Stunden Arbeitszeit wären das immerhin rund 25 Jahre.
Selbst der Drucker eines Computers, der 250 Zeichen pro

Sekunde schafft, würde immerhin noch rund 411 Stunden, also etwa 17 Tage für diese Schreibarbeit benötigen. Aber nicht nur viel Zeit ist zum Aufschreiben dieser Riesenzahl erforderlich, sondern auch viel Papier.

Wenn man für jede Ziffer einen halben Zentimeter rechnet, ist die Zahl $9^{(9^9)}$ rund 1 850 km lang.

Ein Papierstreifen, auf den wir diese Zahl — Ziffer hinter Ziffer — aufschreiben wollten, müßte also rund 1 850 km lang sein. Da sich ein Papierstreifen dieser Länge kaum finden läßt, wird man diese Zahl wohl zeilenweise auf Bogen schreiben müssen. Verwenden wir dazu DIN-A-4-Papier, dann passen 70 Ziffern in eine Zeile und 35 Zeilen auf eine Seite. Wenn wir Vorder- und Rückseite beschreiben, brauchen wir immerhin 75 500 Blatt. 100 Blatt Papier haben eine Dicke von etwa einem Zentimeter. Könnte man die 75 500 Blatt Papier übereinanderlegen, so bildeten sie einen Turm von 7,55 m Höhe.

Und wenn wir jetzt, nachdem wir dieses Kapitel gelesen und verstanden haben, etwa glauben, die größte Zahl die sich mit drei ,,Dreien'' schreiben läßt, sei $3^{(3^3)}$, so sind wir auf dem Holzwege. Warum wohl?

# Die große Familie

Nicht nur in der Pause, nein, gelegentlich sogar während der Mathematikstunden liegen sich Peter und Michael, die beiden Banknachbarn, in den Haaren. Einmal ärgert Peter den Michael, dann wieder bringt Michael den Peter durch eine unpassende Bemerkung auf die Palme. Und so geht die Streiterei hin und her.

,,Warum müßt ihr euch denn dauernd in der Wolle haben?'' ermahnt Herr Riese, der Mathematiklehrer, die beiden Streithähne, als sie es wieder einmal gar zu bunt treiben.

,,Schließlich seid ihr doch miteinander verwandt, und unter Verwandten sollte es keinen Streit geben!''

„Wir sind doch nicht verwandt!" protestieren Peter und Michael wie aus einem Munde.

„Na, dann paßt mal gut auf! Ich werde euch jetzt nämlich mathematisch exakt beweisen, daß ihr doch miteinander verwandt seid", entgegnet Herr Riese und beginnt mit der folgenden Überlegung:

Jeder Mensch hat 2 Eltern, Vater und Mutter.

Da sowohl der Vater als auch die Mutter jeweils ebenfalls Vater und Mutter haben, hat jeder Mensch $2 \cdot 2 = 4$ Großeltern. Jeder der 4 Großeltern hat 2 Eltern. Somit hat jeder Mensch $4 \cdot 2 = 8$ Urgroßeltern.

Jeder der 8 Urgroßeltern hat 2 Eltern, weshalb jeder Mensch $8 \cdot 2 = 16$ Ur-Urgroßeltern hat.

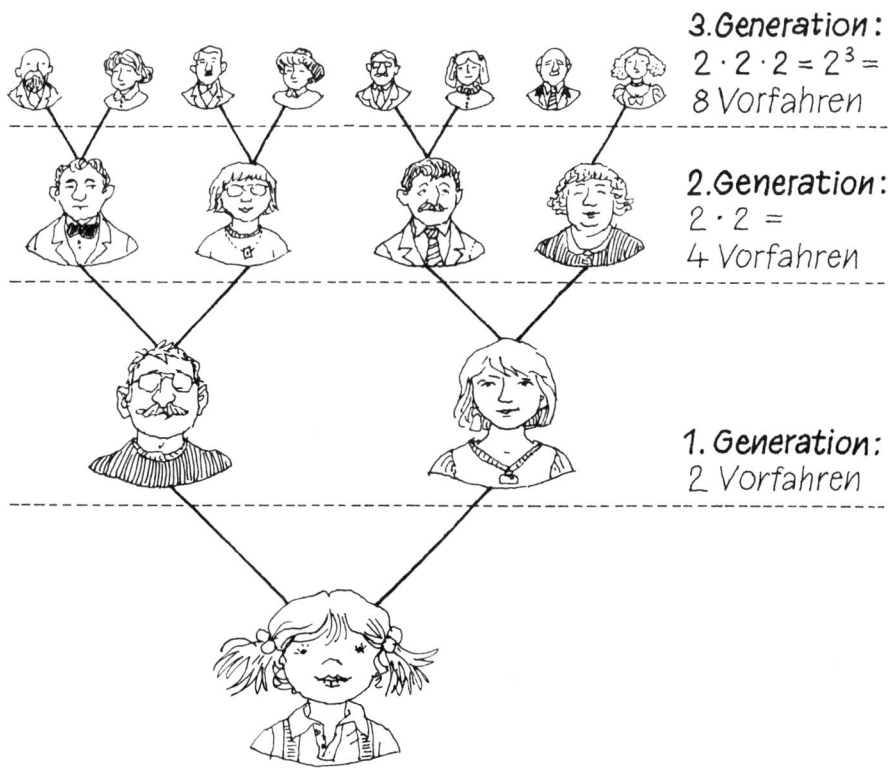

**3. Generation:**
$2 \cdot 2 \cdot 2 = 2^3 =$
8 Vorfahren

**2. Generation:**
$2 \cdot 2 =$
4 Vorfahren

**1. Generation:**
2 Vorfahren

51

Und so geht das weiter und weiter. Jeder Mensch hat

$16 \cdot 2 = 32$ Ur-Ur-Urgroßeltern,

$32 \cdot 2 = 64$ Ur-Ur-Ur-Urgroßeltern,

$64 \cdot 2 = 128$ Ur-Ur-Ur-Ur-Urgroßeltern usw.

Die Eltern nennt man die 1. Generation, die Großeltern die 2. Generation, die Urgroßeltern die 3. Generation, die Ur-Urgroßeltern die 4. Generation usw.

Jeder Mensch hat also

in der 1. Generation 2 Vorfahren,

in der 2. Generation $2 \cdot 2 = 4$ Vorfahren,

in der 3. Generation $2 \cdot 2 \cdot 2 = 8$ Vorfahren,

in der 4. Generation $2 \cdot 2 \cdot 2 \cdot 2 = 2^4 = 16$ Vorfahren,

in der 10. Generation $2^{10} = 1024$ Vorfahren

in der 20. Generation $2^{20} = 1\,048\,576$ Vorfahren,

in der 30. Generation $2^{30} = 1\,073\,741\,824$ Vorfahren.

Wenn wir für je 3 Generationen ein Jahrhundert rechnen, so haben unsere Vorfahren der 30. Generation vor 1000 Jahren, also im Jahre 1000 nach Christi Geburt, gelebt.

Sowohl Peter als auch Michael müßten also im Jahre 1000 nach Christi Geburt je $1\,073\,741\,824$ Vorfahren gehabt haben. So viele Menschen lebten aber zu der Zeit gar nicht. Also müssen Peter und Michael einige gemeinsame Vorfahren haben.

„Und wenn man gemeinsame Vorfahren hat, dann ist man miteinander verwandt", beendet Herr Riese seine Darlegung. „Und zwischen Verwandten soll es gefälligst keinen Streit geben!" „Dann bin ich ja eigentlich mit jedem jetzt lebenden Menschen irgendwie verwandt", meint Peter nachdenklich.

„Gewiß", sagt Herr Riese,„wir Menschen sind eine große Familie und sollten uns schon deshalb viel besser vertragen als bisher."

---

*Anmerkung:* Die Mathematiker nennen die Art und Weise, wie die Zahlen der Vorfahren anwachsen, eine geometrische Zahlenfolge mit dem Quotienten 2.

# Der Turm von Hanoi

Bei dem unter dem Namen „Turm von Hanoi" weithin bekannten Geschicklichkeitsspiel geht es darum, die Scheiben vom Pflock A auf den Pflock E zu bringen. Der Pflock Z darf dabei als Zwischenlager verwendet werden.
Bei der Umschichtung sind die folgenden Regeln einzuhalten:

1. Es darf jeweils nur eine Scheibe umgelegt werden.
2. Es darf niemals eine größere Scheibe auf eine kleinere Scheibe gelegt werden.

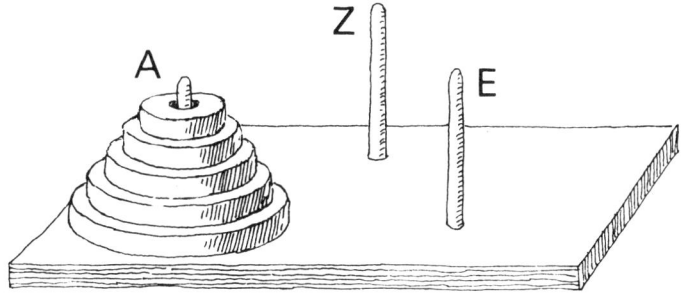

Der Einfachheit halber beginnen wir einmal mit einem Turm von nur zwei Scheiben:

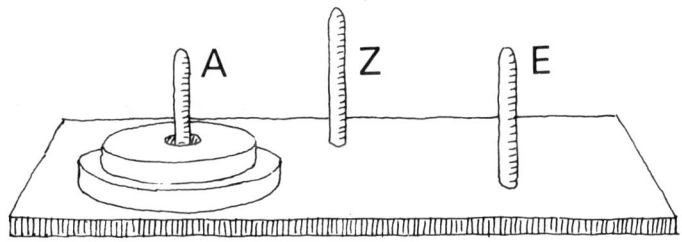

Da geht's ganz leicht, und zwar in genau 3 Schritten.

1. Umlegung:

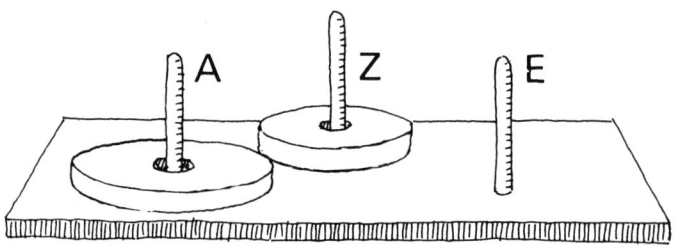

2. Umlegung:

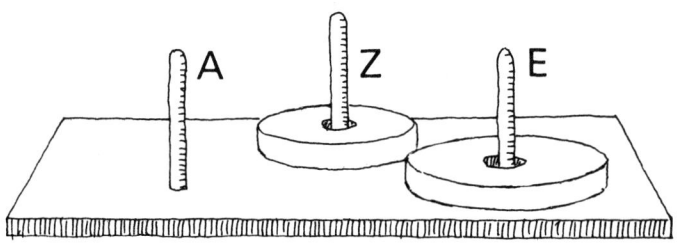

3. Umlegung:

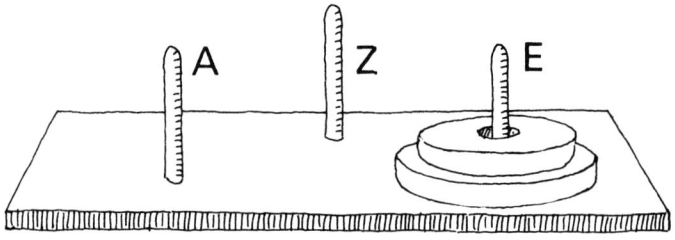

Nun wagen wir uns an einen Turm von 3 Scheiben heran:
Um ihn umzuschichten, brauchen wir schon 7 Schritte:

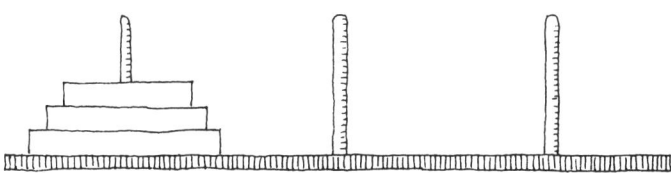

1. Umlegung:

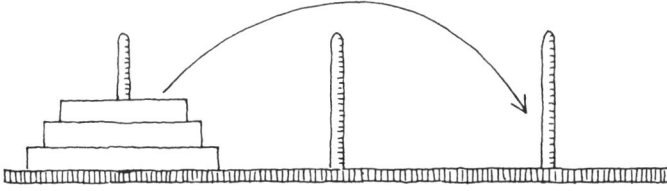

2. Umlegung:

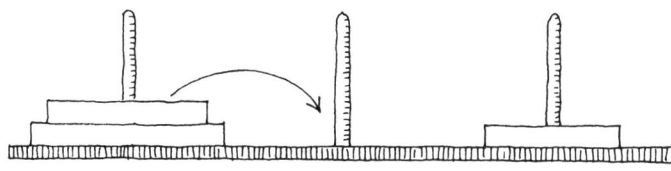

3. Umlegung:

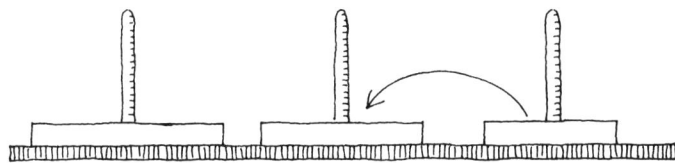

4. Umlegung:

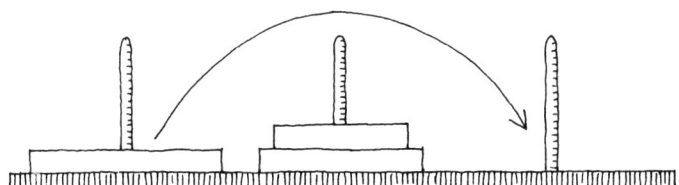

5. Umlegung:

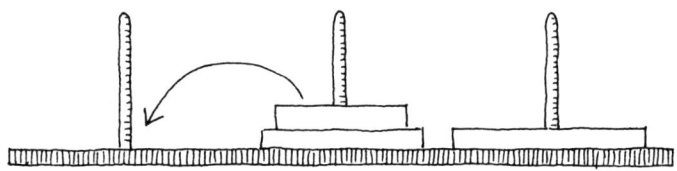

6. Umlegung:

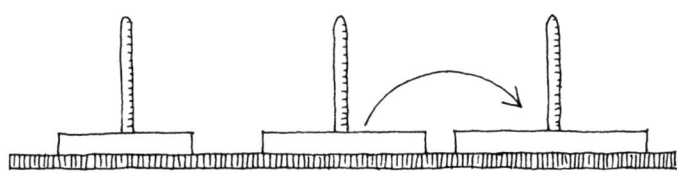

7. Umlegung:

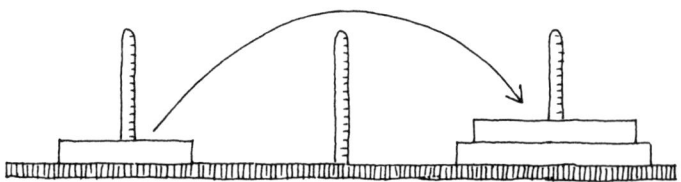

Und wenn wir nun gelernt haben, wie man drei Scheiben umlegt und etwas System in das Spielchen bringen, ist das Umlegen eines Turmes von 4 Scheiben nur noch ein Kinderspiel.

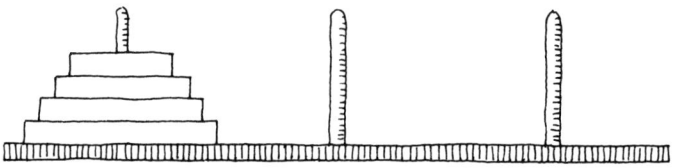

Wie drei Scheiben umgelegt werden können, das wissen wir bereits. Nehmen wir also die obersten drei Scheiben und bringen sie schrittweise diesmal nicht auf den Pflock E, sondern zunächst auf den Pflock Z. Wir brauchen dazu, wie wir oben gesehen haben genau 7 Schritte.

7 Umlegungen:

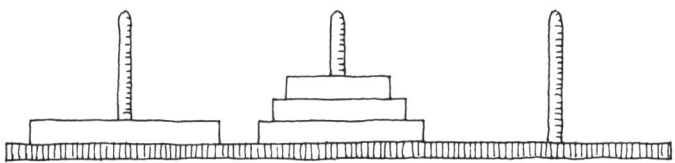

Nun nehmen wir die auf Pflock A zurückgebliebene größte Scheibe und legen sie auf den Pflock E.

1 Umlegung:

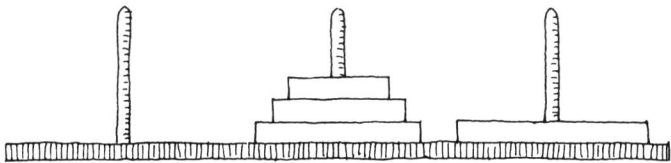

Nun müssen wir nur noch den aus 3 Scheiben bestehenden Turm vom Pflock Z auf den Pflock E bringen. Dazu brauchen wir wiederum genau 7 Schritte, wobei wir natürlich den nun freigewordenen Pflock A mit benutzen dürfen.

7 Umlegungen:

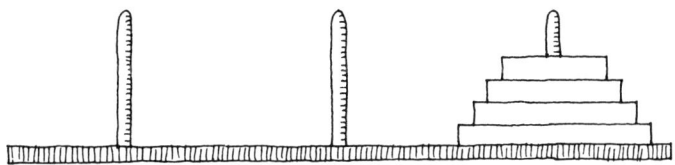

Um den aus 4 Scheiben bestehenden Turm vom Pflock A auf den Pflock E zu bringen, haben wir also 7 + 1 + 7 = 15 Umlegungen vorzunehmen.

Und ganz entsprechend gehen wir bei einem Turm mit 5 Scheiben vor:

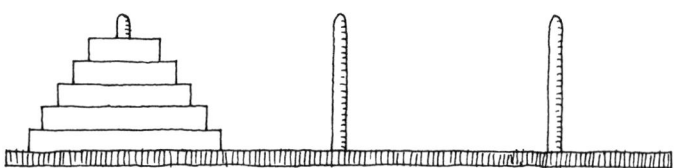

Wir bringen die 4 obersten Scheiben zunächst, wie eben gezeigt, in 15 Schritten auf den Pflock Z,

15 Umlegungen:

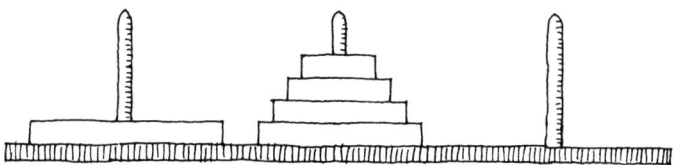

transportieren dann die größte Scheibe vom Pflock A auf den Pflock E

1 Umlegung:

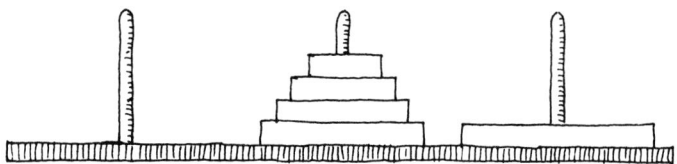

und bringen schließlich den vierstöckigen Turm vom Pflock Z in 15 Schritten zum Pflock E.

15 Umlegungen:

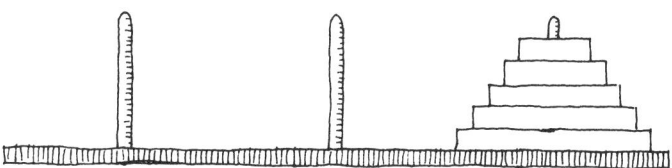

Bei 5 Scheiben mußten wir also 15 + 1 + 15 = 31 Umlegungen vornehmen.

Entsprechend braucht man bei einem Turm von 6 Scheiben 31 + 1 + 31 = 63 Umlegungen und bei einem Turm von 7 Scheiben sogar 63 + 1 + 63 = 127 Umlegungen. Und so geht das Schritt für Schritt weiter.

Der Sage nach soll sich ein derartiger Turm von 64 Scheiben in einem buddhistischen Tempel in Hanoi befinden. Tag und Nacht seien dort die Mönche an der Arbeit, um diesen Turm nach den angegebenen Regeln umzusetzen. Wenn ihr Werk vollendet ist, soll das Ende der Welt gekommen sein.

Falls daran wirklich etwas Wahres sein sollte, wäre es angebracht, einmal zu überschlagen, wann mit dem auf diese Weise angekündigten Weltende zu rechnen ist. Wir könnten uns dann immerhin darauf einstellen.

Überlegen wir also!

Um hinter das System zu kommen, ordnen wir unsere bisherigen Ergebnisse zunächst einmal in Form einer Tabelle.

| Anzahl der Scheiben | Anzahl der erforderlichen Umlegungen |
|---|---|
| 1 | 1 |
| 2 | 3 |
| 3 | 7 |
| 4 | 7 + 1 + 7 = 15 |
| 5 | 15 + 1 + 15 = 31 |
| 6 | 31 + 1 + 31 = 63 |
| 7 | 63 + 1 + 63 = 127 |
| 8 | 127 + 1 + 127 = 255 |
| 9 | 255 + 1 + 255 = 511 |
| 10 | 511 + 1 + 511 = 1023 |

Wenn wir so weitermachen wollten, dann brauchten wir noch eine ganze Menge Zeit und Platz, um bis zu den zu erreichenden 64 Scheiben zu gelangen. Wir können das Verfahren erheblich verkürzen, indem wir die Zahlen in der 2. Spalte, also die Anzahl der erforderlichen Umlegungen, in einer anderen — nur scheinbar komplizierten — Form schreiben:

$$
\begin{aligned}
1 &= 2 - 1 \\
3 &= 2 \cdot 2 - 1 &&= 2^2 - 1 \\
7 &= 2 \cdot 2 \cdot 2 - 1 &&= 2^3 - 1 \\
15 &= 2 \cdot 2 \cdot 2 \cdot 2 - 1 &&= 2^4 - 1 \\
31 &= 2^5 - 1 \\
63 &= 2^6 - 1 \\
127 &= 2^7 - 1 \\
255 &= 2^8 - 1 \\
511 &= 2^9 - 1 \\
1023 &= 2^{10} - 1
\end{aligned}
$$

Verwenden wir diese Schreibweise, so läßt sich unsere Tabelle mit einem einzigen Schritt bis zur Scheibenzahl 64 fortsetzen, nämlich so:

| Anzahl der Scheiben | Anzahl der erforderlichen Umlegungen |
|---|---|
| 1 | $2^1 - 1$ |
| 2 | $2^2 - 1$ |
| 3 | $2^3 - 1$ |
| 4 | $2^4 - 1$ |
| 10 | $2^{10} - 1$ |
| 64 | $2^{64} - 1$ |

Für die Umsetzung ihres Turmes von 64 Scheiben brauchen die Mönche von Hanoi dennoch $2^{64} - 1$ Umlegungen.
Als Näherungswert für die Zahl $2^{64} - 1$ gibt ein Taschenrechner 18 446 744 080 000 000 000 an. Gelesen wird

diese unvorstellbar große Zahl „18 Trillionen 446 Billiarden 744 Billionen 80 Milliarden".

Angenommen, die Mönche könnten in jeder Sekunde eine Scheibe umlegen, dann brauchten sie für ihr Werk 18 446 744 080 000 000 000 Sekunden. Das sind rund 584 942 417 400 (also 584 Milliarden 942 Millionen 417 Tausend Vierhundert) Jahre.

Selbst wenn die Mönche von Hanoi schon vor Millionen Jahren mit ihrer Arbeit begonnen hätten, wäre es ganz sicher voreilig von uns, schon heute Vorbereitungen für das auf solche Weise angekündigte Weltenende zu treffen.

# Ein unbescheidener Wunsch

Dem Erfinder des Schachspiels soll, wie die Sage berichtet, sein König einen Wunsch freigestellt haben.

Der kluge Mann gab sich „bescheiden" und wünschte sich Weizenkörner.

Für das 1. Feld des 64 Felder umfassenden Schachbretts wünschte er sich 1 Weizenkorn, für das 2. Feld 2 Körner, für das 3. Feld 4 Körner, für das 4. Feld 8 Körner usw. usw., für jedes folgende Feld also doppelt so viele Körner wie für das vorhergehende.

Der König, verwundert ob dieser Bescheidenheit, ließ ein Säckchen Weizenkörner bringen. Wie staunte er aber, als dieses Säckchen, schneller als gedacht, leer war. Er ließ weitere Säckchen, Säcke und ganze Wagenladungen heranschaffen, um schließlich ganz kleinlaut eingestehen zu müssen, daß er den Wunsch des klugen Erfinders nicht erfüllen könne.

Das klingt zunächst recht unwahrscheinlich. Diese Weizenkörner müßten doch wohl aufzutreiben sein! Rechnen wir deshalb!

Für 1 Feld bekommt er 1 Weizenkorn;
für 2 Felder bekommt er 1 + 2 = 3 Weizenkörner;

für 3 Felder bekommt er 1 + 2 + 4 = 7 Weizenkörner;
für 4 Felder bekommt er 1 + 2 + 4 + 8 = 15 Weizenkörner;
für 5 Felder bekommt er 1 + 2 + 4 + 8 + 16 = 31 Weizenkörner;
für 6 Felder bekommt er 1 + 2 + 4 + 8 + 16 + 32 = 63 Weizenkörner;
für 7 Felder bekommt er 1 + 2 + 4 + 8 + 16 + 32 + 64 = 127 Weizenkörner;
für 8 Felder bekommt er
1 + 2 + 4 + 8 + 16 + 32 + 64 + 128 = 255 Weizenkörner;
für 9 Felder bekommt er
1 + 2 + 4 + 8 + 16 + 32 + 64 + 128 + 256 = 511 Weizenkörner;

usw. usw.

Wir stellen fest, daß die jeweilige Anzahl der Weizenkörner mit den Zahlen übereinstimmt, die wir im vorhergehenden Abschnitt über den „Turm von Hanoi" erhalten haben. Wir können deshalb die Ergebnisse unserer Berechnungen in der folgenden Tabelle zusammenstellen:

| Anzahl der Felder | Anzahl der Weizenkörner |
|---|---|
| 1 | $2 - 1$ |
| 2 | $2^2 - 1$ |
| 3 | $2^3 - 1$ |
| 4 | $2^4 - 1$ |
| 5 | $2^5 - 1$ |
| 10 | $2^{10} - 1$ |
| 64 | $2^{64} - 1$ |

Der König hätte dem Erfinder des Schachspiels insgesamt $2^{64} - 1 \approx 18\ 446\ 744\ 080\ 000\ 000\ 000$ Weizenkörner geben müssen. 20 Weizenkörner wiegen etwa 1 Gramm. Folglich wiegen 18 446 744 080 000 000 000 Weizenkör-

ner rund 922 337 203 800 000 000 g, und das sind
922 337 203 800 000 kg oder 922 337 203 800 Tonnen.
Die Weltweizenernte beträgt derzeit etwa 450 000 000 Tonnen pro Jahr. Der Erfinder des Schachspiels könnte demnach die Weizenernte von rund 2000 Jahren beanspruchen.
Interessant wäre noch die Frage, wie sich der König aus der
Affäre gezogen hat. Darüber aber berichtet die Sage leider
nichts.

---

*Anmerkung:* Eine Summe von Zahlen, die in der Form $1 + q + q^2 + q^3 + \ldots + q^n$
gebildet werden, nennt man eine geometrische Reihe mit dem Quotienten q. Für
$1 + q + q^2 + \ldots q^n$ kann man auch $q^{n+1} - 1/q - 1$ schreiben. In unserem Kapitel ist
$q = 2$. Deshalb haben wir das Resultat $1 + 2 + 2^2 + \ldots + 2^{63} = 2^{64} - 1/2 - 1$
$= 2^{64} - 1$.

# Eine schnelle Nachricht

In einigen Ländern der Bundesrepublik findet die schriftliche Abiturprüfung in den einzelnen Prüfungsfächern jeweils für alle Gymnasien am gleichen Tag, zur gleichen Stunde und mit den gleichen Aufgaben statt. „Zentralabitur" nennt man dieses Verfahren. Die Aufgabentexte zu diesem Zentralabitur werden den einzelnen Schulen im versiegelten Umschlag zugestellt.

Dieser Umschlag darf erst kurz vor dem einheitlichen Beginn der Abiturprüfung geöffnet werden. Fast in jedem Jahr kommt es vor, daß sich in eine Aufgabenstellung ein Fehler eingeschlichen hat, der erst unmittelbar vor oder sogar erst während der Abiturprüfung von einem aufsichtsführenden Lehrer oder einem Schüler bemerkt wird. Das Kultusministerium muß in einem solchen Fall alle Gymnasien innerhalb kürzester Zeit über diesen Fehler und seine Korrektur unterrichten. Dabei geht man nach folgendem, vorher mit allen Schulen vereinbarten Plan vor:

Das Ministerium ruft zwei vorher bestimmte Gymnasien an und läßt ihnen die Information zugehen.

Jedes dieser beiden Gymnasien ruft unmittelbar danach ebenfalls zwei ihm vorher zugewiesene Gymnasien an und übermittelt diesen die wichtige Nachricht.

Jedes dieser nun mittlerweile vier Gymnasien ruft zwei weitere Gymnasien an usw. usw.

Wie lange dauert es wohl, bis auf diesem Wege beispielsweise 1000 Gymnasien die wichtige Nachricht erhalten haben?

Wenn wir annehmen, daß jede Schule innerhalb von 3 Minuten die erhaltene Information an die beiden ihr zugewiesenen Schulen weitergibt, so erhalten wir den folgenden Zeitplan: 3 Minuten nach Beginn des Verfahrens sind insgesamt 2 Schulen informiert.

Innerhalb der nächsten 3 Minuten werden $2 \cdot 2 = 4$ Schulen *neu* informiert.

Nach 2 · 3 = 6 Minuten sind also 2 + 4 Schulen informiert. Innerhalb der nächsten 3 Minuten werden 4 · 2 = 8 Schulen neu informiert.

Nach 3 · 3 = 9 Minuten sind also 2 + 4 + 8 Schulen informiert. Innerhalb der nächsten 3 Minuten werden 8 · 2 = 16 Schulen neu informiert.

Nach 4 · 3 = 12 Minuten sind also 2 + 4 + 8 + 16 = 30 Schulen informiert.

Und entsprechend geht es weiter:

Nach 5 · 3 = 15 Minuten sind 2 + 4 + 8 + 16 + 32 = 62 Schulen informiert;

nach 6 · 3 = 18 Minuten sind 2 + 4 + 8 + 16 + 32 + 64 = 126 Schulen informiert;

nach 7 · 3 = 21 Minuten sind 2 + 4 + 8 + 16 + 32 + 64 + 128 = 254 Schulen informiert;

nach 8 · 3 = 24 Minuten sind 2 + 4 + 8 + 16 + 32 + 64 + 128 + 256 = 510 Schulen informiert;

nach 9 · 3 = 27 Minuten sind 2 + 4 + 8 + 16 + 32 + 64 + 128 + 256 + 512 = 1022 Schulen informiert.

Also hat nach spätestens 27 Minuten jedes der 1000 Gymnasien die Nachricht erhalten und kann die entsprechende Korrektur vornehmen.

Jedes Gymnasium hat dabei genau einen Anruf erhalten. Und jedes Gymnasium, mit Ausnahme der 512 zuletzt informierten, hat genau 2 Telefonanrufe ausgeführt. Nicht mehr und nicht weniger.

Übrigens: Gerüchte nehmen ihren verhängnisvollen Lauf oft auf eine ähnlich lawinenartige Weise.

Unter den gleichen Bedingungen würde ein Gerücht, das morgens um 8 Uhr von einem gewissenlosen Schurken aus-

gestreut wurde, bereits um 9 Uhr, also nur eine einzige Stunde später, 2 087 150 Leuten bekannt sein, was wir nach der angegebenen Methode leicht feststellen können.

Also, hüte deine Zunge!

# Der überquellende Kleiderschrank

„Papa, schau' doch 'mal, ist diese Bluse nicht himmlisch! '' schwärmt Andrea vor dem Schaufenster der Boutique, an das sie ihren Vater gelockt hat. „Höllisch teuer ist sie!'' knurrt dieser und schickt sich an weiterzugehen.

„Ach, Paps, bleib doch 'mal hier! Schau' doch, die würde ganz wunderbar zu meinem roten Rock passen. Wie wär's? Kaufst du sie mir?''

„Ich? Dir etwas zum Anziehen kaufen?'' protestiert Herr Abel. „Da müßte ich ja verrückt sein! Das wäre ja eine Sünde, wo doch dein Kleiderschrank schon aus allen Fugen kracht! Du hast ja schon so viele Sachen! Die könntest du ja in einem Jahr nicht alle anziehen! '' „Jetzt übertreibst du!'' schmollt Andrea. Das waren aber auch die letzten Worte, die auf dem Heimweg zwischen Vater und Tochter gewechselt wurden. Als die beiden nach ihrem Schweigemarsch zuhause angekommen sind, läßt sich Herr Abel den Inhalt von Andreas Kleiderschrank zeigen. 7 Paar Schuhe, 12 Blusen und 9 Röcke greift er heraus. „Mit diesen Kleidungsstücken hier kannst du mindestens 2 Jahre lang täglich anders gekleidet zur Schule gehen! '' behauptet er.

„Du übertreibst ja schon wieder! '' schmollt Andrea immer noch. Nun versucht Herr Abel, seiner Tochter mit Logik beizukommen: „Wenn du morgens dein Ankleideprogramm startest, kannst du zunächst einmal den Rock auswählen, den du an diesem Tag tragen willst. Da du 9 Röcke hast, gibt es 9 verschiedene Möglichkeiten.

Gleichgültig, welchen Rock du gewählt hast, für die anschließende Auswahl der Bluse hast du jeweils 12 Möglichkeiten,
weil du ja 12 verschiedene Blusen besitzt.

Andeutungsweise können wir das so darstellen:

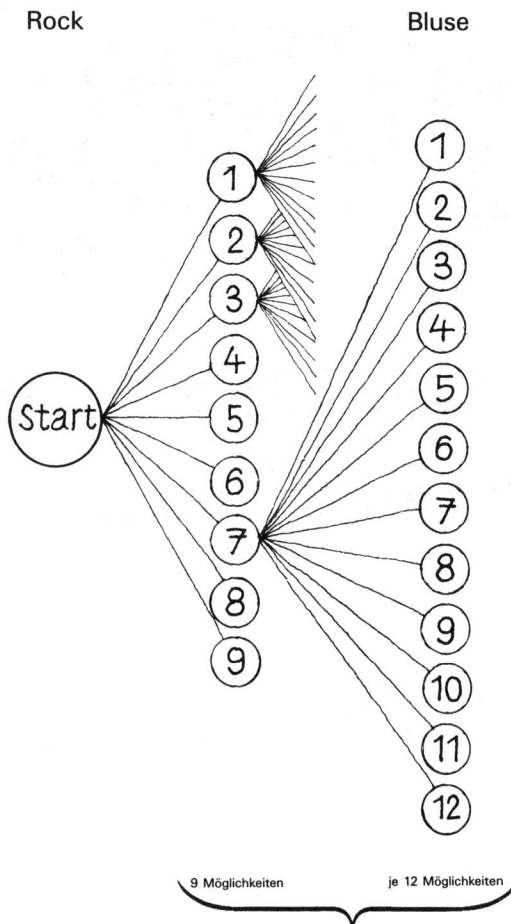

Es gibt demnach 9 · 12 = 108 Möglichkeiten für die Zusammenstellung von Rock und Bluse.

Welche dieser 108 verschiedenen Kombinationen du auch gewählt haben magst, für die anschließende Auswahl der Schuhe hast du 7 Möglichkeiten, weil du 7 Paar Schuhe besitzt. In einer Skizze sieht das dann so aus:

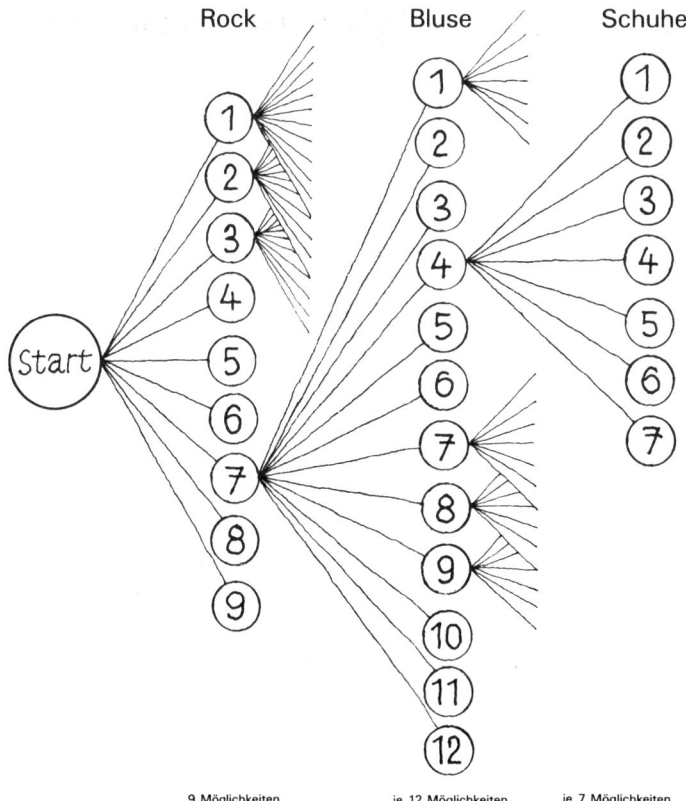

| Rock | Bluse | Schuhe |
|------|-------|--------|
| 9 Möglichkeiten | je 12 Möglichkeiten | je 7 Möglichkeiten |

Für die Zusammenstellung von Rock, Bluse und Schuhen hast du also insgesamt 108 · 7 = 756 Möglichkeiten.

Und weil 2 Jahre 730 Tage — oder höchstens 731 — Tage haben, kannst du dich über 2 Jahre lang täglich anders anziehen'', schließt Herr Abel seine Beweisführung. ,,Habe ich also recht oder nicht?'' ,,Theoretisch schon'', muß Andrea zugeben, ,,aber es paßt doch nicht alles zueinander. Ich kann ja schließlich nicht die grüne Bluse zum roten Rock anziehen! ''

,,Geschenkt!'' sagt der Vater lachend. ,,Du hast mich überzeugt! Hier sind 100 DM, kauf dir die Bluse!''

Kuß! Schluß!

69

# Der Vereinsmitgliederwerbeverein

„3 Deutsche = 1 Verein." Mit dieser etwas ungewöhnlichen Gleichung wird die Vereinsmeierei aufs Korn genommen, die angeblich eine typisch deutsche Eigenschaft sein soll.

Immerhin, so viel stimmt: Drei Mitglieder reichen aus, um einen Verein mit einem ordnungsgemäßen Vorstand auszustatten, mit einem Vorsitzenden, einem stellvertretenden Vorsitzenden und einem Kassierer.

Eines Tages sagt Thomas zu Friedrich: „Wir sind drei Deutsche, du, dein Freund und ich. Wir gründen jetzt einen Verein. Jeder ordentliche Verein hat ein Vereinsziel. Das einzige Ziel unseres Vereins soll es sein, neue Vereinsmitglieder zu werben. Wir gründen also einen Vereinsmitgliederwerbeverein. Jedes Mitglied unseres Vereins hat die Aufgabe, innerhalb eines Jahres nach seiner Aufnahme in den Verein drei neue Vereinsmitglieder zu werben. Danach hat es seine Werbepflicht ein für allemal erfüllt und braucht nur noch pünktlich die Vereinsbeiträge zu entrichten.

Sicher denkst du jetzt, daß unser Verein unter diesen Bedingungen nur sehr langsam wächst. Laß dich eines besseren belehren!

Im ersten Jahr hat unser Verein drei Mitglieder, nämlich uns drei, die wir ihn gegründet haben. Jeder von uns Dreien muß im Laufe des Jahres drei Neumitglieder werben. Im zweiten Jahr sind wir dann also schon zu zwölft, wir drei Gründungsmitglieder und die von uns geworbenen 3 · 3 = 9 Neumitglieder. Wir drei — du, dein Freund und ich — haben nun unsere Pflicht erfüllt und brauchen nicht mehr zu werben. Die von uns angeworbenen neun Neumitglieder müssen allerdings noch ihre Vereinspflicht erfüllen. Sie werben im Laufe des Jahres 9 · 3 = 27 neue Mitglieder. Zusammen mit den bereits vorhandenen 12 Mitgliedern hat unser Verein im dritten Jahr somit 12 + 27 = 39 Mitglieder.

70

Die Mitglieder im vierten Vereinsjahr setzen sich wie folgt zusammen:

1. die im dritten Jahr vorhandenen 39 Mitglieder,
2. die von den im dritten Jahr hinzugekommenen 27 Vereinsmitgliedern geworbenen $27 \cdot 3 = 81$ Neumitglieder.

Im vierten Jahr hat unser Verein also bereits $39 + 81 = 120$ Mitglieder.

Wie die Mitgliederzahlen steigen, zeigt dir die folgende Tabelle''.

| | |
|---|---|
| 1. Jahr | 3 |
| 2. Jahr | $3 + 3 \cdot 3 = 3 + 9 = 12$ |
| 3. Jahr | $12 + 9 \cdot 3 = 12 + 27 = 39$ |
| 4. Jahr | $39 + 27 \cdot 3 = 39 + 81 = 120$ |
| 5. Jahr | $120 + 81 \cdot 3 = 120 + 243 = 363$ |
| 6. Jahr | $363 + 243 \cdot 3 = 363 + 729 = 1092$ |
| 7. Jahr | $1092 + 729 \cdot 3 = 1092 + 2187 = 3279$ |
| 8. Jahr | $3279 + 2187 \cdot 3 = 3279 + 6561 = 9840$ |
| 9. Jahr | $9840 + 6561 \cdot 3 = 9840 + 19\,683 = 29\,523$ |
| 10. Jahr | $29\,523 + 19\,683 \cdot 3 = 29\,523 + 59\,049 = 88\,572$ |
| 11. Jahr | $88\,572 + 59\,049 \cdot 3 = 88\,572 + 177\,147 = 265\,719$ |
| 12. Jahr | $265\,719 + 177\,147 \cdot 3 = 265\,719 + 531\,441 = 797\,160$ |
| 13. Jahr | $797\,160 + 531\,441 \cdot 3 = 797\,160 + 1\,594\,323 = 2\,391\,483$ |
| 14. Jahr | $2\,391\,483 + 1\,594\,323 \cdot 3 = 2\,391\,483 + 4\,782\,969 = 7\,174\,452$ |
| 15. Jahr | $7\,174\,452 + 4\,782\,969 \cdot 3 = 7\,174\,452 + 14\,348\,907 = 21\,523\,359$ |
| 16. Jahr | $21\,523\,359 + 14\,348\,907 \cdot 3 = 21\,523\,359 + 43\,046\,721 = 64\,570\,080$ |

,,Im 16. Vereinsjahr wären also etwa 83 % aller Einwohner der Bundesrepublik Mitglieder unseres Vereins.

Wie's dann weitergeht, kannst du selbst berechnen. Du wirst sehen, daß im 18. Vereinsjahr praktisch alle Europäer und im 20. Vereinsjahr ungefähr alle Bewohner der Erde Mitglieder in unserem Verein sein müßten.

Zugegeben, die Werbung wird mit den Jahren etwas mühsam.

Die jeweiligen Neumitglieder werden es zunehmend schwerer haben, ihre Vereinspflicht zu erfüllen und im Laufe eines Jahres drei weitere Mitglieder zu werben. Allzu viele Nichtmitglieder wird es mit der Zeit dann nicht mehr geben. Man wird dann wohl im tiefsten Urwald und in den Geburtskliniken auf die Jagd nach neuen Mitgliedern gehen müssen."

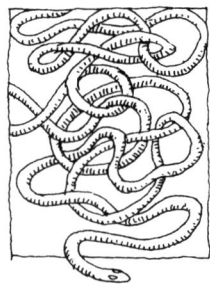

# Ein aggressiver Wurm

In einer Raumstation für biologische Forschungen werden gentechnische Versuche durchgeführt. Bei einem offensichtlich fehlgeschlagenen Experiment beginnt ein normalerweise nur wenige Millimeter langer, völlig harmloser Wurm plötzlich außergewöhnlich schnell zu wachsen. Innerhalb einer jeden Minute verdoppelt er jeweils seine Länge. Als er die für seine Verhältnisse enorme Länge von 1 m erreicht hat und vorauszusehen ist, daß man sein explosives Wachstum nicht mehr aufhalten kann, wird ein warnendes Funksignal zur 900 Millionen Kilometer entfernten Erde gesendet. Wie lange hat man dort nach dem Empfang des Funkspruchs noch Zeit, sich auf das Eintreffen des genau in Richtung Erde wachsenden Wurmes vorzubereiten? — Gar keine, denn der Wurm ist eher da als das Funksignal! Das glaubst du nicht? Dann befindest du dich in guter Gesellschaft, nämlich in meiner. Ich glaube es auch nicht, denn eine größere Geschwindigkeit als die des Lichtes kann es nicht geben. Aber spaßeshalber wollen wir einmal die Relativitätstheorie bzw. die allgemeine Feldtheorie außer Kraft setzen!

Das Funksignal breitet sich mit Lichtgeschwindigkeit aus, legt also in jeder Sekunde 300 000 km zurück.

Bis zur 900 000 000 km entfernten Erde braucht es somit 900 000 000 : 300 000 = 3000 Sekunden. Das sind genau 50 Minuten. Der Wurm ist beim Aussenden des Funksignals 1 m lang.

1 Minute später ist er 2 m lang;
2 Minuten später ist er $2 \cdot 2 = 2^2$, also 4 m lang;
3 Minuten später ist er $2 \cdot 2 \cdot 2 = 2^3$, also 8 m lang;
4 Minuten später ist er $2 \cdot 2 \cdot 2 \cdot 2 = 2^4$, also 16 m lang;
5 Minuten später ist er $2 \cdot 2 \cdot 2 \cdot 2 \cdot 2 = 2^5$, also 32 m lang;
39 Minuten später ist er $2^{39}$,
also etwa 550 000 000 000 m = 550 000 000 km lang;
40 Minuten später ist er $2^{40}$, also etwa 1 100 000 000 000 m
= 1 100 000 000 km lang.

Da die Erde genau 900 000 000 km von der Raumstation entfernt ist, erreicht sie der Wurm zwischen der 39. und 40. Minute. Das warnende Funksignal trifft erst 10 Minuten später ein.
Verrückt, nicht wahr!

# Die ausgebeulte Jackentasche

„In New York kaufte ich mir einen Stadtplan, der so groß war, daß ich ihn erst 15mal falten mußte, ehe er in meine Jackentasche paßte", behauptete Baron Haus aus München, als er seinen Freunden die Dias von seiner Urlaubsreise durch die Vereinigten Staaten von Amerika zeigte.
Wenn das stimmt, muß sich aber die Jackentasche von Herrn Baron Haus ganz schön ausgebeult haben, oder?
Nehmen wir einmal an, das Papier, auf das der Stadtplan gedruckt wurde, war 0,1 mm dick.
Nach einmaligem Falten liegen 2 Papierschichten übereinander.
Die Dicke des einmal gefalteten Stadtplanes beträgt also $2 \cdot 0,1$ mm = 0,2 mm.
Nach zweimaligem Falten liegen $2 \cdot 2 = 4$ Papierschichten übereinander.
Die Dicke des zweimal gefalteten Stadtplanes beträgt jetzt $4 \cdot 0,1$ mm = 0,4 mm.

Nach dreimaligem Falten liegen $2 \cdot 4 = 8$ Papierschichten übereinander.

Jetzt beträgt die Dicke des dreimal gefalteten Stadtplanes $8 \cdot 0,1\,\text{mm} = 0,8\,\text{mm}$.

Wie es weitergehen muß, können wir der folgenden Tabelle entnehmen.

| Anzahl der Faltungen | Dicke des gefalteten Stadtplans | | |
|---|---|---|---|
| 1 | $2 \cdot 0,1\,\text{mm}$ | $= 0,2\,\text{mm}$ | |
| 2 | $4 \cdot 0,1\,\text{mm}$ | $= 0,4\,\text{mm}$ | |
| 3 | $8 \cdot 0,1\,\text{mm}$ | $= 0,8\,\text{mm}$ | |
| 4 | $16 \cdot 0,1\,\text{mm}$ | $= 1,6\,\text{mm}$ | |
| 5 | $32 \cdot 0,1\,\text{mm}$ | $= 3,2\,\text{mm}$ | |
| 6 | $64 \cdot 0,1\,\text{mm}$ | $= 6,4\,\text{mm}$ | |
| 7 | $128 \cdot 0,1\,\text{mm}$ | $= 12,8\,\text{mm}$ | $= 1,28\,\text{cm}$ |
| 8 | $256 \cdot 0,1\,\text{mm}$ | $= 25,6\,\text{mm}$ | $= 2,56\,\text{cm}$ |
| 9 | $512 \cdot 0,1\,\text{mm}$ | $= 51,2\,\text{mm}$ | $= 5,12\,\text{cm}$ |
| 10 | $1024 \cdot 0,1\,\text{mm}$ | $= 102,4\,\text{mm}$ | $= 10,24\,\text{cm}$ |
| 11 | $2048 \cdot ,1\,\text{mm}$ | $= 204,8\,\text{mm}$ | $= 20,48\,\text{cm}$ |
| 12 | $4096 \cdot 0,1\,\text{mm}$ | $= 409,6\,\text{mm}$ | $= 40,96\,\text{cm}$ |
| 13 | $8192 \cdot 0,1\,\text{mm}$ | $= 819,2\,\text{mm}$ | $= 81,92\,\text{cm}$ |
| 14 | $16\,384 \cdot 0,1\,\text{mm}$ | $= 1638,4\,\text{mm}$ | $\approx 1,64\,\text{m}$ |
| 15 | $32\,768 \cdot 0,1\,\text{mm}$ | $= 3276,8\,\text{mm}$ | $\approx 3,28\,\text{m}$ |

Man könnte fast glauben, daß der Baron Haus aus München in Wirklichkeit Baron Münchhausen heißt.

# Viel weniger Viele als Wenige

Die alten Römer hatten für das bittere Wort „sterben'' eine tröstliche Umschreibung. Sie sagten „Ad multos ire'', und das heißt auf deutsch „Zu den Vielen gehen''.

Sie glaubten nämlich, daß es viel mehr Menschen gibt, die bereits gestorben sind, als solche, die gerade leben. Und sie empfanden es offensichtlich als Trost, die Minderheit der Lebenden zu verlassen und sich der großen Mehrheit der

74

Verstorbenen anzuschließen. Heutzutage haben wir diesen Trost, falls es überhaupt einer war, nicht mehr. Die Bevölkerungsstatistiker haben nämlich allen Grund, anzunehmen, daß die Anzahl der derzeit lebenden Menschen größer ist als die Anzahl aller Menschen, die bisher gestorben sind. Das klingt zwar unglaublich, ist mathematisch aber durchaus möglich.

Nehmen wir einmal an, die Menschheit würde sich von der Generation zu Generation verdoppeln. Wenn wir sie, wie in der Schöpfungsgeschichte der Bibel, mit zwei Menschen beginnen lassen, so ergibt sich die Generationenfolge:

1. Generation — 2 Menschen
2. Generation — 4 Menschen
3. Generation — 8 Menschen
4. Generation — 16 Menschen
5. Generation — 32 Menschen
6. Generation — 64 Menschen

Die zweite Generation umfaßt vier Menschen und ist somit größer als die erste Generation.

Die dritte Generation umfaßt acht Menschen, ist also größer als die erste und zweite Generation zusammen, denn $2 + 4 = 6$.

Die vierte Generation hat 16 Menschen. Sie ist somit größer als die erste, zweite und dritte Generation zusammen, denn $2 + 4 + 8 = 14$.

Die fünfte Generation ist mit 32 Menschen größer als die erste, zweite, dritte und vierte Generation zusammengenommen, denn $2 + 4 + 8 = 14$.

Die fünfte Generation ist mit 32 Menschen größer als erste, zweite, dritte und vierte Generation zusammengenommen, denn $2 + 4 + 8 + 16 = 30$.

Mit der sechsten Generation verhält es sich genauso: Sie ist mit 64 Menschen größer als alle Generationen vor ihr, denn $2 + 4 + 8 + 16 + 32 = 62$.

Das trifft natürlich auch für die siebte, achte, die neunte und jede folgende Generation zu. Jede Generation umfaßt mehr Menschen als alle vorhergehenden Generationen zusammen.

Um dieses Ergebnis zu erreichen, braucht sich die Menschheit aber nicht etwa, wie in unserem Beispiel angenommen, von einer Generation zur nächsten zu verdoppeln. Es genügt dazu schon ein wesentlich geringerer Zuwachs, wie durch Vergleich der jeweiligen Zahlen leicht feststellbar ist. Deshalb könnten die Bevölkerungsstatistiker durchaus mit ihrer Annahme recht haben, daß derzeit mehr Menschen leben, als vorher insgesamt auf der Erde gelebt haben. Mathematisch steht dem überhaupt nichts im Wege.

Mit dem tröstlichen „Gehen zu den Vielen" ist es dann aber vorbei, weil es ja „weniger Viele als Wenige" gibt. Das Sterben schließt uns dann ganz offensichtlich nicht etwa der Mehrheit, sondern vielmehr der Minderheit an.

## Auch Raten will gelernt sein

Du darfst dir eine ganze Zahl von 1 bis 1000 denken.

Ich darf dir Fragen stellen, die du nur mit Ja oder Nein zu beantworten brauchst.

Wetten, daß ich spätestens nach der 10. Frage erraten habe, welche Zahl du dir gedacht hast?

Das glaubst du nicht?

Also los, dann denk' dir eine Zahl!

Ach so, das geht ja gar nicht. Wir zwei können leider nicht miteinander spielen. Schade!

Aber damit du mit diesem Spielchen vertraut wirst und deine Geschwister, Freunde und Eltern in Erstaunen versetzen kannst, will ich es dir erklären. Und damit du es leichter verstehst, spielen wir erst einmal mit kleineren Zahlen.

Du darfst dir also eine Zahl im Bereich von 1 bis 32 denken, und ich stelle dir Fragen, die du nur mit Ja oder Nein beant-

76

wortest. Nach nur fünf Fragen weiß ich, welche Zahl du dir gedacht hast.

Nehmen wir also einmal an, du hast dir die Zahl 11 gedacht. Unser Frage- und Antwortspiel verläuft dann so:

1. Frage: Ist die Zahl größer als 16?    Antwort: Nein
2. Frage: Ist die Zahl größer als 8?    Antwort: Ja
3. Frage: Ist die Zahl größer als 12?    Antwort: Nein
4. Frage: Ist die Zahl größer als 10?    Antwort: Ja
5. Frage: Ist die Zahl größer als 11?    Antwort: Nein

Meine Schlußfolgerung aus diesen 5 Fragen kann nur sein: Die gedachte Zahl ist 11.

Wie hätte das Spiel ausgesehen, wenn du dir die Zahl 12 gedacht hättest? Fast genauso, nur die 5. Frage hättest du dann mit „Ja" beantworten müssen. Und daraus hätte ich geschlossen, daß du dir eine Zahl gedacht hast, die größer als 11, aber nicht größer als 12 ist. Und das kann nur die Zahl 12 selbst sein."

Mit einem weiteren Beispiel wollen wir uns die einzelnen Fragen am Zahlenstrahl veranschaulichen.

Denken wir uns also eine natürliche Zahl im Bereich von 1 bis 32. Diese Zahl liegt dann irgendwo auf folgendem Stück des Zahlenstrahls:

```
├─────────────────────────────────────┤
0                                     32
```

Nun nehmen wir einmal an, wir hätten uns die Zahl 7 gedacht. Um die Lage dieser Zahl auf dem Zahlenstrahl zu finden, teilen wir den in Frage kommenden Bereich, hier von 0 bis 32, in zwei gleiche Teile. Der Teilungspunkt liegt bei 16.

```
├──────────────────┼──────────────────┤
0                  16                 32
```

Nun fragen wir, ob die gedachte Zahl in der rechten Hälfte
liegt. Unsere Frage lautet deshalb: „Ist die gedachte Zahl
größer als 16?" Die Antwort ist: „Nein." Damit kommt als
gedachte Zahl nur noch eine Zahl in der linken Hälfte einschließlich der Zahl 16 in Betracht. Diese Hälfte teilen wir
wiederum in zwei gleiche Teile. Der Teilungspunkt liegt jetzt
bei 8.

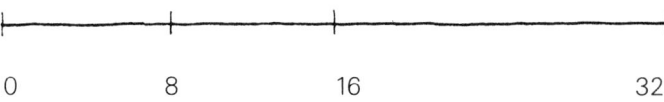

Und wir fragen, ob die gedachte Zahl rechts von 8 liegt, also:
„Ist die gedachte Zahl größer als 8?" Die Antwort ist wiederum: „Nein."
Erneut teilen wir den Zahlenstrahlbereich von 0 bis 8 in zwei
gleiche Teile. Der Teilungspunkt liegt bei 4.

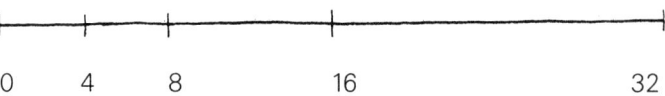

Unsere Frage lautet nun: „Ist die gedachte Zahl größer als
4?" Die Antwort ist jetzt: „Ja."
Nunmehr wissen wir, daß nur noch die Zahlen 5. 6. 7 oder
8 in Betracht kommen. Um die gedachte Zahl aus diesen 4
möglichen Zahlen herauszufinden, halbieren wir jetzten den
Zahlenstrahlbereich zwischen 4 und 8, der Teilungspunkt
liegt bei 6.

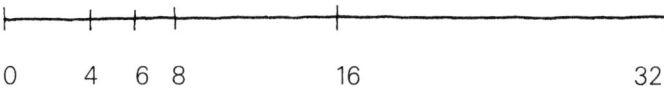

Und wir fragen: „Ist die gedachte Zahl größer als 6?" Antwort: „Ja." Jetzt kommt nur noch die 7 oder die 8 als
gedachte Zahl in Frage. Um die richtige herauszufinden, hal-

bieren wir den Zahlenbereich zwischen 6 und 8. Der Teilungspunkt liegt bei 7.

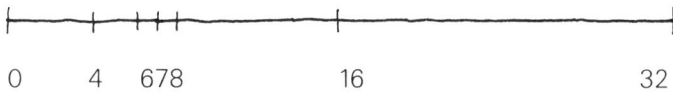

0     4     678              16                      32

Die letzte Frage lautet: „Ist die gedachte Zahl größer als 7?''
Die Antwort ist: „Nein.'' Unsere Schlußfolgerung:

Die gedachte Zahl ist 7.

Die angewendete Fragetechnik beruht also auf der fortlaufenden Halbierung des in Betracht kommenden Zahlenbereichs. Bei einem Zahlenbereich von 1 bis 32 kommt man aber mit 5 Halbierungen zum Ziel:

16 − 8 − 4 − 2 − 1.

Also braucht man auch nur 5 Fragen zu stellen, um die gedachte Zahl zu identifizieren.
Geben wir jetzt dem Mitspieler einen doppelt so großen Bereich, aus dem er seine gedachte Zahl wählen darf, also den Bereich von 1 bis 64. In diesem Fall brauchen wir nur eine einzige Frage mehr, nämlich insgesamt 6 Fragen, um hinter die gedachte Zahl zu kommen. Es sind ja 6 Halbierungen erforderlich:

32 − 16 − 8 − 4 − 2 − 1.

Und ganz entsprechend geht das immer so weiter. Jede Verdoppelung des Auswahlbereichs erfordert nur eine einzige zusätzliche Frage. Wenn die gedachte Zahl dann im Bereich von 1 bis 1024 liegt, so genügen 10 Fragen zu ihrer Identifizierung, weil insgesamt nur 10 Halbierungen erforderlich sind:

$$512 - 256 - 124 - 64 - 32 - 16 - 8 - 4 - 2 - 1.$$

Damit aber niemand gar zu schnell hinter unser Geheimnis kommt, ist es zweckmäßig, den Auswahlbereich nicht von 1 bis 1024 festzulegen, sondern von 1 bis 1000.

Und damit bei der Anwendung gleich der erste Versuch gelingt, folgt jetzt noch ein Beispiel, bei dem eine Zahl von 1 bis 1000 gedacht werden soll. Die gedachte Zahl ist 333. Das Frage- und Antwortspiel gestaltet sich dann so:

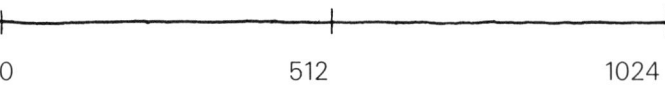

```
0                  512                1024
```

1 Frage: „Ist die Zahl größer als **512**?"   Antwort: „Nein."

**256**

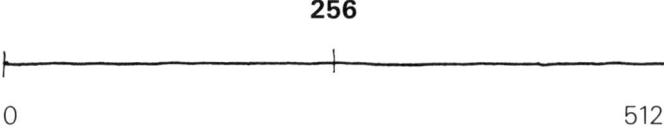

```
0                                     512
```

2. Frage: „Ist die Zahl größer als **256**?" Antwort: „Ja."

(256 + 512) : 2 =
**384**

```
256                                   512
```

3. Frage: „Ist die Zahl größer als **384**?" Antwort: „Nein."

$$(256 + 384) : 2 =$$
**320**

256                                                    384

4. Frage: „Ist die Zahl größer als **320**?" Antwort: „Ja."

$$(320 + 384) : 2 =$$
**352**

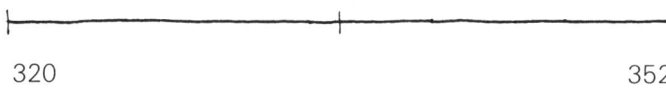

320                                                    384

5. Frage: „Ist die Zahl größer als **352**?" Antwort: „Nein."

$$(320 + 352) : 2 =$$
**336**

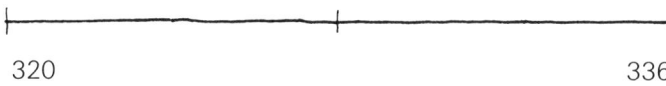

320                                                    352

6. Frage: „Ist die Zahl größer als **336**?" Antwort: „Nein."

**328**

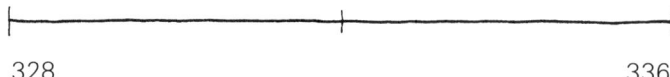

320                                                    336

7. Frage: „Ist die Zahl größer als **328**?" Antwort: „Ja."

**332**

328                                                    336

8. Frage: „Ist die Zahl größer als **332**?'' Antwort: „Ja.''

**334**

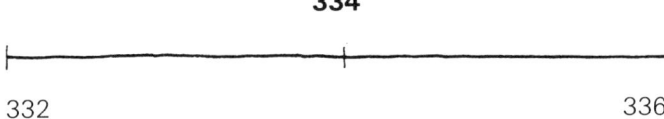

332                                                        336

9. Frage: „Ist die Zahl größer als **334**?'' Antwort: „Nein.''

**333**

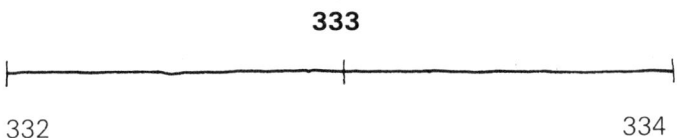

332                                                        334

10. Frage: „Ist die Zahl größer als **333**?'' Antwort: „Nein.''
Schlußfolgerung: Die gedachte Zahl ist 333.

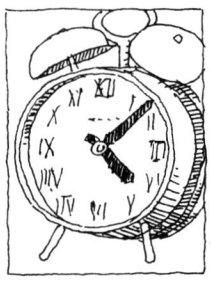

# Kleinvieh macht auch Mist

Ihrer 60 hat die Stunde,
ihrer 1000 hat der Tag.
Freundchen, werde dir die Kunde,
was man alles leisten mag.

Offensichtlich ist in diesen Versen des berühmten Geheimrates Johann Wolfgang von Goethe von Minuten die Rede. Denn in der Tat hat eine Stunde 60 Minuten.
Mit den 1000 Minuten, die ein Tag haben soll, nimmt es Herr von Goethe allerdings nicht so genau. Ein Tag hat schließlich $24 \cdot 60 = 1440$ Minuten.
Aber lassen wir dem Dichter die dichterische Freiheit auch auf mathematischem Gebiet. Die Verse sind ja trotz des Rechenfehlers recht wohlklingend.

---

*Anmerkung:* Das fortgesetzte Halbieren eines „Zahlenabschnittes'' ist ein Beispiel für einen Vorgang, den die Mathematiker Intervallschaltung nennen.

Nehmen wir sie zum Anlaß, einmal über die Minute nachzu-
denken. Eine Minute ist wahrlich keine lange Zeitspanne.
Kaum hat sie begonnen, ist sie schon wieder vorüber.
Aber 1440 dieser kleinen, flüchtigen Zeitspannen ergeben
immerhin schon einen ganzen langen Tag.
Und ein Jahr begnügt sich mit 365 · 1440 = 525 600
Minuten. Hängt man zwei Nullen an, so erhält man die
Anzahl der Minuten eines Jahrhunderts, also 52 560 000
Minuten. Um die Anzahl der Minuten zu erhalten, die ein
Jahrtausend enthält, braucht man nur noch eine einzige Null
anzuhängen. Es ergibt sich also: 1000 Jahre =
525 600 000 Minuten.
Seit Christi Geburt sind demnach erst rund 1 Milliarde Minu-
ten vergangen.
Für die noch kleinere, kaum faßbare Zeitspanne von einer
Sekunde erhalten wir die folgenden Rechnungen:

1 Tag = 86 400 Sekunden
1 Jahr = 31 536 000 Sekunden
100 Jahre = 3 153 600 000 Sekunden
1000 Jahre = 31 536 000 000 Sekunden.

Christi Geburt fand folglich vor etwa 63 Milliarden Sekunden statt.
Und legt man als Zeiteinheit eine Stunde zugrunde, so ergibt sich:

1 Tag = 24 Stunden
1 Jahr = 8760 Stunden
100 Jahre = 876 000 Stunden
1000 Jahre = 8 760 000 Stunden.

Das heißt, seit Christi Geburt sind etwa $17\frac{1}{2}$ Millionen
Stunden vergangen.
Ein Mensch, der 80 Jahre alt wird, erlebt

29 200 Tage bzw.
700 800 Stunden bzw.
42 048 000 Minuten bzw.
2 522 880 000 Sekunden.

Rund ein Drittel seines Lebens schläft der Mensch. Das sind bei einem 80jährigen immerhin

9733 Tage bzw.
233 600 Stunden bzw.
14 016 000 Minuten bzw.
840 960 000 Sekunden.

# Mondfahrt auf Chinesisch

„Hätten sich alle Chinesen übereinandergestellt, einer auf die Schulter des anderen, dann hätten sie einen der Ihren auch ohne Rakete auf den Mond bringen können", behauptete ein Witzbold, als im Jahre 1969 Neil Armstrong als erster Mensch den Mond betrat.

Und er hatte gar nicht einmal so unrecht mit seiner witzig gemeinten Bemerkung.

Rund 720 Millionen Chinesen gab es im Jahre 1969. Wenn wir ihre durchschnittliche Schulterhöhe mit 1,50 m annehmen, so würden die 720 Millionen übereinanderstehenden Chinesen einen „Turm" von $720\,000\,000 \cdot 1,50\,m = 1\,080\,000\,000\,m = 1\,080\,000\,km$ Höhe ergeben.

Die mittlere Entfernung des Mondes von der Erde beträgt aber nur 384 405 km. Also hätten sich sogar nur weniger als die Hälfte aller Chinesen an dieser eigenartigen Mondfahrt zu beteiligen brauchen. Unser Witzbold hatte also recht mit seiner Bemerkung, theoretisch zumindest. In der Praxis dürfte sich jedoch das amerikanische Verfahren als das durchführbare erwiesen haben.

84

# Täglich eine neue Sitzordnung

„Ich glaube, wir sind in diesem Schuljahr schon zwanzigmal umgesetzt worden", maulte die Klassensprecherin, „bald werden wir wohl alle überhaupt möglichen Sitzordnungen durchhaben!"

„Na, nun übertreibe nicht so schamlos!" erwiderte ihr der Klassenlehrer. „Erstens habe ich euch in diesem Schuljahr erst viermal umgesetzt, und das auch nur deshalb, weil mir euer dauerndes Geschwätz auf die Nerven ging, und zweitens würde es noch ein Weilchen dauern, bis wir alle möglichen Sitzordnungen durchgespielt haben." Und dann wandte er sich an die 20 Schüler der Klasse 7a mit der Frage: „Wie viele verschiedene Sitzordnungen gibt es wohl für euere Klasse?"

Andrea meinte zwanzig, weil sie ja zwanzig Schüler in der Klasse sind.

„Ungefähr hundert bis zweihundert", schätzte Benjamin.

„Zehntausend!" rief Christoph dazwischen und erntete das Gelächter der ganzen Klasse.

„Also, dann wollen wir mal aufhören zu raten und anfangen zu rechnen", meinte der Lehrer und stellte mit seinen Schülern die folgende Überlegung an:

„Angenommen die ganze Klasse besteht nur aus den drei Schülern Andrea, Benjamin und Christoph. Für diese drei Schüler stehen drei Plätze zur Verfügung, die mit 1, 2 und 3 numeriert sind.

Als erste lassen wir Andrea einen Platz wählen. Sie hat drei Wahlmöglichkeiten, denn sie kann sich entweder für Platz 1, Platz 2 oder Platz 3 entscheiden.

Im Bild sieht das so aus:

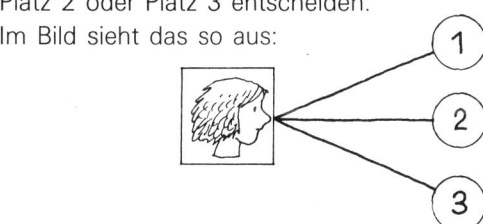

Nun kommt Benjamin an die Reihe. Er kann nur noch zwischen zwei Plätzen wählen.

Wenn Andrea Platz 1 gewählt hat, so hat Benjamin nur noch die Wahl zwischen den Plätzen 2 und 3;

wenn Andrea Platz 2 gewählt hat, kann Benjamin nur noch die Plätze 1 oder 3 wählen,

und wenn Andrea Platz 3 gewählt hat, sind für Benjamin nur noch Platz 1 oder Platz 2 möglich.

Unser Bild ist jetzt:

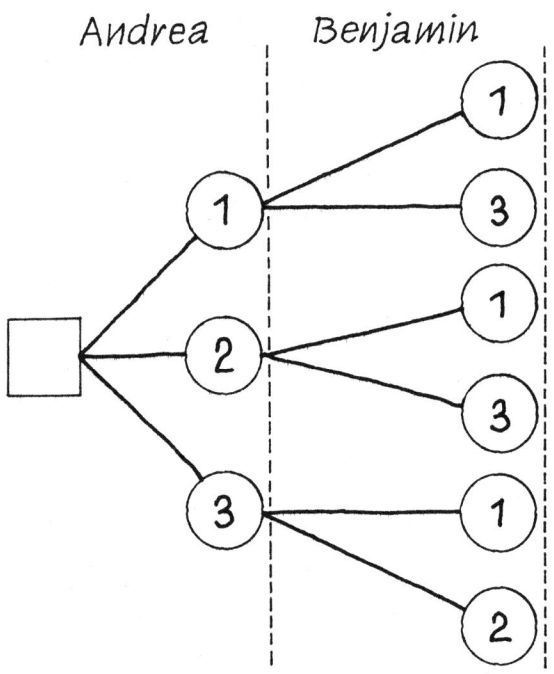

Christoph, als dritter im Bunde, hat nun gar keine echte Wahl mehr, für ihn gibt es jeweils nur eine einzige Möglichkeit. Er muß also nehmen, was übrigbleibt.

Und damit erhalten wir das Bild:

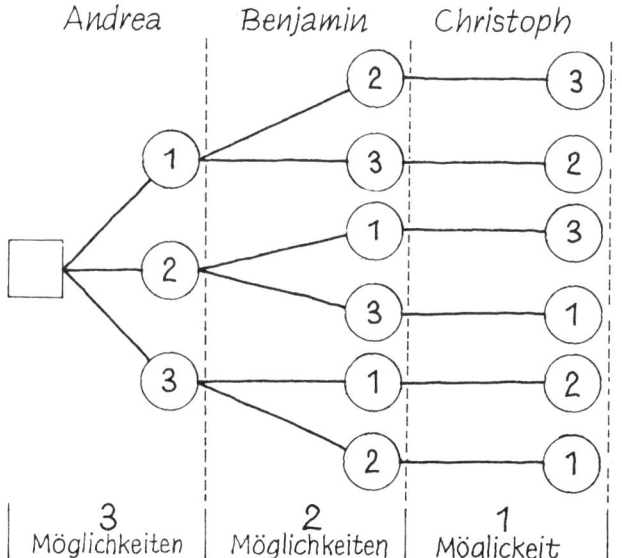

Rechts neben das Bild können wir in Tabellenform die verschiedenen Sitzordnungen schreiben.

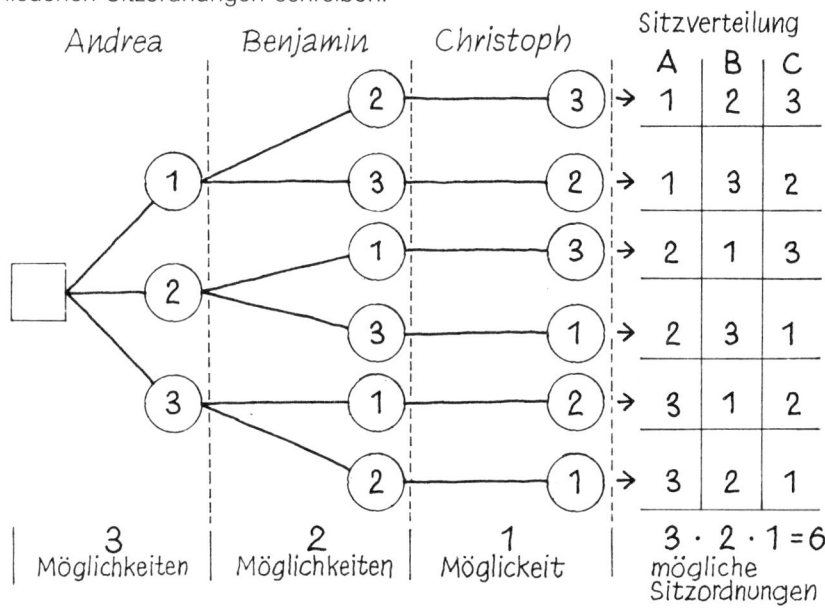

Ihre Anzahl erhalten wir, wenn wir die Anzahlen der jeweiligen Wahlmöglichkeiten miteinander malnehmen: Es gibt demnach $3 \cdot 2 \cdot 1 = 6$ mögliche Sitzordnungen in einer Klasse mit 3 Schülern.

Bei einer Klasse mit vier Schülern hat der erste Schüler vier Wahlmöglichkeiten, der zweite drei, der dritte zwei und der vierte eine. In dieser Klasse gibt es folglich $4 \cdot 3 \cdot 2 \cdot 1 = 24$ mögliche Sitzordnungen. In der Klasse 7a mit ihren 20 Schülern gibt es demnach $20 \cdot 10 \cdot 18 \cdot 17 \cdot 16 \cdot 15 \cdot 14 \cdot 13 \cdot 12 \cdot 11 \cdot 10 \cdot 9 \cdot 8 \cdot 7 \cdot 6 \cdot 5 \cdot 4 \cdot 3 \cdot 2 \cdot 1$ verschiedene Sitzordnungen.

Welches Ergebnis hat wohl diese Multiplikationsaufgabe? Jeder kann es mit etwas Geduld selbst ausrechnen.''

Wir wollen hier wenigstens einen Näherungswert dafür angeben.

Es gibt rund

$$2\ 432\ 902\ 009\ 000\ 000\ 000$$

mögliche Sitzordnungen in einer Klasse mit 20 Schülern.

Rechnet man ein Schuljahr mit 240 Schultagen, dann könnte eine solche Klasse 10 Billiarden Jahre lang an jedem Schultag eine andere, zuvor noch nicht vorhandene Sitzordnung einnehmen.

# Es geht auch ohne Autoren

Es gibt zahlreiche Wörter, die aus genau drei Buchstaben bestehen, zum Beispiel: Ode, gut, oft, nie, alt, neu, und, nun, gar, Gau.

Wir wollen uns einmal fragen, wie viele solcher dreibuchstabigen Wörter es höchstens geben kann.

Die Antwort auf diese etwas ungewöhnliche Frage ergibt sich durch die folgende Überlegung:

---

*Anmerkung:* Die verschiedenen Anordnungen einer bestimmten Anzahl unterschiedlicher Dinge nennt man die Permutationen dieser n „Elemente''. In unserem Kapitel geht es deshalb um die Anzahl der Permutationen von 20 Elementen.

Das Alphabet hat — einschließlich der Umlaute und des „ß''
— genau 30 Buchstaben.
Für den ersten Buchstaben eines dreibuchstabigen Wortes
haben wir also 30 Auswahlmöglichkeiten.

Wenn wir als ersten Buchstaben A gewählt haben, so können wir als zweiten Buchstaben wiederum alle 30 Buchstaben des Alphabets wählen. Genauso ist es, wenn wir als
ersten Buchstaben B, C, D usw. gewählt haben. Für jede einzelne Wahlmöglichkeit des ersten Buchstabens gibt es 30
Wahlmögllichkeiten für den zweiten.

Im Bild sieht das so aus:

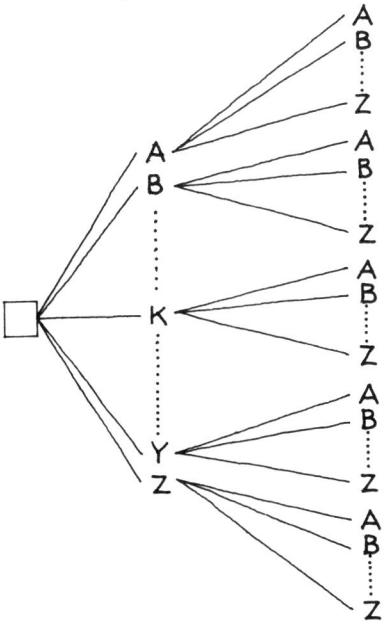

1. Buchstabe          2. Buchstabe
30 Möglichkeiten      je 30 Möglichkeiten


Und damit haben wir bereits 30 · 30 = 900 verschiedene
Möglichkeiten für die ersten beiden Buchstaben erhalten.

Entsprechend verfahren wir auch mit dem dritten Buchstaben. Dann erhalten wir das Bild:

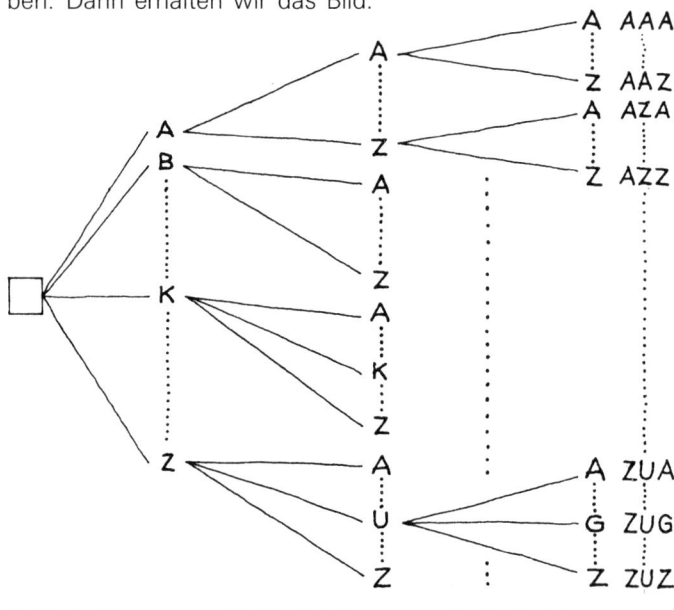

| 1. Buchstabe | 2. Buchstabe | 3. Buchstabe |
| --- | --- | --- |
| 30 Möglichkeiten | je 30 Möglichkeiten | je 30 Möglichkeiten |

Insgesamt ergeben sich schließlich

$$30 \cdot 30 \cdot 30 = 30^3 = 27\,000$$

Möglichkeiten. Das heißt aber: Aus den 30 Buchstaben unseres Alphabets lassen sich genau 27 000 „Wörter" zu je drei Buchstaben zusammensetzen. Diese 27 000 „Wörter" stehen am rechten Rand unseres letzten Bildes. Unter ihnen sind natürlich auch so „pathologische Fälle" wie zum Beispiel „AAA", „BZC", „DTR" und „ZZZ", denen in unserer Sprache kein Sinn zukommt und die deshalb wohl kaum als Wörter zu bezeichnen sind. Natürlich sind darunter auch alle dreibuchstabigen Wörter der deutschen Sprache, und nicht nur diese. Auch alle aus drei Buchstaben bestehenden Wörter der englischen Sprache tauchen unter den 27 000 mögli-

90

chen „Wörtern" auf und auch alle dreibuchstabigen Wörter der französischen, italienischen, spanischen, dänischen und portugiesischen Sprache, ja alle dreibuchstabigen Wörter aller Sprachen überhaupt, die unser lateinisches Alphabet verwenden.

Ganz entsprechend läßt sich auch berechnen, daß es höchstens

$$30 \cdot 30 \cdot 30 \cdot 30 = 30^4 = 810\,000 \text{ Möglichkeiten}$$
für Wörter mit vier Buchstaben und

$$30 \cdot 30 \cdot 30 \cdot 30 \cdot 30 = 30^5 = 24\,300\,000 \text{ Möglichkeiten für Wörter mit fünf Buchstaben gibt.}$$

Mit derselben mathematischen Überlegung können wir auch die Fragen beantworten, wie viele verschieden bedruckte Buchseiten es höchstens geben kann.

Wenn wir annehmen, daß eine Buchseite Platz für 50 Zeilen zu je 80 Buchstaben bietet, so können wir auf ihr insgesamt $50 \cdot 80 = 4000$ Buchstaben unterbringen.

Nun besteht aber ein Text nicht nur aus Buchstaben, sondern er enthält auch Satzzeichen und Zwischenräume. Zu den 30 Buchstaben des Alphabets kommen deshalb noch die sechs Satzzeichen (Punkt, Doppelpunkt, Komma, Semikolon, Fragezeichen und Ausrufezeichen), der Bindestrich, die Anführungsstriche und das sogenannte Spatium (Zwischenraum) hinzu. Insgesamt können wir also 39 Zeichen auf 4000 Plätze verteilen.

Dafür gibt es auf Grund der bei den drei-, vier- und fünfbuchstabigen Wörtern angewandten Überlegung insgesamt

$$\underbrace{39 \cdot 39 \cdot 39 \cdot 39 \cdot \ldots \cdot 39}_{4000 \text{ Faktoren!}} = 39^{4000}$$

Möglichkeiten.

Bei der Berechnung dieser riesenhaften Zahl streikt der Taschenrechner. Auf geschickte Anfrage verrät er nur soviel, daß die Zahl $39^{4000}$ insgesamt 6365 Stellen besitzt. Würde man alle $39^{4000}$ Buchseiten vom Drucker eines Computers ausdrucken lassen, dann würde man darunter beispielsweise alle Seiten der Bibel, alle Seiten von Goethes Faust, alle Seiten von Meyers Enzyklopädischem Lexikon und auch alle Seiten dieses Buches finden. Auf einer der mittels des Computers in gefühlloser Kälte ausgedruckten Seiten befände sich „Wanderers Nachtlied'', auf einer anderen der Text von „Yesterday''. Alles, was bisher von Dichtern, Schriftstellern und Wissenschaftlern in mühsamer Arbeit erdacht und aufgeschrieben worden ist, würde der Computer, ohne dabei zu denken oder gar zu fühlen, nach und nach ausdrucken lassen. Der weitaus größere Teil der von ihm gelieferten Buchseiten würde jedoch Texte enthalten, die völlig unsinnig oder bisher noch nicht geschrieben worden sind, für die man also erst noch einen Autor suchen muß. Aber der Computer schafft's ja schließlich auch ohne Autor. Und wenn die Welt noch lange genug bestehen bleibt, kommt unweigerlich der Zeitpunkt, an dem alles, was überhaupt geschrieben werden kann, auch geschrieben ist. Höchst peinlich für die dann lebenden Schriftsteller und ihre Verlage, falls es diese dann überhaupt noch gibt!

# Der unberechtigte Seufzer des Kartenspielers

„Schon wieder genau dasselbe Blatt wie vorhin!''
Wie oft hört man von Kartenspielern diesen Seufzer, wenn die Karten nach einem beendeten Spiel wieder neu verteilt worden sind.
Nehmen wir an, wir benutzen ein Kartenspiel mit 32 Karten, die gleichmäßig auf vier Spieler verteilt werden. Jeder Spieler erhält dann 8 Karten. Für die Zusammenstellung dieser 8 Karten gibt es bei jedem einzelnen Spieler 10 518 300 verschiedene Möglichkeiten.

Angesichts dieser Zahl ist doch wohl die zweifelnde Frage erlaubt, ob einer der vier Kartenspieler wirklich am gleichen Abend zweimal genau dasselbe „Blatt'' erhält.

Es ist sogar mehr als fraglich, ob selbst der fleißigste Kartenspieler in seinem ganzen Kartenspielerleben jemals ein und dieselbe Kartenkombination zweimal „auf die Hand'' bekommt. Beim Skatspielen werden 32 Karten auf drei Spieler verteilt. Jeder Spieler erhält 10 Karten, 2 Karten bleiben als sogenannter „Skat'' verdeckt auf dem Tisch liegen. Man kann berechnen, daß es beim Skatspiel rund

2 753 294 000 000 000

verschiedene Möglichkeiten der Kartenverteilung gibt. Das heißt aber, es gibt „nur'' insgesamt rund

2 753 294 000 000 000

verschiedene Skatspiele. Wer öfter spielt, wiederholt sich mit Sicherheit. Würden sich drei begeisterte Skatspieler vornehmen, alle diese verschiedenen Spiele hintereinanderweg durchzuspielen, etwa um dadurch Einzug in das Guinness-Buch der Rekorde zu halten, so müßten sie sehr, sehr viel Zeit mitbringen. Wenn sie nämlich für jedes Spiel durchschnittlich 5 Minuten brauchten, hätten sie über 26 Milliarden Jahre lang Tag und Nacht ununterbrochen Skat zu spielen.

# Der todsichere Tip

Hin und wieder gibt es Leute, die behaupten, sie hätten einen todsicheren Tip herausgefunden, mit dem man beim Zahlenlotto garantiert „6 Richtige" bekommt. Manche von ihnen bieten ihren „vertraulichen" Tip sogar in Zeitungsanzeigen an, gegen entsprechende Bezahlung natürlich.

Bisher hat sich aber noch jeder dieser Tips als Versager erwiesen. Andernfalls kämen ja viel öfter einmal „6 Richtige" im Zahlenlotto heraus.

Genau genommen kann ihn eigentlich jeder herausfinden, diesen todsicheren Tip. Und jedem, der diesem Tip folgt, ist ein „Sechser" garantiert. An dieser Stelle wird besagter Super-Tip ganz kostenlos den Lesern dieses Buches mitgeteilt. Er ist gewissermaßen im Kaufpreis des Buches inbegriffen.

Und so lautet der Tip:

„Man fülle für jede Möglichkeit, die es gibt, 6 Zahlen aus 49 Zahlen auszuwählen, einen Tipzettel aus!"

Genial, was? Oder wird etwa daran gezweifelt, daß dann ganz bestimmt ein „Sechser" dabei ist?

Man kann mit diesem Vorschlag sogar noch mehr garantieren: Außer dem einen „Sechser" ergeben sich noch 258mal 5 Richtige,

13 545mal 4 Richtige und

246 820mal 3 Richtige.

Ist das etwa nichts?

Für welchen Einsatz aber hat man diese Garantie?

Nun denn, es gibt genau 13 983 816 verschiedene Möglichkeiten, 6 verschiedene Zahlen aus 49 Zahlen auszuwählen.

Also muß man 13 983 816 Tippscheine ausfüllen.

Und die kosten zusammen 13 983 816 DM!

Vielleicht findet man eine Bank, die diesen Betrag vorstreckt. Man kann ihn ja dann, nach der Ausspielung, mit Zinsen zurückzahlen.

Oder hat die ganze Sache vielleicht doch noch irgendwo einen Pferdefuß?

# Wie viele Tropfen hat das Meer?

Eine der vielen Strophen eines alten Kirchenliedes, das wir im Kindergottesdienst mit großer Begeisterung gesungen haben, lautete: „Großes Meer, weit umher, wieviel zählst du Tröpflein?" Und die Antwort lautete: „Ohne Zahl, soviel mal, sei gelobet Gott der Herr!"
Schon damals war ich nicht so recht davon überzeugt, daß diese Tröpfchen „ohne Zahl" sein sollten, heute kann ich ihre Zahl — wenigstens annähernd — berechnen.
Alle Weltmeere zusammen haben eine Oberfläche von rund 316 000 000 km². Ihre durchschnittliche Tiefe beträgt etwa 4 km. Den Rauminhalt des Wassers aller Weltmeere erhält man, indem man ihre Oberfläche mit ihrer durchschnittlichen Tiefe multipliziert, also

$$316\,000\,000\,\text{km}^2 \cdot 4\,\text{km} = 1\,444\,000\,000\,\text{km}^3.$$

Das sind

$$1\,444\,000\,000\,000\,000\,000\,\text{m}^3$$

oder

$$1\,444\,000\,000\,000\,000\,000\,000\,000\,\text{cm}^3.$$

Rund 30 Wassertropfen ergeben 1 cm³ Wasser. Also enthalten die Weltmeere rund

$$1\,444\,000\,000\,000\,000\,000\,000\,000 \cdot 30 =$$
$$43\,320\,000\,000\,000\,000\,000\,000\,000\,\text{Tropfen}.$$

Sehr viele zwar, aber nicht „ohne Zahl"!

# Schon ein Gramm ist zuviel

Von den rund 600 Gramm des radioaktiven Jods, die im Frühjahr 1986 aus dem beschädigten Atomreaktor von Tschernobyl entwichen sind, sollen nur etwa 1,4 Gramm auf das Gebiet der Bundesrepublik Deutschland gelangt sein. So jedenfalls will es ein Physiker berechnet haben.

Unfaßbar, welche Wirkung dieses eine Gramm ausgeübt hat:

— Milch mußte weggeschüttet werden, weil sie radioaktives Jod in schädlichen Mengen enthielt;

— Kühe durften nicht mehr auf die Weide getrieben werden, weil das Gras radioaktiv verseucht war;

— Freiland-Gemüse mußte untergepflügt werden, weil es wegen seiner radioaktiven Strahlung nicht mehr zum Verzehr geeignet war;

— Kinderspielplätze mußten geschlossen, der Spielsand ausgetauscht werden;

— Campingplätze schlossen ihre Tore für Zelter, weil das Schlafen unmittelbar auf dem verseuchten Erdboden gesundheitliche Schäden befürchten ließ;

— das Fleisch von Hasen, Rehen, Hirschen und anderen Wildtieren konnte wegen radioaktiver Verseuchung nicht zum Verzehr freigegeben werden usw. usw.

Und das alles soll nur diese winzige Menge Jod verursacht haben?

Um das zu verstehen, wollen wir jetzt einmal diese 1,4 Gramm des radioaktiven Jods etwas genauer unter die Lupe nehmen.

1,4 g Jod enthalten rund
6 644 000 000 000 000 000 000 Atome.

Das Gebiet der Bundesrepublik Deutschland umfaßt eine Fläche von rund 360 000 km². Das sind 360 000 000 000 m².

Bei völlig gleichmäßiger Verteilung entfallen somit auf jeden Quadratmeter Fläche der Bundesrepublik

6 644 000 000 000 000 000 000 : 360 000 000 000 ≈ 18 457 000 000 Jodatome.

Die Halbwertszeit des aus dem Atomreaktor entwichenen radioaktiven Jods beträgt rund acht Tage. Das heißt: Innerhalb von acht Tagen zerfällt die Hälfte der ursprünglich vorhandenen Jodatome unter Aussendung gefährlicher radioaktiver Strahlung.

Innerhalb der ersten acht Tage nach dem Reaktorunfall zerfielen also auf jedem Quadratmeter Fläche der Bundesrepublik durchschnittlich

18 457 000 000 : 2 = 9 228 000 000
Jodatome.

Acht Tage sind rund 700 000 Sekunden.

Im Durchschnitt sind also während dieser acht Tage auf jedem Quadratmeter Fläche der Bundesrepublik pro Sekunde

9 228 000 000 : 700 000 ≈ 13 300 Jodatome

zerfallen.

Die Physiker verwenden zur Angabe der Aktivität einer radioaktiven Substanz die Einheit Becquerel (Abk. Bq). Eine radioaktive Substanz hat die Aktivität 1 Bq, wenn pro Sekunde eines ihrer Atome bzw. Moleküle radioaktiv zerfällt. Während der ersten acht Tage nach dem Reaktorunfall in Tschernobyl betrug folglich die Radioaktivität auf jedem einzelnen Quadratmeter der Bundesrepublik Deutschland im Durchschnitt 13 300 Bq. Hätten sich diese zu uns gelangten 1,4 Gramm Jod gleichmäßig auf die rund 77 000 000 Bewohner der der Bundesrepublik verteilt, so wären auf jeden Bundesbürger im Durchschnitt

6 644 000 000 000 000 000 000 : 77 000 000 ≈ 86 000 000 000 000 Atome entfallen.

Von diesen wären innerhalb der ersten acht Tage die Hälfte, also 43 000 000 000 000, zerfallen. Das sind im Durchschnitt 43 000 000 000 000 : 700 000 ≈ 62 000 000 zerfallene Atome pro Sekunde. Und das entspricht einer Aktivität von 65 000 000 Bq. Sollten jemandem diese schockierenden Ergebnisse unglaubhaft erscheinen, kann er ja einen Taschenrechner zur Hand nehmen und alles selbst einmal durchrechnen.

## Ein großes kleines Geschäft

„Mutti, Mutti, schau doch mal!" ruft Christoph und zeigt mit allen Anzeichen des Entsetzens hinunter zum Strand. Dort hat Christophs kleiner Bruder Benjamin ganz ungeniert seine Badehose heruntergezogen und macht in hohem Bogen sein kleines Geschäft einfach ins Meer hinein.

„Na und", meint Christophs Mutter ungerührt, „wenn's nichts Schlimmeres ist! In dem riesengroßen Meer wird sich Benjamins winzig kleines Pipi doch nicht störend bemerkbar machen." Und da hat sie zweifelsohne recht: Störend bemerkbar machen wird sich das bißchen Urin von Klein-Benjamin sicherlich nicht, wenn es auch nicht gerade die vornehme Art ist, einfach ins Meer zu pinkeln. Daß sich aber dieses winzig kleine· „Geschäft" überall im Weltmeer bemerkbar machen kann, wenigstens theoretisch, wollen wir jetzt beweisen.

Nehmen wir einmal an, Benjamins Urinportion, die er so sorglos dem Meer übergeben hat, habe 1/4 Liter ausgemacht. Diese Menge reicht natürlich nicht aus, um den Meeresspiegel spürbar zu heben und andernorts Überschwemmungen tiefgelegener Küstengebiete zu bewirken. Ganz spurlos ist Benjamins „ruchlose Tat" jedoch am Weltmeer nicht vorübergegangen. In dem Viertelliter Urin befinden sich nämlich immerhin

8 400 000 000 000 000 000 000 000

98

Moleküle*, und diese verteilen sich im Weltmeer.

In dem vorangegangenen Kapitel „Wie viele Tropfen hat das Meer?" haben wir berechnet, daß alle Meere der Welt zusammen rund

$$1\ 444\ 000\ 000\ 000\ 000\ 000\ m^3$$

Wasser enthalten. Da ein Kubikmeter 1000 Liter hat, müssen wir an diese ohnehin schon sehr große Zahl noch einmal drei Nullen anhängen, um die Anzahl der Liter in den Weltmeeren zu erhalten. Alle Meere der Welt zusammen enthalten deshalb rund

$$1\ 444\ 000\ 000\ 000\ 000\ 000\ 000\ l$$

Wasser.

Wenn wir nun wissen wollen, wie viele Moleküle von Benjamins Urin auf einen Liter Meerwasser kommen, dann müssen wir die Anzahl der Moleküle durch die Anzahl der Liter teilen, also:

8 400 000 000 000 000 000 000 000 :
1 444 000 000 000 000 000 000.

Und das ergibt ungefähr 5800 Moleküle je Liter.

Das bedeutet: Wenn man es gut durchmischen könnte, enthielte jeder Liter des riesigen Weltmeeres im Durchschnitt etwa 5800 Moleküle von Benjamins Urin. Und bis zum Ende der Ferien könnte diese Menge durchaus noch erheblich anwachsen.

Wer will da noch behaupten, Benjamins „Untat" wäre gänzlich folgenlos geblieben?

---

* Bei unserem Gedankenexperiment rechnen wir mit der Avogadroschen Konstanten. Da es sich in unserem Beispiel um eine Lösung handelt, ist unser Rechenexempel verständlicherweise sehr oberflächlich.

# Ich heirate meinen Papa

„Papa, du bist der liebste, der beste und der schönste Mann auf der ganzen Welt! Ich will dich heiraten!" verkündet Julia am sonntäglichen Frühstückstisch.

Herr Abel ist entzückt. „Siehst du", wendet er sich triumphierend seiner Gemahlin zu, „ich habe trotz meines fortgeschrittenen Alters immer noch enorme Chancen bei jungen Damen!" Und zu Julia gewandt fährt er mit entsagungsvoller Stimme fort: „Mein liebes Kind, das geht leider nicht! Erstens bin ich schon seit Jahren verheiratet, und zwar mit der liebsten, besten und schönsten Frau der Welt, und zweitens bin ich immerhin siebenmal so alt wie du." „Was das erste Argument betrifft, da bin ich voll und ganz deiner Meinung," meldet sich nun auch Frau Abel zu Wort. „Das zweite Argument dagegen scheint mir nicht sehr stichhaltig zu sein. Es stimmt zwar, daß du derzeit siebenmal so alt bist wie deine ‚zukünftige Gemahlin'. Dieser mißliche Zustand wendet sich aber Jahr für Jahr zum Besseren. Wenn ihr beide in 25 Jahren Silberhochzeit feiert, dann bist du nur noch doppelt so alt wie Julia."

Nanu, da kann doch wohl etwas nicht stimmen!"

Will Frau Abel ihrem Mann etwa mit derartigen Äußerungen nur Mut machen, sich nicht zu alt zu fühlen?

Frau Abel hat jedoch recht!

Julia ist derzeit nämlich 5 Jahre alt, ihr Vater 35.

Also ist Herr Abel genau siebenmal so alt wie seine Tochter, denn 35 : 5 = 7.

Und in 25 Jahren, zur Silberhochzeit, wird Herr Abel 35 + 25 = 60 Jahre alt sein und Julia 5 + 25 = 30 Jahre.

Herr Abel wird dann tatsächlich nur noch doppelt so alt sein wie Julia, denn 60 : 30 = 2.

Das unterschiedliche Alter zweier Personen kann man auf zweierlei Art und Weise beschreiben:

Einmal durch den Altersunterschied (die Altersdifferenz), zum anderen durch das Altersverhältnis (den Altersquotien

ten). Der Altersunterschied zwischen Julia und ihrem Vater beträgt 35 − 5 = 30 Jahre. Und dieser Altersunterschied bleibt über die Jahre hinweg gleich. Auch wenn Herr Abel seinen 120. Geburtstag erleben sollte, beträgt der Altersunterschied zu seiner dann immerhin auch schon 90 Jahre alten Tochter nach wie vor genau 30 Jahre.

Das Altersverhältnis zwischen Julia und ihrem Vater dagegen ändert sich von Jahr zu Jahr.

Als Julia ein Jahr alt war, war Herr Abel 31 Jahre alt, also 31mal so alt wie seine Tochter.

Als Julia zwei Jahre alt war, war Herr Abel 32 Jahre alt, also nur noch 16mal so alt wie seine Tochter, denn 32 : 2 = 16. Wie's weitergeht, zeigt die folgende Tabelle.

| Julias Alter | Herrn Abels Alter | Altersverhältnis |
|---|---|---|
| 3 | 33 | 33 : 3 = 11mal so alt |
| 4 | 34 | 34 : 4 = 8$\frac{1}{2}$mal so alt |
| 5 | 35 | 35 : 5 = 7mal so alt |
| 6 | 36 | 36 : 6 = 6mal so alt |
| 10 | 40 | 40 : 10 = 4mal so alt |
| 20 | 50 | 50 : 20 = 2$\frac{1}{2}$mal so alt |
| 30 | 60 | 60 : 30 = 2mal so alt |
| 60 | 90 | 90 : 60 = 1$\frac{1}{2}$mal so alt |
| 90 | 120 | 120 : 90 = 1$\frac{1}{3}$mal so alt |

Man erkennt daraus, daß sich das Altersverhältnis mit der Zeit immer mehr dem Wert 1 nähert, ohne ihn indes je zu erreichen. Der Altersunterschied dagegen bleibt für alle Zeiten gleich.

## Das Genie in der Dorfschule

Ob die folgende Geschichte wahr ist, weiß man nicht. Es ist aber sehr wahrscheinlich, daß sie sich genau so zugetragen haben könnte, wie man sie sich erzählt, denn aus dem kleinen Jungen, von dem sie berichtet, wurde später einer der berühmtesten Mathematiker aller Zeiten.
Aber vorläufig ist der kleine Carl Friedrich gerade erst ganze sechs Jahre alt. Täglich macht er sich mit Schiefertafel, Schwamm und Griffel auf den Weg in die Dorfschule, um Schreiben und Rechnen zu lernen.
Eine Dorfschule in der damaligen Zeit kann man jedoch überhaupt nicht mit einer heutigen Schule vergleichen.
Während bei uns die einzelnen Jahrgänge fein säuberlich getrennt unterrichtet werden — die Sechsjährigen in der ersten Klasse, die Siebenjährigen in der zweiten Klasse, die Achtjährigen in der dritten Klasse usw. — saßen damals die Schüler aller Jahrgänge in ein und demselben Klassenzimmer und wurden von ein und demselben Lehrer unterrichtet. Wenn sich der Lehrer mit den Schülern eines bestimmten Jahrganges beschäftigen wollte, gab er den übrigen Schülern eine Aufgabe, mit der sie dann einige Zeit zu tun hatten.
Als sich der ,,Dorfschulmeister'' eines Tages einige Zeit den älteren Schülern widmen wollte, stellte er den jüngeren die Aufgabe, die Zahlen von 1 bis 100 zusammenzuzählen. Da hätten sie wohl, so glaubte er, ein halbes Stündchen zu tun und würden seine Arbeit mit den Großen nicht stören.
Falsch gedacht!
Nach kaum einer Minute legte der kleine Carl Friedrich den

Griffel weg und die Tafel mit dem Ergebnis auf den Lehrertisch. Nur eine einzige Zahl stand darauf: 5050.

Nach einer ganzen Weile legten auch die anderen Schüler, einer nach dem anderen, ihre Tafeln auf einen Stapel vor dem Lehrer. So kam es, daß dieser sich Carl Friedrichs Tafel als letzte ansah. Er hatte als einziger das richtige Ergebnis.

Carl Friedrich hatte nicht erst, wie die anderen Schüler, die natürlichen Zahlen von 1 bis 100 untereinander geschrieben, um sie dann schriftlich zusammenzuzählen, sondern er hatte überlegt:

Die Zahl 1 und die Zahl 100 ergeben zusammen 101, denn 1 + 100 = 101;

die Zahl 2 und die Zahl 99 ergeben zusammen 101, denn 2 + 99 = 101;

die Zahl 3 und die Zahl 98 ergeben zusammen 101, denn 3 + 98 = 101;

die Zahl 4 und die Zahl 97 ergeben zusammen 101, denn 4 + 97 = 101;

die Zahl 5 und die Zahl 96 ergeben zusammen 101, denn 5 + 96 = 101;

die Zahl 50 und die Zahl 51 ergeben zusammen 101, denn 50 + 51 = 101.

Aus den einhundert einzelnen natürlichen Zahlen von 1 bis 100 lassen sich fünfzig Paare bilden, die zusammen jeweils 101 ergeben.

Also brauchte er nun nur noch 50 · 101 zu rechnen. Das konnte er aber im Kopf.

Und so sieht Carl Friedrichs Verfahren aus:

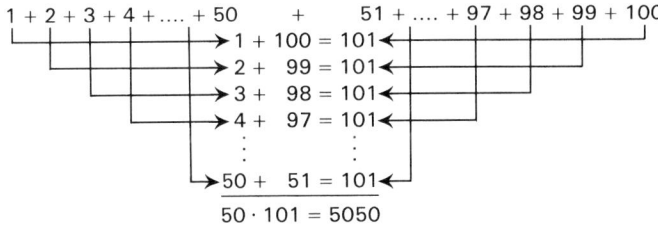

$$1 + 2 + 3 + 4 + .... + 50 \quad + \quad 51 + .... + 97 + 98 + 99 + 100$$

$$1 + 100 = 101$$
$$2 + 99 = 101$$
$$3 + 98 = 101$$
$$4 + 97 = 101$$
$$\vdots$$
$$50 + 51 = 101$$
$$50 · 101 = 5050$$

Entsprechend läßt sich mit kaum glaublicher Geschwindigkeit die Summe aus allen natürlichen Zahlen von 1 bis 1000 ermitteln. Es ergeben sich dabei 500 Paare zu je 1001; somit ist der Summenwert 500 · 1001 = 500 500.

Und die Summe aus den natürlichen Zahlen von 1 bis 5000 beträgt entsprechend 2500 · 5001 = 12 502 500.

Und nicht viel länger dauert es, wenn man die natürlichen Zahlen von 1 bis 1 000 000 zusammenzählt. Man erhält als Wert dieser Summe die Zahl

500 000 · 1 000 001 = 500 000 500 000.

Übrigens: Der kleine Carl Friedrich hieß mit Nachnamen Gauß. Er lebte von 1777 bis 1855 und hat nicht nur als Mathematiker Bedeutendes geleistet, sondern auch als Astronom und Physiker.

Auf technischem Gebiet ist er durch die Konstruktion eines der ersten elektrischen Telegraphen (zusammen mit Wilhelm Weber) bekannt geworden.

# Auch Höflichkeit hat ihren Preis

In ihrer Höflichkeit lassen sich die 57 Mitglieder des Lehrerkollegiums der Freiherr-von-Knigge-Schule nicht so leicht übertreffen. Jeder gibt allmorgendlich jedem seiner Kollegen die Hand zu einem frohen Gruß und erkundigt sich mit einigen freundlichen Worten nach dem werten Befinden.

Wie oft werden da wohl an jedem Morgen die Hände gedrückt?

Um diese Frage zu beantworten, stellen wir uns zunächst einmal vor, die Mitglieder des Lehrerkollegiums seien von 1 bis 57 durchnumeriert und stünden in einer Reihe nebeneinander, ganz links die Nummer 1, ganz rechts Nummer 57. Der Lehrer mit der Nummer 1 beginnt, geht von links nach rechts an der Reihe vorbei und drückt jedem seiner Kollegen die Hand. Dabei beginnt er bei Nummer 2 und hört bei Nummer 57 auf. Er hat also 57 − 1 = 56 Hände zu schütteln.

Dann ist für ihn die Arbeit beendet, für diesen Vormittag jedenfalls. Nun kommt Nummer 2 an die Reihe. Mit Nummer 1 hat er bereits den Händedruck ausgetauscht, sich selbst braucht er nicht zu begrüßen, also beginnt er sein „höfliches Handwerk" bei Nummer 3 und arbeitet sich bis zur Nummer 57 durch. Lehrer Nummer 2 hat auf diese Weise noch $57 - 2 = 55$ Hände zu drücken. Dann ist für ihn die Begrüßungszeremonie zu Ende. Danach macht sich Nummer 3 an die Arbeit. Nummer 1 und Nummer 2 hat er bereits die Hände geschüttelt, sich selbst braucht er nicht zu begrüßen, also geht es für ihn erst bei der Nummer 4 los. Wenn er bei Nummer 57 angelangt ist, hat er auf diese Weise $57 - 3 = 54$ Händedrücke ausgetauscht. Und so geht es, Mann für Mann, weiter bis zu Nummer 56. Jetzt ist nur noch $57 - 56 = 1$ Hand, nämlich die von Nummer 57 zu schütteln. Für Nummer 57 ist damit aber auch alles erledigt, denn Nummer 57 hat mit jedem der vor ihm „handelnden" Kollegen bereits seinen Händedruck gewechselt.

In Tabellenform ergibt sich:

| Lehrer-Nummer | Anzahl der Begrüßungen |
|---|---|
| 1 | $57 - 1 = 56$ |
| 2 | $57 - 2 = 55$ |
| 3 | $57 - 3 = 54$ |
| 4 | $57 - 4 = 53$ |
| 5 | $57 - 5 = 52$ |
| ⋮ | ⋮ |
| 27 | $57 - 27 = 30$ |
| 28 | $57 - 28 = 29$ |
| 29 | $57 - 29 = 28$ |
| 30 | $57 - 30 = 27$ |
| ⋮ | ⋮ |
| 53 | $57 - 53 = 4$ |
| 54 | $57 - 54 = 3$ |
| 55 | $57 - 55 = 2$ |
| 56 | $57 - 56 = 1$ |
| 57 | $57 - 57 = 0$ |

Um nun zu berechnen, wie oft allmorgendlich die Hände geschüttelt werden, müssen wir die Zahlen von 1 bis 56 zusammenzählen. Damit es etwas schneller geht, machen wir es so, wie der kleine Gauß (siehe „Das Genie in der Schule"; S. 102) bei einer ähnlichen Aufgabe vorgegangen ist.

Wir zählen paarweise die erste und die letzte Zahl, die zweite und die vorletzte Zahl, die dritte und die drittletzte Zahl usw. zusammen. Dabei erhalten wir 28 Paare, die jeweils zusammen den Wert 57 haben:

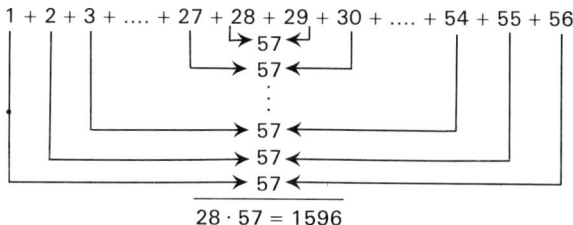

$$1 + 2 + 3 + .... + 27 + 28 + 29 + 30 + .... + 54 + 55 + 56$$

$$28 \cdot 57 = 1596$$

Jeden Morgen werden also 1596 Händedrücke ausgetauscht. Und wenn der Begrüßung am Morgen eine gleichartige Verabschiedung bei Unterrichtsschluß folgt, so werden an jedem Schultag 2 · 1596 = 3192mal die Hände geschüttelt.

Weil aber ein Schuljahr rund 240 Schultage hat, werden an der Freiherr-von-Knigge-Schule in jedem Schuljahr mindestens 240 · 3192 = 766 080mal im Kollegium die Hände geschüttelt. Rechnet man für jeden Händedruck einschließlich der freundlichen Frage „Wie geht's?" und der verbindlichen Gegenfrage „Danke, und selbst?"bzw. der entsprechenden Abschiedsfloskel 5 Sekunden Zeit, so werden in jedem Schuljahr wenigstens 766 080 · 5 = 3 830 400 Sekunden der Höflichkeit gewidmet. Das sind 3 830 400 : 3600 = 1064 Stunden.

Falls, was wir nicht annehmen wollen, die täglichen Begrü-ßungen und Verabschiedungen während der Arbeitszeit der Lehrer erfolgen, und falls wir die Vergütung einer Lehrerar-beitsstunde mit 35 DM ansetzen, so kostet die Höflichkeit des Kollegiums der Freiherr-von-Knigge-Schule

1064 · 35 = 37 240 DM pro Schuljahr.

# Das Mammut-Turnier

Die Klasse 6a hat 27 Schüler. Ein Tischtennisturnier ist geplant. Jeder Schüler soll dabei mit jedem seiner Mitschü-ler ein Hin- und ein Rückspiel, also insgesamt zwei Spiele, absolvieren.

Drei Tischtennisplatten stehen zur Verfügung.

Das Turnier soll nach Möglichkeit an einem einzigen Nach-mittag durchgeführt werden.

Ob das wohl zu erreichen ist?

Die folgende Berechnung gibt uns Antwort auf diese Frage.

Jeder der 27 Schüler muß zweimal gegen jeden seiner 26 Mitschüler spielen. Das ergibt insgesamt 27 · 26 Spiele.

In dieser Zahl sind sowohl die Hin- als auch die Rückspiele enthalten.

Auf jeder der drei zur Verfügung stehenden Tischtennisplat-ten müssen demnach 702 : 3 = 234 Spiele ausgetragen werden.

Rechnet man für ein Match durchschnittlich 15 Minuten, so muß auf jeder Platte 234 · 15 = 3510 Minuten lang gespielt werden. Da eine Stunde 60 Minuten hat, sind das 3510 : 60 = 58½ Stunden. Und dafür reicht ein einziger Nachmittag offensichtlich nicht aus.

Würde man an jedem Nachmittag insgesamt 5 Stunden spie-len, so wäre das Turnier erst nach 12 Spieltagen beendet.

Falls man aber doch nur einen einzigen Nachmittag für das Turnier zur Verfügung hat, müßte man zwölfmal so viele Tischtennisplatten, also insgesamt 36 Stück, aufstellen.

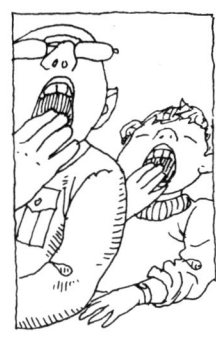

# Die faulen Schüler und die noch fauleren Lehrer

Schon immer gab es Leute, die den Lehrern und Schülern die vielen freien Nachmittage und die vielen Ferientage neideten. Ein besonders boshafter „Neidhammel'' glaubt sogar, streng mathematisch nachweisen zu können, daß die Lehrer und Schüler im Jahr nur einen einzigen Tag arbeiten. Und das auch nur in einem Schaltjahr, d. h. in einem Jahr mit 366 Tagen. Hier. ist dieser „streng mathematische'' Nachweis:

Das Schaltjahr hat 366 Tage. Davon gehen 52 arbeitsfreie Sonntage ab. Zehn der verbleibenden 314 Tage sind gesetzliche Feiertage. Also stehen für die Arbeit noch 304 Tage zur Verfügung.

Da ein Schultag mit durchschnittlich 6 Unterrichtsstunden nur den vierten Teil eines ganzen Tages ausmacht, bleiben als reine Arbeitszeit 304 : 4 = 76 Tage übrig.

Davon abzuziehen sind nun noch die Ferien, die pro Jahr insgesamt 75 Tage ausmachen.

Schließlich bleibt als Arbeitszeit von Lehrern und Schülern sage und schreibe nur ein einziger Tag im Jahr übrig, und das nur in einem Schaltjahr. In einem gewöhnlichen Jahr von 365 Tagen fällt sogar dieser eine Tag noch weg.

Kann da vielleicht etwas nicht stimmen?

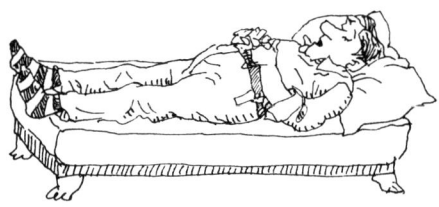

# Ein bemerkenswertes Kamelleasing

Alles kann man heutzutage leihen: Autos, Motorboote, Wohnwagen, Computer, ja sogar ganze Bürohäuser und Fabrikanlagen. Leihen ist gesellschaftsfähig geworden und wird deshalb neuerdings „vornehmerweise'' als Leasing bezeichnet.

Eine kleine Geschichte erzählt von einem höchst seltsamen Leasing, das zwar zunächst unbedingt nötig war, sich am Schluß aber als überflüssig erwies, weshalb der Leasingvertrag rückgängig gemacht werden konnte.

Die Geschichte spielt in einem arabischen Land, unter Arabern also, die schon zu einer Zeit mit der Kunst des Rechnens vertraut waren, als unsere Vorfahren noch mit der Keule durch die Urwälder Germaniens schweiften und sicherlich Mühe hatten, ihre kümmerliche Jagdbeute abzuzählen.

Ein alter Araber war in Frieden entschlafen. Seinen fünf Söhnen hinterließ er 23 Kamele und ein Testament. Im Testament hatte er die folgende Verteilung der Hinterlassenschaft angeordnet: Ein Drittel erhält der Älteste, ein Viertel der Zweitälteste, ein Sechstel der Drittälteste, ein Achtel der Viertälteste und ein Zwölftel der Jüngste.

Als man sich nun nach der Beerdigung des erblaßten Erblassers an die Teilung machte, mußte man feststellen, daß diese ohne Blutvergießen nicht zu bewerkstelligen sei. Nicht etwa, daß die fünf Brüder mit Messern aufeinander losgehen wollten. Nein, eines der Kamele hätte dran glauben müssen. Der dritte Teil von 23 Kamelen, der dem ältesten Sohn zugesprochen war, beträgt bekanntlich $23 : 3 = 7^2/_3$ Kamele. Also hätte, um den Erbanspruch des Ältesten zu befriedigen, eines der Kamele gedrittelt werden müssen. Das wollten die fünf Brüder aber unter allen Umständen vermeiden. Also begannen sie im zweiten Versuch die Erbteilung beim Zweitältesten, dem ein Viertel der Erbschaft zustand. Aber auch da erwies sich ein ,,Kamelmord'' als unumgänglich. Der vierte Teil von 23 Kamelen sind ja 23 : 4 = 5³/₄ Kamele. Also wäre ein Kamel geviertelt worden. Auch bei den nächsten drei Söhnen war eine unblutige Erbteilung nicht möglich: Beim Drittältesten hätte man ein Kamel in sechs Teile, beim Viertältesten in acht Teile und beim Jüngsten gar in zwölf Teile zerlegen müssen.

Ohne daß ein Kamel hätte dran glauben müssen, schien die testamentsgerechte Erbteilung nicht möglich zu sein. Guter Rat war teuer!

Da kam ein alter Scheich auf seinem noch älteren Kamel dahergeritten. Ihn fragten die fünf ratlosen Brüder um Rat. Der Scheich, ebenso klug wie alt, erkannte sofort, was hier gespielt wurde, und sagte: ,,Ich bin ein alter Mann. Die letzten paar Tage, die Allah mir in seiner übergroßen Güte noch zugedacht hat, kann ich zu Fuß gehen. Hier habt ihr mein Kamel. Stellt es zu eueren 23 Kamelen dazu und dann teilt eure Erbschaft, wie sich's gehört!''

Und siehe da: Auf einmal bereitete die Erbteilung überhaupt keine Schwierigkeiten mehr.

Der Älteste erhielt 24 : 3 = 8 Kamele,
der Zweitälteste 24 : 4 = 6 Kamele,
der Drittälteste 24 : 6 = 4 Kamele,
der Viertälteste 24 : 8 = 3 Kamele
und der Jüngste 24 : 12 = 2 Kamele.

Jeder der fünf Söhne wählte die ihm zustehende Anzahl von Kamelen aus und zog zufrieden davon.

Aber siehe da! Ein Kamel blieb übrig! Natürlich war es das uralte des Scheichs, denn die fünf Brüder verstanden etwas von Kamelen. Lächelnd bestieg der Scheich sein Tier. ,,Allah hat es nicht gewollt, daß wir uns trennen'', raunte er ihm ins Ohr und tätschelte seinen Höcker.

Allah aber war an diesem Geschäft nur sehr indirekt beteiligt. Der schlitzohrige Alte hatte nicht im Traum daran gedacht, sein Kamel, und war es auch noch so alt, wildfremden Menschen zu schenken. Er wußte, daß er es nur kurzzeitig zu verleihen brauchte. Ganz offensichtlich hatte er nämlich etwas bemerkt, was den fünf Söhnen in ihrer Trauer um den verstorbenen Vater entgangen war. Die Summe der fünf Erbteile war um $^1/_{24}$ kleiner als ein Ganzes:

$$^1/_3 + {}^1/_4 + {}^1/_6 + {}^1/_8 + {}^1/_{12} = \frac{8 + 6 + 4 + 3 + 2}{24} = {}^{23}/_{24}$$

Wäre daher das Erbe nach den Vorschriften des Testaments verteilt worden, so wäre der 24. Teil davon als herrenloses Gut zurückgeblieben. Der 24. Teil von den nunmehr 24 Kamelen ist aber gerade ein Kamel. Und das ist genau das, welches der Scheich den fünf Brüdern geschenkt oder genauer gesagt geliehen hatte.

# Der Bodensee genügt

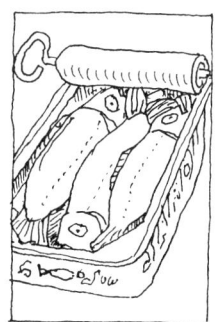

„Unser Schulhof ist viel zu klein'', beschwert sich ein Schüler, „wenn man mal richtig umherrennt, stößt man dauernd mit anderen Schülern zusammen.''

„Zugegeben'', stimmt ihm sein Lehrer zu, „zum Umherrennen ist er tatsächlich etwas zu klein, aber wenn man ihn nur zum Luftschnappen in der Pause benutzt, ist er eigentlich viel zu groß ausgefallen.''

Sagt's, nimmt ein Stück Kreide und zeichnet ein Quadrat von einem Meter Seitenlänge auf den Boden des Klassenzimmers.

„Dieses Quadrat hat einen Flächeninhalt von einem Quadratmeter. Wir wollen sehen, wie viele Schüler darauf Platz finden.'' Und siehe da, erst nachdem der zehnte Schüler sich in das Quadrat gestellt hat, beginnen die Proteste: „Jetzt reicht's aber!''

„Gut, also zehn Schüler passen auf einen Quadratmeter'', stellt der Lehrer fest. „Unser Schulhof ist rechteckig und hat

eine Länge von 50 m und eine Breite von 30 m. Sein Flächeninhalt beträgt also 50 m · 30 m = 1500 m². Wenn aber auf einen Quadratmeter zehn Schüler passen, so passen auf unseren Schulhof 1500 · 10 = 15 000 Schüler. Sie stehen zwar nicht sehr bequem, aber zum Luftschnappen reicht's!''

In der nächsten Stunde ist Erdkunde. Der Lehrer diktiert einen Hefteintrag: ,,Fläche des Bodensees: 538 km².''

,,Da könnte man ja die ganze Menschheit draufstellen'', flüstert Peter seinem Nachbarn zu. Der schaut ihn zweifelnd an: ,,Ist das nicht übertrieben?''

Prüfen wir's nach: 538 km² sind 538 000 000 m². Und wenn auf jedem Quadratmeter 10 Menschen Platz haben, so reicht die Fläche des Bodensees für 5 380 000 000 Menschen aus. Derzeit leben fast 6 000 000 000 Menschen auf der ganzen Erde. Und für die würde es beinahe reichen. Wer hätte das gedacht!

112

# Eine große Kiste

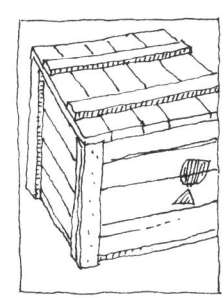

Erich Kästner, der liebenswerte Verfasser zahlreicher Kinderbücher wie z. B. „Emil und die Detektive'', „Pünktchen und Anton'' und „Das doppelte Lottchen'', zeigte sich gelegentlich auch als Menschenverächter. In einem seiner Gedichte („Ein Kubikkilometer genügt'') schlägt er vor, die ganze Menschheit in eine große Kiste zu stecken und diese dann in den tiefsten Abgrund der Kordilleren zu werfen. Dann habe die Erde endlich Ruhe vor diesem streitsüchtigen Menschengeschmeiß:

> „Da lägen wir dann, fast unbemerkbar,
> als würfelförmiges Paket.
> Und Gras könnte über die Menschheit wachsen.
> Und Sand würde daraufgeweht.
>
> Kreischend zögen die Geier Kreise.
> Die riesigen Städte stünden leer.
> Die Menschheit läg in den Kordilleren.
> Das wüßte dann aber keiner mehr.''

Kästner gibt sogar an, wie groß diese Kiste sein müßte: 1 km lang, 1 km breit und 1 km hoch.
Er behauptet also, die ganze Menschheit würde in eine würfelförmige Kiste von 1 km Kantenlänge passen.
Das klingt in der Tat recht unwahrscheinlich.
Rechnen wir es nach!
Eine würfelförmige Kiste von 1 km = 1000 m Kantenlänge hat einen Rauminhalt von 1000 m $\cdot$ 1000 m $\cdot$ 1000 m = 1 000 000 000 m³, also von einer Milliarde Kubikmetern.
Eine würfelförmige Kiste von 1 m Kantenlänge hat einen Rauminhalt von 1 m³. In einer solchen Kiste kann man zur Not 6 Menschen — Erwachsene und Kinder — unterbringen. Sie fühlen sich zwar etwas beengt, aber es läßt sich vermutlich gerade aushalten. Falls man eine derartige Kiste und sechs willige Versuchspersonen findet, kann man diese Behauptung praktisch überprüfen.

113

Wenn also in eine Kiste von 1 m³ Rauminhalt 6 Menschen passen, so passen in die Kästnersche Kiste mit einer Milliarde Kubikmeter Rauminhalt 6 Milliarden Menschen. Und so viele leben derzeit auf unserer Erde.
Wenn allerdings die Weltbevölkerung weiter so rasch wächst wie bisher, muß die Kiste in Zukunft etwas größer bemessen werden.

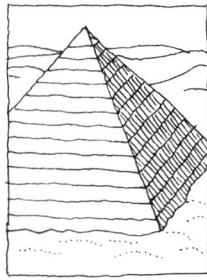

# Ein aufwendiges Grabmal

Eine riesengroße Pyramide ließ um 2500 vor Christi Geburt der ägyptische König Cheops während seiner 23jährigen Regierungszeit auftürmen.
Ihre Grundfläche war ein Quadrat mit 230 m Seitenlänge, ihre Höhe betrug rund 147 m.
Einziger Zweck dieses gewaltigen Bauwerks war es, den einbalsamierten Leichnam des Königs aufzunehmen. Fürwahr eine Platzverschwendung königlichen Ausmaßes!
Eine einzige Mumie in diesem Riesenbau!
Den Rauminhalt einer Pyramide berechnet man:

$$\frac{1}{3}\text{mal Grundflächeninhalt mal Höhe.}$$

Der Rauminhalt der Cheopspyramide beträgt demnach

$$\frac{1}{3} \cdot 230\,\text{m} \cdot 230\,\text{m} \cdot 147\,\text{m} = 2\,592\,100\,\text{m}^3.$$

Nehmen wir der Einfachheit halber an, der Sarkophag, in dem Cheops bestattet wurde, habe die Form eines Quaders von 2 m Länge, 0,5 m Breite und 0,5 m Höhe gehabt. Sein Rauminhalt wäre dann lediglich 2 m · 0,5 m · 0,5 m = 0,5 m³. Die restlichen 2 592 099,5 m³ der Pyramide sind also reiner Luxus.
Insgesamt hätten in dem Pyramidenvolumen rund 5 Millionen derartig verpackter Mumien Platz gefunden.

Viel mehr als 5 Millionen Untertanen wird Cheops seinerzeit vermutlich nicht gehabt haben. Er hätte sie alle nach ihrem Tode mit in sein Grabmal nehmen können, gewissermaßen als ein Herrscher, der mit seinem Volke auch über den Tod hinaus in Verbindung bleiben wollte. Aber das hätte bestimmt seiner Auffassung von dem in ihm verkörperten Gottkönigtum widersprochen.

Übrigens: die Cheops-Pyramide hat die 4500 Jahre, die seit ihrer Einweihung vergangen sind, recht gut überstanden. Nur von ihrer Höhe hat der Zahn der Zeit in jedem Jahr rund 2 mm abgenagt, sie beträgt heute nur noch 137 m.

Zu besichtigen ist die Cheops-Pyramide in der Nähe von Kairo. Und dort wird sie wohl die nächsten 4500 Jahre noch zu besichtigen sein, wenn so manche „geliebte Schule'' schon lange nur noch ein kleiner Erdhügel in der Landschaft ist.

# Dicke Luft

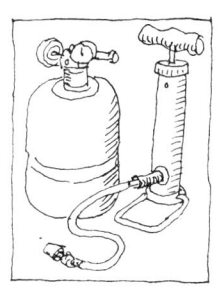

Manche Leute glauben, die Luft wiege nichts.

„Nur Nichts wiegt nichts'', kann man dem entgegenhalten. Und da Luft nicht Nichts ist, hat Luft ein Gewicht.

Aber wie kann man dieses Gewicht der Luft feststellen? Nichts einfacher als das!

Man nimmt ein Gefäß, dessen Öffnung sich durch einen Hahn verschließen läßt. Bei geöffnetem Hahn befindet sich Luft in dem Gefäß. In diesem Zustand erhält man mittels einer Waage das Gewicht des Gefäßes einschließlich der darin befindlichen Luft.

Nun saugt man die Luft aus dem Gefäß, verschließt den Hahn sorgfältig, damit keine neue Luft eindringen kann, und wägt das nun luftleere Gefäß. Dabei zeigt die Wage einen geringeren Wert an als zuvor. Der Unterschied der beiden Meßwerte ist gleich dem Gewicht der ursprünglich in dem Gefäß vorhandenen Luft.

Sorgfältige Messungen ergeben, daß
1 dm³ Luft etwa 1,3 g wiegt.
Da 1 m³ gleich 1 000 dm³ ist, wiegt 1 m³ Luft immerhin
1300 g bzw. 1,3 kg.
Ein 12 m langes, 8 m breites und 4 m hohes Klassenzimmer
hat einen Rauminhalt von 12 m · 8 m · 4 m = 384 m³.
Die Luft in diesem Klassenzimmer wiegt demnach

$$384 \cdot 1{,}3 \, kg = 499{,}2 \, kg.$$

Das ist rund eine halbe Tonne. Soviel kann man kaum mit
einem Kombi transportieren.
Und da ein 80 m langer, 30 m breiter und 12 m hoher Saal
einen Rauminhalt von 80 m · 30 m · 12 m = 28 800 m³ hat,
wiegt die darin befindliche Luft

$$28 \, 800 \cdot 1{,}3 \, kg = 37 \, 440 \, kg.$$

Das sind rund 37,5 Tonnen.
Man würde schon ein paar Lastwagen brauchen, um diese
Luftmenge abzutransportieren.
Und da behaupten manche Leute, Luft wiege nichts, und
falls sie doch etwas wiegt, so falle ihr Gewicht nicht ins
Gewicht.
Übrigens: Die Lufthülle der Erde wiegt insgesamt etwa
5 200 000 000 000 000 000 kg (gelesen: 5 Trillionen 200
Billiarden).

# Die riesengroße Eins

Die „Eins" sei die größte aller natürlichen Zahlen, behauptet Leonhard, das Mathematikgenie der Klasse 6a. Und zum
Beweis dieser kühnen Behauptung präsentiert er den zwei-
felnden Klassenkameraden die folgende Überlegung:
„Die natürlichen Zahlen sind die Zahlen 1, 2, 3, 4, 5, 6 . . .
Die 2 kann nicht die größte natürliche Zahl sein, denn wenn
man sie mit sich selbst multipliziert, erhält man eine größere
natürliche Zahl, nämlich 2 · 2 = 4.

116

Auch die 3 kann nicht die größte natürliche Zahl sein. Mit sich selbst multipliziert, führt auch sie auf eine noch größere Zahl, weil $3 \cdot 3 = 9$ ergibt.

Und ebenso verhält es sich mit der Zahl 4, denn $4 \cdot 4 = 16$, und mit der Zahl 5, denn $5 \cdot 5 = 25$, und mit der Zahl 6, denn $6 \cdot 6 = 36$, und so weiter und so fort. Zu jeder folgenden Zahl findet man auf demselben Wege stets eine Zahl, die noch größer ist. Nur bei der Zahl 1 ist das anders: Wenn man 1 mit sich selbst multipliziert, so erhält man wieder 1, denn $1 \cdot 1 = 1$.

Da nun die 1 als einzige natürliche Zahl bei der Multiplikation mit sich selbst nichts größeres ergibt, kann nur sie die größte aller natürlichen Zahlen sein. Und weil nur sie es sein kann, ist sie es auch. Punkt, Schluß, Aus: „Die 1 ist die größte natürliche Zahl, die es überhaupt gibt!" beendet Leonhard seine Beweisführung.

Seine Klassenkameraden jedoch halten Leonhards Überlegungen für totalen Quatsch. Jeder weiß ja, daß die 1 nicht die größte, sondern die kleinste natürliche Zahl ist. Doch als Leonhard sie auffordert, ihm einen logischen Fehler in seinen Überlegungen nachzuweisen, müssen sie passen, denn einen Fehler finden sie nicht. Daß aber irgendwo ein Fehler stecken muß, ist ihnen klar. Ihr Mathematiklehrer, um Rat gefragt, klärt die Sache. „Leonhards Überlegungen und Schlußfolgerungen sind, auf die Multiplikation bezogen, logisch einwandfrei", stellt er fest, „nur die Voraussetzung, von der er ausgegangen ist, stimmt nicht. Leonhard setzt nämlich voraus, daß es die größte natürliche Zahl gibt. Und da liegt das Problem. Wenn man nämlich davon ausgeht, daß es eine größte natürliche Zahl gibt, dann kann dies in der Tat nur die Zahl 1 sein. Diese Voraussetzung ist jedoch falsch. Man kann nämlich zu jeder natürlichen Zahl 1 addieren und erhält dadurch eine größere natürliche Zahl.

Da Leonhards Voraussetzung — die Existenz einer größten natürlichen Zahl — nicht erfüllt ist, ist auch das Ergebnis seiner Überlegungen falsch."

# Teilermuffel und Teilerprotzen

Die Zahl 40 läßt sich durch 5 teilen, denn 40 : 5 = 8. Wenn aber 40 : 5 = 8 gibt, dann ist auch 40 : 8 = 5, denn man darf in einer Divisionsaufgabe die Zahl hinter dem Doppelpunkt mit der Zahl hinter dem Gleichheitszeichen vertauschen, ohne daß die Aufgabe falsch wird. Also ist 40 auch durch 8 teilbar.

Die Zahl 40 ist aber auch durch die beiden Zahlen 4 und 10 teilbar,

$$\text{denn } 40 : 4 = 10 \quad \text{und} \quad 40 : 10 = 4.$$

Außerdem läßt sich die Zahl 40 auch noch durch 2 und durch 20 teilen

$$\text{denn } 40 : 2 = 20 \quad \text{und} \quad 40 : 20 = 2.$$

Und schließlich ist die Zahl 40 auch durch 1 und durch 40 teilbar,

$$\text{denn } 40 : 1 = 40 \quad \text{und} \quad 40 : 40 = 1.$$

Man sagt:

> „Die Zahl 40 ist durch die Zahlen 1, 40, 2, 20, 4, 10, 5 und 8 teilbar."

Oder:

> „Die Zahl 40 hat die Zahlen 1, 40, 2, 20, 4, 10, 5 und 8 als Teiler."

Bestimmen wir jetzt die Teiler der Zahl 84:

Die Zahl 84 ist durch 1 und durch 84 teilbar,

$$\text{denn } 84 : 1 = 84 \quad \text{und} \quad 84 : 84 = 1.$$

Die Zahl 84 ist durch 2 und durch 42 teilbar,

$$\text{denn } 84 : 2 = 42 \quad \text{und} \quad 84 : 42 = 2.$$

Die Zahl 84 ist durch 3 und durch 28 teilbar,

$$\text{denn } 84 : 3 = 28 \quad \text{und} \quad 84 : 28 = 3.$$

Die Zahl 84 ist durch 4 und durch 21 teilbar,

$$\text{denn } 84 : 4 = 21 \quad \text{und} \quad 84 : 21 = 4.$$

Die Zahl 84 ist durch 6 und durch 14 teilbar,

$$\text{denn } 84 : 6 = 14 \quad \text{und} \quad 84 : 14 = 6.$$

Die Zahl 84 ist durch 7 und durch 12 teilbar,

denn 84 : 7 = 12 und 84 : 12 = 7.

Weitere natürliche Zahlen, durch die man 84 ohne Rest teilen kann, gibt es nicht.

Deshalb gilt:

Die Teiler der Zahl 84 sind die Zahlen 1, 84, 2, 42, 3, 28, 4, 21, 5, 14, 7 und 12. Schließlich bestimmen wir noch die Teiler der Zahl 98:

98 ist teilbar

durch 1 und 98, denn 98 : 1 = 98 und 98 : 98 = 1,
durch 2 und 49, denn 98 : 2 = 49 und 98 : 49 = 2,
durch 7 und 14, denn 98 : 7 = 14 und 98 : 14 = 7.

Ergebnis:

Die Zahl 98 hat die Zahlen 1, 98, 2, 49, 7 und 14 als Teiler. Man könnte meinen, die Teiler einer natürlichen Zahl treten stets paarweise auf. Wenn das der Fall wäre, könnte eine natürliche Zahl nur zwei, vier, sechs, acht usw. Teiler haben. Mit anderen Worten: Die Anzahl der Teiler einer natürlichen Zahl wäre stets eine gerade Zahl. Daß diese Annahme falsch ist, zeigt folgendes Beispiel: Die Zahl 36 ist teilbar

durch 1 und 36, denn 36 : 1 = 36 und 36 : 36 = 1,
durch 2 und 18, denn 36 : 2 = 18 und 36 : 18 = 2,
durch 3 und 12, denn 36 : 3 = 12 und 36 : 12 = 3,
durch 4 und 9, denn 36 : 4 = 9 und 36 : 9 = 4,
durch 6, denn 36 : 6 = 6.

Siehe da! In der letzten Zeile tritt kein Zahlenpaar auf, sondern nur eine einzelne Zahl, weil sich aus 36 : 6 = 6 keine unterschiedliche zweite Divisionsaufgabe ergibt.

Folglich ist die Anzahl der Teiler der Zahl 36 ungerade. Die Zahl 36 hat als Teiler die neun Zahlen 1, 36, 2, 18, 3, 12, 4, 9 und 6.

Ähnliches passiert, wenn wir die Teiler der Zahl 81 ermitteln. Die Zahl 81 ist teilbar

durch 1 und 81, denn 81 : 1 = 81 und 81 : 81 = 1
durch 3 und 27, denn 81 : 3 = 27 und 81 : 27 = 3,
durch 9, denn 81 : 9 = 9.

Die Zahl 81 hat demnach als Teiler die fünf Zahlen 1, 81, 3, 27 und 9. Die Anzahl ihrer Teiler ist deshalb ungerade, weil sich auch hier in der letzten Zeile kein Zahlenpaar ergibt.

Diese Erscheinung tritt stets dann auf, wenn sich die Zahlen, deren Teiler bestimmt werden sollen, als Produkt aus zwei gleichen Zahlen schreiben läßt:

$$81 = 9 \cdot 9$$
$$36 = 6 \cdot 6.$$

Nur in diesen Fällen ergibt sich zum Schluß eine nicht „umstellbare" Divisionsaufgabe:

$$81 : 9 = 9$$
$$36 : 6 = 6.$$

Natürliche Zahlen, die sich als Produkt aus zwei gleichen natürlichen Zahlen schreiben lassen, bezeichnet man als Quadratzahlen.

Die ersten zwanzig Quadratzahlen sind:

| | |
|---|---|
| $1 \cdot 1 = 1$ | $11 \cdot 11 = 121$ |
| $2 \cdot 2 = 4$ | $12 \cdot 12 = 144$ |
| $3 \cdot 3 = 9$ | $13 \cdot 13 = 169$ |
| $4 \cdot 4 = 16$ | $14 \cdot 14 = 196$ |
| $5 \cdot 5 = 25$ | $15 \cdot 15 = 225$ |
| $6 \cdot 6 = 36$ | $16 \cdot 16 = 256$ |
| $7 \cdot 7 = 49$ | $17 \cdot 17 = 289$ |
| $8 \cdot 8 = 64$ | $18 \cdot 18 = 324$ |
| $9 \cdot 9 = 81$ | $19 \cdot 19 = 361$ |
| $10 \cdot 10 = 100$ | $20 \cdot 20 = 400$ |

Das Ergebnis unserer Überlegung können wir so formulieren:

> Die Anzahl der Teiler einer Quadratzahl ist stets ungerade.
> Die Anzahl der Teiler einer Nicht-Quadratzahl ist stets gerade.

Es gibt Zahlen, die nur zwei Teiler haben, die Zahl 1 und sich selbst. Solcher „Teilermuffel" nennt man Primzahlen.

So ist zum Beispiel die Zahl 13 eine Primzahl, denn sie hat als Teiler nur die Zahlen 1 und 13.

In der folgenden Tabelle sind die ersten 60 Primzahlen aufgeschrieben:

| 2  | 31 | 73  | 127 | 179 | 233 |
|----|----|-----|-----|-----|-----|
| 3  | 37 | 79  | 131 | 181 | 239 |
| 4  | 41 | 83  | 137 | 191 | 241 |
| 7  | 43 | 89  | 139 | 193 | 251 |
| 11 | 47 | 97  | 149 | 197 | 257 |
| 13 | 53 | 101 | 151 | 199 | 263 |
| 17 | 59 | 103 | 157 | 211 | 269 |
| 19 | 61 | 107 | 163 | 223 | 271 |
| 23 | 67 | 109 | 167 | 227 | 277 |
| 29 | 71 | 113 | 173 | 229 | 281 |

Die Zahl 1 ist zwar auch nur durch 1 „und sich selbst" teilbar, man zählt sie aber nicht zu den Primzahlen.

Im Gegensatz zu den Primzahlen gibt es aber natürliche Zahlen, die mit ganzen Heerscharen von Teilern protzen.

Ein solcher „Teilerprotz" ist die Zahl 360. Ihre Teiler sind: 1, 360, 2, 180, 3, 120, 4, 90, 5, 72, 6, 60, 8, 45, 9, 40, 10, 36, 12, 30, 15, 24, 18, 20.

Dreimal soviele Teiler wie die Zahl 360 hat die Zahl 18 900. Wem es Spaß macht, der sollte sie herauszufinden versuchen.

Und wer dann die Nase immer noch nicht voll hat, versuche doch einmal, die 96 Teiler der Zahl 86 400 oder die 112 Teiler der Zahl 1 896 000 oder gar die 582 Teiler der Zahl 21 621 600 aufzuspüren!

Von einem Computer lassen sich mit dem folgenden BASIC-Programm alle Teiler einer natürlichen Zahl berechnen.

```
10 REM Dieses Programm berechnet die Teiler einer natürlichen Zahl.
15 CLS
20 PRINT"Die Teiler einer natürlichen Zahl n werden bestimmt."
30 PRINT
40 INPUT"Gib deine Zahl ein!";N
50 PRINT :PRINT"Die Zahl";N;"hat die folgenden Teiler:"
60 FOR K = 1 TO N
70 IF N/K = INT(N/K) THEN 100
80 NEXT K
90 GOTO 120
100 PRINT K,
110 GOTO 80
120 END
```

Mit annähernd der Hälfte der Rechenzeit kommt das folgende BASIC-Programm aus, das zusätzlich auch noch die Anzahl der Teiler angibt.

```
10 REM Dieses Programm berechnet Teiler und Anzahl der Teiler
einer natürlichen Zahl
15 CLS
20 PRINT"Die Teiler der natürlichen Zahl n werden bestimmt."
30 PRINT
40 INPUT "Gib deine Zahl ein!";ZAHL
45 Die Teiler der Zahl"; ZAHL;"sind:"
50 WURZEL=SQR(ZAHL): ANZAHL=0
60 FOR K = 1 TO INT(WURZEL)
70 IF ZAHL/K = INT(ZAHL/K) THEN PRINT K; ZAHL/K;: ANZAHL=ANZAHL+2
80 NEXT K
90 IF WURZEL=INT(WURZEL) THEN ANZAHL=ANZAHL-1
100 PRINT: PRINT "Die Zahl"; ZAHL; "hat also"; ANZAHL; "TEILER."
```

# Freundschaft zwischen Zahlen

Die natürliche Zahl 220 läßt sich durch 44 teilen, denn 220 : 44 = 5. Man sagt: 44 ist ein Teiler von 220. Ein weiterer Teiler der Zahl 220 ist die Zahl 11, denn 220 : 11 = 20. Auch die Zahl 1 ist ein Teiler von 220, denn 220 : 1 = 220. Schließlich ist auch die Zahl 220 ein Teiler von 220, d. h. von sich selbst, denn 220 : 220 = 1.

Dagegen ist beispielsweise die Zahl 12 kein Teiler von 220, denn wenn man 220 durch 12 dividiert, bleibt der Rest 4.

Sämtliche Teiler einer Zahl zu ermitteln, ist oft recht langwierig, schon allein deshalb, weil es häufig sehr viele Teiler sind. Immerhin hat z. B. die Zahl 220 zwölf Teiler, nämlich die Zahlen 1, 2, 4, 5, 10, 11, 20, 22, 44, 55, 110 und 220. Wer es nicht glaubt, prüfe es doch einmal nach! Gelegentlich rechnet man die Zahl selbst nicht mit zu ihren Teilern. Man spricht dann von den **echten** Teilern. Die Zahl 1 gehört zu den echten Teilern einer Zahl! Dies ist nun mal der unter Zahlentheoretikern übliche Brauch, wenn auch z. B. die „Kleine Enzyklopädie Mathematik" aus dem VEB Bibliogr. Institut Leipzig etwas anderes behauptet. Ich berufe mich da beispielsweise auf den in der Schule üblichen Brauch und auf H. Scheid, Einführung in die Zahlentheorie, Klett Studienbücher. Mit dieser Vereinbarung läßt sich alles über befreundete Zahlen und vollkommene Zahlen viel übersichtlicher und knapper darstellen!

Die **echten** Teiler der Zahl 220 sind also die Zahlen 1, 2, 4, 5, 10, 11, 20, 22, 44, 55 und 110.

Diese echten Teiler der Zahl 220 addieren wir einmal:
1 + 2 + 4 + 5 + 10 + 11 + 20 + 22 + 44 + 55 + 110 = 284.

Die so erhaltene Zahl 284 schauen wir uns jetzt etwas genauer an. Ihre echten Teiler sind:

1, 2, 4, 71 und 142.

Wenn wir sie addieren, so erhalten wir:

$$1 + 2 + 4 + 71 + 142 = 220.$$

Hoppla! Das ist doch gerade die Zahl, von der wir ausgegangen sind!

Das im wahrsten Sinne des Wortes merkwürdige oder, besser gesagt, bemerkenswerte Ergebnis unserer Überlegung lautet: Die Summe der echten Teiler von 220 ist 284 und die Summe der echten Teiler von 284 ist 220.

Jede dieser beiden Zahlen setzt sich gewissermaßen aus den echten Teilern der anderen Zahl zusammen.

Diese nicht auf den ersten Blick erkennbare Beziehung zwischen den beiden Zahlen 220 und 284 ist schon den alten Griechen um 500 vor Christi Geburt aufgefallen. Sie waren von ihr so beeindruckt, daß sie diese beiden Zahlen als das Symbol der vollkommenen Freundschaft ansahen. Sie bezeichneten sie deshalb als „befreundetes Zahlenpaar".

Jahrhundertelang war man auf der Suche nach weiteren derartigen Paaren. Die Suche blieb wohl hauptsächlich deshalb so lange ohne Erfolg, weil sich an ihr in erster Linie nur Astrologen und sogenannte Zahlenmystiker beteiligten.

Erst als sich etwa mit dem 15. Jahrhundert nach Christi Geburt auch Mathematiker damit befaßten, fand man noch eine recht beachtliche Anzahl weiterer solcher Zahlenpaare. Zu ihnen gehört das Paar 1184 und 1210.

Für die Summe der echten Teiler der Zahl 1184 ergibt sich: $1 + 2 + 4 + 8 + 16 + 32 + 37 + 74 + 148 + 296 + 592 = 1210$. Und die Summe aus den echten Teilern der Zahl 1210 beträgt: $1 + 2 + 5 + 10 + 11 + 22 + 55 + 110 + 121 + 242 + 605 = 1184$. Weitere „befreundete" Zahlenpaare sind:

| 2620 | und | 2924 |
| 5020 | und | 5564 |

| 6232 | und | 6368 |
|---|---|---|
| 10744 | und | 10856 |
| 17296 | und | 18416 |
| 63020 | und | 76084 |
| 66928 | und | 66992 |
| 67095 | und | 71145 |
| 69615 | und | 87633 |
| 79750 | und | 88730 |
| 142310 | und | 168730 |
| 176272 | und | 180848 |
| 9363584 | und | 9437056. |

Bisher kennt man etwa tausend „befreundete'' Zahlenpaare. Jedes von ihnen besteht entweder aus zwei **geraden** Zahlen oder aus zwei **ungeraden** Zahlen. Eigentlich spricht aber nichts dagegen, daß es auch „befreundete'' Zahlenpaare gibt, bei denen die eine Zahl gerade und die andere Zahl ungerade ist. Man hat aber bisher — trotz des Einsatzes von Computern — ein derartiges „befreundetes'' Zahlenpaar noch nicht entdeckt. Wer es fände, wäre mit einem Schlag berühmt, zumindest unter den Mathematikern!

# Miß Zahl oder die vollkommene Zahl

Es gibt Zahlen, die ihrer geistigen Schönheit wegen den Mathematikern des Altertums förmlich den Atem raubten. Sie gelten gewissermaßen als Schönheitsköniginnen unter den Zahlen. Zu ihnen gehört die Zahl 6.
Die Zahl 6 ist ohne Rest durch die Zahlen 1, 2, 3 und 6 teilbar, denn 6 : 1 = 6, 6 : 2 = 3, 6 : 3 = 2 und 6 : 6 = 1. Zählt man die Teiler der Zahl 6 (außer der Zahl 6 selbst) zusammen, erhält man: 1 + 2 + 3 = 6.
Die Zahl 6 ist also gleich der Summe aus diesen sog. echten Teilern. Das ist eine ganz und gar ungewöhnliche Eigenschaft. Bei den weitaus meisten Zahlen ist dies nicht der Fall.

Entweder ist bei ihnen die Summe aus ihren echten Teilern **größer** als die Zahl selbst, wie z. B. bei der Zahl 12 — für deren Teilersumme gilt $1 + 2 + 3 + 4 + 6 = 16$ —, oder **kleiner** als die Zahl selbst, wie z. B. bei der Zahl 15, für deren Teilersumme gilt $1 + 3 + 5 = 9$.

Zahlen, deren Teilersumme größer ist als sie selbst, bezeichnet man als **überschießende** (abundante) Zahlen.

Zahlen, deren Teilersumme kleiner ist als sie selbst, nennt man **mangelhafte** (defiziente) Zahlen.

Im Unterschied zu den mangelhaften und den überschießenden Zahlen bezeichnet man solche Zahlen, die, wie die Zahl 6, **gleich** der Summe aus ihren echten Teilern sind, als **vollkommene** Zahlen. Vollkommene Zahlen setzen sich also gewissermaßen aus ihren echten Teilern zusammen. Wer den Abschnitt „Freundschaft zwischen Zahlen'' auf S. 123 gelesen hat, wird verstehen, daß wir vollkommene Zahlen auch als Zahlen bezeichnen können, die mit sich selbst befreundet sind.

Die Zahl 6 ist die kleinste vollkommene Zahl. Die nächstgrößere ist 28. Für die Summe ihrer Teiler gilt:

$$1 + 2 + 4 + 7 + 14 = 28.$$

Astrologen und Zahlenmystiker haben seit urdenklichen Zeiten diese beiden Zahlen für sich in Beschlag genommen:

„Gott erschuf die Welt in 6 Tagen.''

„Der Mond umläuft die Erde in 28 Tagen.''

Es gibt aber noch andere vollkommene Zahlen, für die sich nicht ohne weiteres eine derart mystische Deutung finden läßt. Dazu gehört zum Beispiel die Zahl 496, für deren Teilersumme gilt

$$1 + 2 + 4 + 8 + 16 + 31 + 62 + 124 + 248 = 496,$$

und die Zahl 8128, für deren Teilersumme gilt

$$1 + 2 + 4 + 8 + 16 + 32 + 64 + 127 + \\ 254 + 508 + 1016 + 2032 + 4064 = 8128.$$

Auch die Zahl 2 305 843 008 139 952 128 soll eine vollkommene Zahl sein. Vielleicht findet sich jemand, der die dazu erforderliche Geduld aufbringt, das zu beweisen!

Bis zum Jahre 1992 sind erst 32 vollkommene Zahlen entdeckt worden. Die größte von ihnen ist $(2^{756839} - 1) \cdot 2^{756838}$. Sie hat 455 663 Stellen. Alle vollkommenen Zahlen, die man bisher kennt, sind gerade Zahlen. Ob das so sein muß, ist unter den Mathematikern noch zweifelhaft. Am einfachsten ließen sich diese Zweifel beseitigen, wenn man eine vollkommene Zahl fände, die ungerade ist.

# Auf der Jagd nach Primzahlen

Seit Jahrtausenden sind die Mathematiker auf der Jagd nach jenen spröden Zahlen, die sich nur durch 1 und durch sich selbst teilen lassen. Primzahlen heißen sie, diese stolzen Zahlen. Und stolzer als sie ist nur noch die Zahl 1. Sie gibt sich gewissermaßen nur mit sich selbst ab, indem sie sich nur durch sich selbst teilen läßt. Deshalb rechnet man sie auch nicht zu den Primzahlen. Sie ist „primer als prim" könnte man sagen, und „Primstzahl" wäre der einzige ihr angemessene Titel.

Als Begriff der Primzahl legt man fest:

Eine Primzahl ist eine Zahl, die genau zwei Teiler hat, sich selbst und die Zahl 1.

Die Vermutung, daß es Primzahlen nur bis zu einer bestimmten Größe gibt, ist durchaus nicht so ohne weiteres von der Hand zu weisen. Je größer eine Zahl ist, desto mehr Zahlen gibt es schließlich, die als Teiler in Frage kommen. Wir könnten auch sagen: Je größer eine Zahl ist, desto mehr Mühe hat sie, sich ungebetene Teiler vom Halse zu halten.

Daß es jedoch keine größte Primzahl gibt und die Anzahl der Primzahlen unendlich groß ist, hat schon der griechische Mathematiker Euklid um 300 vor Christi Geburt „hieb- und stichfest" bewiesen. Seitdem sind die Mathematiker auf der

Jagd nach immer größeren Primzahlen. In je höhere Gefilde sie dabei kommen, umso schwieriger ist es, eine Zahl als Primzahl zu identifizieren.

Der erste, von dem wir wissen, daß er die Suche nach Primzahlen systematisch betrieben hat, ist der Grieche Eratosthenes, der im 3. Jahrhundert vor Christi Geburt lebte. Sein „Such"-Verfahren wird das „Sieb des Eratosthenes" genannt, weil dabei die natürlichen Zahlen gewissermaßen in einem Sieb so lange geschüttelt werden, bis alle Nicht-Primzahlen herausgefallen sind und sich nur noch Primzahlen im Sieb befinden. Das geht folgendermaßen vor sich: Man schreibt alle natürlichen Zahlen bis zu einer bestimmten Größe, also beispielsweise bis 100, auf. Am günstigsten ist in diesem Fall eine quadratische Anordnung.

Nun streicht man als erstes die 1 weg, denn sie ist keine Primzahl.

Die nächstgrößere Zahl ist die 2. Sie ist Primzahl und bleibt deshalb ungestrichen stehen. Alle Vielfachen von 2 können aber keine Primzahlen sein, denn sie sind ja außer durch 1 und sich selbst bestimmt auch noch durch 2 teilbar, haben also mindestens 3 Teiler. Man kann demnach, von 2 ausgehend, jede zweite Zahl als Nichtprimzahl wegstreichen.

Die nächste noch nicht gestrichene Zahl ist die 3. Sie ist Primzahl. Ihre Vielfachen sind keine Primzahlen. Man kann also, von 3 ausgehend, jede dritte Zahl als Nichtprimzahl wegstreichen. Daß man dabei auch auf Zahlen trifft, die schon weggestrichen sind, macht nichts: Doppelt hält besser! Die nächstgrößere, noch nicht durchgestrichene Zahl ist die 5. Sie muß Primzahl sein. Alle Vielfachen von 5 sind keine Primzahlen. Also kann man, von 5 ausgehend, jede fünfte Zahl als Nichtprimzahl wegstreichen, und so weiter, und so fort. Zum Schluß bleiben nur noch die Primzahlen stehen. Als Endergebnis dieser Methode ergibt sich:

Auf diese Art und Weise kann man die Primzahlen bis zu jeder beliebigen Größe aus der Menge der natürlichen Zahlen „heraussieben". Je höher man aber die obere Grenze der Zahlen wählt, die man ins Sieb des Eratosthenes schüttet, desto länger muß man schütteln, desto langwieriger und mühevoller ist das Aussieben.

Mit dem folgenden BASIC-Programm können wir einen Computer für uns schütteln lassen.

```
10 REM Primzahlen zwischen 1 und einer frei wählbaren oberen Grenze
20 CLS
30 PRINT "Der Computer gibt alle Primzahlen zwischen 1 und n )=5 aus."
40 INPUT "Bis zu welcher oberen Grenze soll der Computer suchen ";G
50 PRINT "Zwischen 1 und " ;G; "liegen die folgenden Primzahlen:"
60 PRINT "2   3 ";
70 N=5
80 M=SQR(N)
90 FOR K = 3 TO M STEP 2
100 IF INT(N/K)*K - N<0 THEN 120
110 GOTO 140
120 NEXT K
130 PRINT N;
140 N = N+2
150 IF G-N>0 THEN 80
160 END
```

Die größte Primzahl, die man bis zum Jahre 1992 gefunden hat, ist die Zahl $2^{756\,839} - 1$. Sie hat 227 832 Stellen. Geht man davon aus, daß man zwei Ziffern pro Sekunde schreiben kann und drei Ziffern auf einen Zentimeter passen, so wäre diese Zahl 760 m lang, und man brauchte rund 32 Stunden, um sie aufzuschreiben.

Unter den bisher bekannten Primzahlen gibt es ganz merkwürdige „Typen''.
Eine davon besteht aus nichts anderem als aus 1031 Einsen.
Eine andere beginnt mit 111 Einsen, dann folgen 111 Zweien, 111 Dreien, 111 Vieren, 111 Fünfen, 111 Sechsen, 111 Siebenen, 111 Achten, 111 Neunen, 2284 Nullen und eine Eins. Diese sonderbare Primzahl hat also insgesamt 3284 Stellen. Wieder eine andere dieser exotischen Primzahlen beginnt mit einer Eins und hat dann nur noch Neunen, allerdings 3020 Stück davon:

$$1\underbrace{9999999999999999999999999999999 \ldots 9999}_{\text{3020 Neunen!}}$$

Bemerkenswert ist auch die folgende Primzahl, die wir leider nur Zeilenweise abdrucken können. Auch hier ein enormer Verbrauch an Neunen:

99 999 999 999 999 999 999 999 999 999 999 999 999 999
999 999 999 999 999 999 999 999 999 999 999 999 999
999 999 999 999 999 999 999 999 999 999 999 999 999
999 999 999 999 999 999 999 999 999 999 999 999 999
999 999 999 999 999 999 999 999 999 999 999 999 999
999 999 999 999 999 999 999 999 999 999 999 999 999
999 999 999 999 999 **989** 999 999 999 999 999 999 999
999 999 999 999 999 999 999 999 999 999 999 999 999
999 999 999 999 999 999 999 999 999 999 999 999 999
999 999 999 999 999 999 999 999 999 999 999 999 999
999 999 999 999 999 999 999 999 999 999 999 999 999
999 999 999 999 999 999 999 999 999 999 999 999 999
999 999 999 999 999 999 999 999 999 999 999 999 999

Wem's zu viel Schreiberei ist, kann diese Zahlen auch in der Form $10^{506} - 10^{253} - 1$ schreiben.

Ganz besondere Snobs unter den Primzahlen sind solche, die selbst dann noch Primzahlen bleiben, wenn man sie rückwärts, also von rechts nach links, liest. Beispiele dafür sind:

| | | |
|---|---|---|
| 13 | und | 31 |
| 17 | und | 71 |
| 37 | und | 73 |
| 79 | und | 97 |
| 107 | und | 701 |
| 1103 | und | 3011 |
| 1453 | und | 3541 |
| 1879 | und | 9781 |
| 1949 | und | 9491 |
| 3019 | und | 9103 |
| 102 356 789 | und | 987 653 201. |

Man hat vorgeschlagen, derartig exklusive PRIM-Zahlen als MIRP-Zahlen zu bezeichnen. Kein schlechter Vorschlag, nicht? Von allerhöchsten Primzahladel ist die Zahl 193 939. Nicht nur, daß sie selbst eine MIRP-Zahl ist! Eine MIRP-Zahl ergibt sich auch, wenn man ihre vorderste Ziffer ans Ende setzt:

1 | 9 | 3 | 9 | 3 | 9 |
 | 9 | 3 | 9 | 3 | 9 | 1

Selbst wenn man diese „Umstellung" noch einmal und noch einmal und noch einmal und noch einmal und noch einmal durchführt, ergibt sich jedesmal eine MIRP-Zahl:

193939
939391
393919
939193
391939
919393

Diese merkwürdige Eigenschaft der Zahl 193939 läßt sich besonders eindringlich darstellen, wenn wir ihre Ziffern im Uhrzeigersinn auf einen Kreisring schreiben:

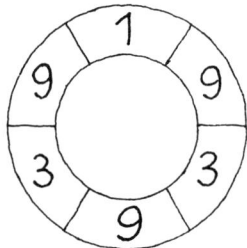

Wenn wir jetzt bei irgendeiner der sechs Ziffern starten und im Kreis einmal rechtsherum oder einmal linksherum laufen, so erhalten wir stets eine Primzahl.
Eine besonders kunstvolle Zusammenstellung von MIRP-Zahlen zeigt das folgende Zahlenquadrat:

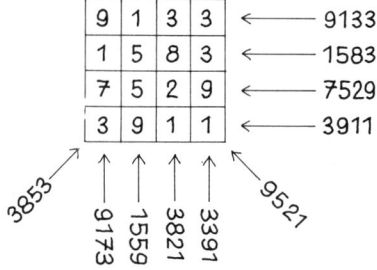

In jeder der vier Zeilen und jeder der vier Spalten und jeder der zwei Schrägreihen steht eine MIRP-Zahl.

Entsprechend verhält es sich mit folgendem Zahlenquadrat:

| 1 | 3 | 9 | 3 | 3 |
|---|---|---|---|---|
| 1 | 3 | 4 | 5 | 7 |
| 7 | 6 | 4 | 0 | 3 |
| 7 | 4 | 8 | 9 | 7 |
| 7 | 1 | 3 | 9 | 9 |

Schreiben wir doch einmal alle Primzahlen auf, die darin enthalten sind!

Es gibt nur zwei Primzahlen, die unmittelbar aufeinander folgen: 2 und 3.

Da sonst nur ungerade Zahlen als Primzahlen in Frage kommen, muß der Unterschied zwischen allen übrigen Primzahlen mindestens zwei sein.

Zwei Primzahlen, die sich nur um 2 unterscheiden, heißen **Primzahlzwillinge.**

Solche Primzahlzwillinge sind zum Beispiel:

3 und 5, 5 und 7, 11 und 13, 17 und 19, 29 und 31, 41 und 43, 71 und 73, 101 und 103, 107 und 109, 137 und 139, 149 und 151. Das größte Primzahlzwillingspaar, das man bis zum Jahre 1988 gefunden hatte, ist das Paar:

$$1075704629\underbrace{99999999999999999 \ldots 99999999999999}_{\text{2250 Neunen!}}$$

und

$$1075704630\underbrace{00000000000000000 \ldots 00000000000001}_{\text{2249 Nullen!}}$$

Seit Euklids Zeiten weiß man zwar, daß es unendlich viele Primzahlen gibt, bis heute konnte man aber immer noch nicht herausfinden, ob es auch unendlich viele Primzahl**zwillinge** gibt.

Primzahl**drillinge** dagegen gibt es nur einen einzigen:

3, 5, 7.

Weitere Primzahldrillinge kann es schon deshalb nicht geben, weil von drei aufeinanderfolgenden ungeraden Zahlen stets eine durch 3 teilbar und damit keine Primzahl ist.

# Hat Herr Goldbach recht?

In der Mathematik, so glauben viele Leute, sei mittlerweile alles bewiesen, was zu beweisen ist. Und die paar Sätze, deren Beweis noch aussteht, seien so kompliziert, daß sie der mathematische Normalverbraucher sowieso nicht verstehen kann.

Daß dem nicht so ist, zeigt die sogenannte Goldbachsche Vermutung. Dabei handelt es sich um eine mathematische Aussage, deren Inhalt jeder Laie verstehen kann und deren Gültigkeit wir an einzelnen Beispielen nachprüfen können. Der allgemeine Beweis dieses Satzes aber ist selbst den „klügsten" Mathematikern bisher noch nicht gelungen.

Im Jahre 1742 stellte der deutsche Mathematiker Christian Goldbach — er lebte von 1690 bis 1764 — die Vermutung auf, daß sich jede gerade natürliche Zahl, außer der Zahl 2, als Summe aus zwei Primzahlen darstellen läßt. Jeder Schüler, der weiß, was eine Primzahl ist (auf Seite 127 dieses Buches steht es!), kann zeigen, daß die Goldbachsche Vermutung für alle geraden Zahlen zwischen 2 und 50 zutrifft. Das sieht so aus:

$$
\begin{aligned}
4 &= 2 + 2 \\
6 &= 3 + 3 \\
8 &= 3 + 5 \\
10 &= 3 + 7 &&= 5 \;+ 5 \\
12 &= 5 + 7 \\
14 &= 3 + 11 &&= 7 \;+ 7 \\
16 &= 3 + 13 &&= 5 \;+ 11 \\
18 &= 5 + 13 &&= 7 \;+ 11 \\
20 &= 3 + 17 &&= 7 \;+ 13 \\
22 &= 3 + 19 &&= 5 \;+ 17 &&= 11 + 11
\end{aligned}
$$

$$24 = 5 + 19 = 7 + 17 = 11 + 13$$
$$26 = 3 + 23 = 7 + 19 = 13 + 13$$
$$28 = 5 + 23 = 11 + 17$$
$$30 = 7 + 23 = 11 + 19 = 13 + 17$$
$$32 = 3 + 29 = 13 + 19$$
$$34 = 3 + 31 = 5 + 29 = 11 + 23 = 17 + 17$$
$$36 = 5 + 31 = 7 + 29 = 13 + 23 = 17 + 19$$
$$38 = 7 + 31 = 19 + 19$$
$$40 = 3 + 37 = 11 + 29 = 17 + 23$$
$$42 = 5 + 37 = 11 + 31 = 13 + 29 = 19 + 23$$
$$44 = 3 + 41 = 7 + 37 = 13 + 31$$
$$46 = 3 + 43 = 5 + 41 = 17 + 29 = 23 + 23$$
$$48 = 5 + 43 = 7 + 41 = 11 + 37 = 17 + 31$$
$$= 19 + 29$$
$$50 = 3 + 47 = 7 + 43 = 14 + 37 = 19 + 31.$$

Wenn wir eine Primzahltabelle zur Hand haben, können wir die Goldbachsche Vermutung auch für größere gerade Zahlen überprüfen. Bisher hat noch niemand eine gerade Zahl entdeckt, die sich **nicht** als Summe aus zwei Primzahlen schreiben läßt. Leider ist diese Tatsache keineswegs ein Beweis für die Goldbachsche Vermutung, denn zutreffende Beispiele können eine solche Vermutung zwar bekräftigen, jedoch nicht beweisen. Selbst wenn man noch so viele zutreffende Beispiele für einen vermuteten Satz dieser Art liefert, einen Beweis hat man damit noch nicht erbracht. Umgekehrt genügt jedoch ein einziges Gegenbeispiel, um einen allgemeingültigen mathematischen Satz oder eine entsprechende Vermutung zu Fall zu bringen.

Ist das nicht ungerecht?

Abertausende zutreffende Beispiele können einen allgemeingültigen Satz nicht beweisen, ein einziges Gegenbeispiel jedoch bringt ihn zu Fall.

Wer also eine einzige gerade Zahl fände, die sich nicht als Summe aus zwei Primzahlen darstellen läßt, hätte die Goldbachsche Vermutung widerlegt. Die Mathematiker aller Länder wären ihm dankbar, denn die Goldbachsche Vermutung wäre für sie damit begraben, und zwar für alle Zeiten.

Wer trotz aller Mühen kein Gegenbeispiel findet, braucht dennoch die Hoffnung, eine Zierde der Mathematik zu werden, keineswegs aufzugeben. Wem es dann vielleicht gelingt, die Goldbachsche Vermutung allgemein zu beweisen, ihre Gültigkeit also nicht nur an einzelnen, willkürlich herausgegriffenen Zahlen zu zeigen, der wird ein berühmter Mann. Anerkennung, Ruhm, Ehre und so manche Medaille würden ihm zuteil werden. Vielleicht vollzieht sich seine Aufnahme in den Kreis der großen Mathematiker aber auch so still und für die Öffentlichkeit unauffällig wie die des russischen Mathematikers I. M. Winogradow, dem vor einigen Jahren der Beweis dafür gelungen ist, daß sich jede hinreichend große ungerade Zahl als Summe aus drei Primzahlen darstellen läßt. Nur die Mathematiker haben von seiner großen Leistung Kenntnis genommen und sie gebührend gewürdigt.

## Mathematik und Freiheit

.Es gibt Staatsmänner, die mit ihren politischen Gegnern nicht gerade zimperlich umgehen. Einer von ihnen ist König Grobian der Schreckhafte von Nonlokutien. Nichts ist ihm zu teuer für die „Sicherheit'' derer, die mit seiner Regierung nicht einverstanden sind. 2000 ständig voll belegte Einzelzellen hat er für sie im Zentralgefängnis seines Landes eingerichtet und von 2000 Gefängniswärtern werden sie bewacht. Die Zellen sind mit 1 bis 2000 durchnumeriert, die Wärter ebenfalls. Die Schlösser an den Zellentüren funktionieren folgendermaßen: Nach einmaligem Umdrehen des Schlüssels ist die zuvor verschlossene Tür geöffnet, nach abermaligem Drehen ist sie wieder verschlossen. Nach dreimaligem Drehen ist sie wieder offen, nach viermaligem Drehen wieder verschlossen usw.

Jedes Jahr an seinem Geburtstag überkommt Grobian den Schreckhaften eine menschliche Anwandlung, und er

136

beschließt, einige seiner Gefangenen freizulassen. Dabei geht er folgendermaßen vor:

Der Wärter mit der Nummer 1 wird durch das Gefängnis geschickt mit dem Auftrag, an jeder der Zellentüren den Schlüssel einmal herumzudrehen. Danach sind folglich die vorher verschlossenen Zellentüren sämtlich unverschlossen. Nun wird der Wärter mit der Nummer 2 auf den Weg durch das Gefängnis geschickt mit dem Auftrag, an jeder zweiten Zellentür, beginnend bei Zelle Nummer 2, den Schlüssel einmal herumzudrehen. Danach sind alle Zellen mit gerader Zellennummer wieder verschlossen. Nun setzt sich Wärter Nummer 3 in Bewegung, um bei jeder dritten Zellentür den Schlüssel einmal herumzudrehen. Auf diese Weise wird nacheinander jeder der 2000 Wärter mit einem entsprechenden Auftrag durch das Gefängnis geschickt. Nachdem schließlich der letzte Wärter, also der mit der Nummer 2000, seinem Auftrag gemäß den Schlüssel der 2000. Zelle einmal herumgedreht hat, klatscht der König in die Hände. Jeder Gefangene, dessen Zellentür sich nunmehr öffnen läßt, erhält seine Freiheit zurück. In welche Zelle sollte man sich denn verlegen lassen, wenn man beim nächsten Königsgeburtstag unter den Freigelassenen sein möchte?

Erinnern wir uns:

**Einmaliges** Umdrehen der Schlüssel **öffnet** die Zellentür;

**zweimaliges** Umdrehen **schließt** sie wieder;

**dreimaliges** Umdrehen **öffnet** sie erneut;

bei **viermaligem** Umdrehen des Schlüssels ist sie wieder **geschlossen**, usw.

Fassen wir zusammen:

Alle Zellentüren, an denen eine **ungerade** Anzahl von Wärtern den Schlüssel herumgedreht hat, sind offen.

Alle Zellentüren, an denen eine **gerade** Anzahl von Wärtern den Schlüssel herumgedreht hat, sind geschlossen.

Schreiben wir uns einmal auf, wie oft der Schlüssel an den einzelnen Zellentüren herumgedreht wird. Der Übersichtlichkeit halber machen wir das in Tabellenform und beschränken uns auf die ersten 20 Zellen.

| Zellen Nummer | Welcher Wärter schließt? | Wie oft wird geschlossen? | Zelle ist |
|---|---|---|---|
| 1 | 1 | 1mal | offen |
| 2 | 1, 2 | 2mal | geschlossen |
| 3 | 1, 3 | 2mal | geschlossen |
| 4 | 1, 2, 4 | 3mal | offen |
| 5 | 1, 5 | 2mal | geschlossen |
| 6 | 1, 2, 3, 6 | 4mal | geschlossen |
| 7 | 1, 7 | 2mal | geschlossen |
| 8 | 1, 2, 4, 8 | 4mal | geschlossen |
| 9 | 1, 3, 9 | 3mal | offen |
| 10 | 1, 2, 5, 10 | 4mal | geschlossen |
| 11 | 1, 11 | 2mal | geschlossen |
| 12 | 1, 2, 3, 4, 6, 12 | 6mal | geschlossen |
| 13 | 1, 13 | 2mal | geschlossen |
| 14 | 1, 2, 7, 14 | 4mal | geschlossen |
| 15 | 1, 3, 5, 15 | 4mal | geschlossen |
| 16 | 1, 2, 4, 8, 16 | 5mal | offen |
| 17 | 1, 17 | 2mal | geschlossen |
| 18 | 1, 2, 3, 6, 9, 18 | 6mal | geschlossen |
| 19 | 1, 19 | 2mal | geschlossen |
| 20 | 1, 2, 4, 5, 10, 20 | 6mal | geschlossen |

Hat's gefunkt?

Unter den ersten 20 Zellen bleiben also vier offen. Sie haben die Zellennummern 1, 4, 9 und 16.

Jede dieser Zahlen läßt sich als Produkt aus zwei gleichen Zahlen schreiben:

$$1 = 1 \cdot 1$$
$$4 = 2 \cdot 2$$
$$9 = 3 \cdot 3$$
$$16 = 4 \cdot 4.$$

Solche Zahlen heißen Quadratzahlen.

Wie es scheint, bleiben genau diejenigen Zellen unverschlossen, deren Zellennummern Quadratzahlen sind.

Wenn wir unsere Tabelle etwas genauer ansehen, so ergibt sich die Richtigkeit dieser Vermutung aus folgender Überlegung: Die Nummern der Wärter, die an einer bestimmten Zellentür den Schlüssel herumdrehen, sind offensichtlich alle diejenigen Zahlen, durch die sich die betreffende Zellennummer teilen läßt. Die zweite Spalte unserer Tabelle enthält deshalb jeweils alle Teiler derjenigen Zahl, die in der ersten Spalte steht. Im Kapitel „Teilermuffel und Teilerprotzen'' auf S.121 haben wir erkannt, daß Quadratzahlen entweder einen oder drei oder fünf oder sieben usw. Teiler haben, daß also die Anzahl der Teiler einer Quadratzahl stets eine **ungerade** Zahl ist.

An den Zellentüren mit einer Quadratzahl wird demzufolge von einem oder drei oder fünf oder sieben usw. Wärtern der Schlüssel je einmal herumgedreht. Das bedeutet aber, daß diese Zellen am Schluß offen sein müssen. Entsprechend gilt, daß Zahlen, die keine Quadratzahl sind, stets zwei oder vier oder sechs oder acht usw. Teiler haben, daß also die Anzahl der Teiler einer Nicht-Quadratzahl stets eine **gerade** Zahl ist. An den Zellentüren mit Nicht-Quadratzahlen wird folglich von zwei bzw. vier bzw. sechs bzw. acht usw. Wärtern der Schlüssel je einmal herumgedreht, und das bedeutet, daß diese Zellen geschlossen sind. Im Zahlenbereich bis 2000 gibt es genau 44 Quadratzahlen, wie wir leicht feststellen können.

Das Ergebnis unserer Überlegung lautet deshalb:
An jedem königlichen Geburtstag werden genau 44 Gefangene freigelassen; sie saßen in Zellen, deren Zellennummern Quadratzahlen sind.

# Zauberei im Quadrat

Auf den ersten Blick fällt einem wirklich nichts besonders bei der folgenden quadratischen Anordnung der Zahlen von 1 bis 9 auf:

| 8 | 3 | 4 |
|---|---|---|
| 1 | 5 | 9 |
| 6 | 7 | 2 |

Beginnt man aber zu rechnen, stutzt man.
Wenn man nämlich die Zahlen in jeder der drei Zeilen, in jeder der drei Spalten und in jeder der zwei Schrägreihen zusammenzählt, so erhält man jedesmal dasselbe Ergebnis, und zwar 15.

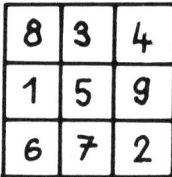

| 8 | 3 | 4 | $8+3+4=15$ |
|---|---|---|---|
| 1 | 5 | 9 | $1+5+9=15$ |
| 6 | 7 | 2 | $6+7+2=15$ |

$8+1+6=15$  $3+5+7=15$  $4+9+2=15$  $8+5+2=15$  $6+5+4=15$

140

Entsprechend verhält es sich bei folgender quadratischer Anordnung der Zahlen von 2 bis 10. Der Summenwert beträgt jetzt allerdings nicht 15, sondern 18.

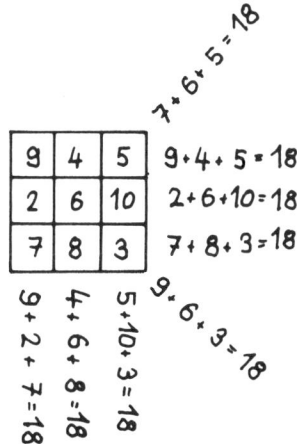

Mit derartigen quadratischen Anordnungen von Zahlen beschäftigten sich die Chinesen bereits vor 3000 Jahren. In Europa spielten diese eigenartigen Quadrate vor etwa 500 Jahren eine ungewöhnliche Rolle. Man trug sie, in Silbertäfelchen geritzt, als Amulett an einer Kette um den Hals und glaubte sich dadurch gegen Unglück und Krankheit, besonders gegen die damals häufig grassierende Pest, gefeit. Aus dieser Zeit stammt wohl auch ihr heute üblicher Name: „Zauberquadrat" oder „Magisches Quadrat".
Ein berühmtes magisches Quadrat befindet sich auf einem Kupferstich Albrecht Dürers. Es ist:

| 16 | 3 | 2 | 13 |
|----|----|----|----|
| 5 | 10 | 11 | 8 |
| 9 | 6 | 7 | 12 |
| 4 | 15 | 14 | 1 |

Bei ihm taucht die Zahl 34 nicht nur als Summe der Zeilen, Spalten und Schrägreihen auf, sondern zusätzlich noch als Summe der vier „Eckzahlen", denn 16 + 13 + 1 + 4 = 34.

Noch eine Besonderheit hat dieses Dürersche Zauberquadrat: Die beiden mittleren Zahlen der untersten Zeile bilden die Jahreszahl 1514. Und das ist vermutlich das Jahr gewesen, in dem Dürer diesen Kupferstich geschaffen hat.

Im folgenden Zauberquadrat sind die Zahlen von 1 bis 25 angeordnet:

| 17 | 24 | 1  | 8  | 15 |
|----|----|----|----|----|
| 23 | 5  | 7  | 14 | 16 |
| 4  | 6  | 13 | 20 | 22 |
| 10 | 12 | 19 | 21 | 3  |
| 11 | 18 | 25 | 2  | 9  |

Als Summenwert ergibt sich hierbei jeweils 65.

Ein weitaus kunstvolleres Zauberquadrat erhält man, wenn man die Zahlen von 1 bis 25 folgendermaßen anordnet:

| 1  | 2  | 19 | 20 | 23 |
|----|----|----|----|----|
| 18 | 16 | 9  | 14 | 8  |
| 21 | 11 | 13 | 15 | 5  |
| 22 | 12 | 17 | 10 | 4  |
| 3  | 24 | 7  | 6  | 25 |

Dieses Zauberquadrat besteht aus zwei ineinandergeschachtelten Zauberquadraten.

Das äußere Zauberquadrat hat als Summenwert die Zahl 65, das innere, stark umrandete, den Summenwert 39.

Daß man auch drei Zauberquadrate ineinanderschachteln kann, zeigt folgendes Beispiel:

| 40 | 1  | 2  | 3  | 42 | 41 | 46 |
|----|----|----|----|----|----|----|
| 38 | 31 | 13 | 14 | 32 | 35 | 12 |
| 39 | 30 | 26 | 21 | 28 | 20 | 11 |
| 43 | 33 | 27 | 25 | 23 | 17 | 7  |
| 6  | 16 | 22 | 29 | 24 | 34 | 44 |
| 5  | 15 | 37 | 36 | 18 | 19 | 45 |
| 4  | 49 | 48 | 47 | 8  | 9  | 10 |

Das äußere Zauberquadrat hat den Summenwert 175, das mittlere 125 und das innere 75.

Und in diesem Magischen Quadrat

| 36 | 7  | 29 | 36 | 54 | 11 | 17 | 48 |
|----|----|----|----|----|----|----|----|
| 59 | 6  | 32 | 33 | 55 | 10 | 20 | 45 |
| 8  | 57 | 35 | 30 | 12 | 53 | 47 | 18 |
| 5  | 60 | 34 | 31 | 9  | 56 | 46 | 19 |
| 62 | 3  | 21 | 44 | 50 | 15 | 25 | 40 |
| 63 | 2  | 24 | 41 | 51 | 14 | 28 | 37 |
| 4  | 61 | 43 | 22 | 16 | 49 | 39 | 26 |
| 1  | 64 | 42 | 23 | 13 | 52 | 38 | 27 |

sind die Zahlen von 1 bis 64 so geschickt angeordnet, daß die vier stark umrandeten Teilquadrate ebenfalls Zauberquadrate sind.

Das große Quadrat hat dabei den Summenwert 260, die vier kleinen Quadrate jeweils die Hälfte davon, also 130.

Wie lange mag der Konstrukteur dieses Zauberquadrats wohl an seiner Arbeit gesessen haben, bis er diese kunstvolle Verteilung gefunden hat?

Das kunstvollste aller kunstvollen Zauberquadrate scheint

aber dieses hier zu sein, in dem die Zahlen von 1 bis 256 angeordnet sind:

| 200 | 217 | 232 | 249 | 8 | 25 | 40 | 57 | 72 | 89 | 104 | 121 | 136 | 153 | 168 | 185 |
|---|---|---|---|---|---|---|---|---|---|---|---|---|---|---|---|
| 58 | 39 | 26 | 7 | 250 | 231 | 218 | 199 | 186 | 167 | 154 | 135 | 122 | 103 | 90 | 71 |
| 198 | 219 | 230 | 251 | 6 | 27 | 38 | 59 | 70 | 91 | 182 | 123 | 134 | 155 | 166 | 187 |
| 60 | 37 | 28 | 5 | 252 | 229 | 222 | 197 | 188 | 165 | 156 | 133 | 124 | 101 | 92 | 69 |
| 201 | 216 | 233 | 248 | 9 | 24 | 41 | 56 | 73 | 88 | 105 | 120 | 137 | 152 | 169 | 184 |
| 55 | 42 | 23 | 10 | 247 | 234 | 215 | 202 | 183 | 170 | 151 | 138 | 119 | 106 | 87 | 74 |
| 203 | 214 | 235 | 246 | 11 | 22 | 43 | 54 | 75 | 86 | 107 | 118 | 139 | 150 | 171 | 182 |
| 53 | 44 | 21 | 12 | 245 | 236 | 213 | 204 | 181 | 172 | 149 | 140 | 117 | 108 | 85 | 76 |
| 205 | 212 | 237 | 244 | 13 | 20 | 45 | 52 | 77 | 84 | 100 | 116 | 141 | 148 | 173 | 180 |
| 51 | 46 | 19 | 14 | 243 | 238 | 211 | 206 | 179 | 174 | 147 | 142 | 115 | 110 | 83 | 78 |
| 207 | 210 | 239 | 242 | 15 | 18 | 47 | 50 | 79 | 82 | 111 | 114 | 143 | 146 | 175 | 178 |
| 49 | 48 | 17 | 16 | 241 | 240 | 209 | 208 | 177 | 176 | 145 | 144 | 113 | 112 | 81 | 80 |
| 196 | 221 | 228 | 253 | 4 | 29 | 36 | 61 | 68 | 93 | 100 | 125 | 132 | 157 | 164 | 189 |
| 62 | 35 | 30 | 3 | 254 | 227 | 222 | 195 | 190 | 163 | 158 | 131 | 126 | 99 | 94 | 67 |
| 104 | 223 | 226 | 255 | 2 | 31 | 34 | 63 | 66 | 95 | 98 | 127 | 130 | 159 | 162 | 191 |
| 64 | 33 | 32 | 1 | 256 | 225 | 224 | 193 | 192 | 161 | 160 | 129 | 128 | 97 | 96 | 65 |

Es steckt voller Überraschungen. Wer findet einige von ihnen?

144

# Minus mal minus ist plus

Für die Multiplikation positiver und negativer Zahlen gelten die bekannten Vorzeichenregeln:

> plus mal plus ist plus
> $(+3) \cdot (+5) = (+15)$
> plus mal minus ist minus
> $(+3) \cdot (-5) = (-15)$
> minus mal plus ist minus
> $(-3) \cdot (+5) = (-15)$
> minus mal minus ist plus
> $(-3) \cdot (-5) = (+15).$

Insbesondere die letzte Vorzeichenregel „minus mal minus ergibt plus"können viele Leute nicht so recht begreifen.
Wenn zu einem Minus noch ein Minus dazu kommt, so glauben sie, müßte das Ergebnis doch erst recht minus sein; im Grunde genommen sogar noch „negativer als negativ". Und dabei kommt überraschenderweise „plus" heraus! Wie soll man das verstehen?
Nichts einfacher als das!
Ersetzen wir einmal „plus" durch „gut" und „minus" durch „schlecht", dann wird doch ein jeder die folgenden — den Vorzeichenregeln entsprechenden — Sätze sofort einsehen:

> Wenn man etwas Gutes für gut hält, so ist das gut.
> Wenn man etwas Gutes für schlecht hält, so ist das schlecht.
> Wenn man etwas Schlechtes für gut hält, so ist das schlecht.
> Wenn man etwas Schlechtes für schlecht hält, so ist das gut.

Oder:

Wenn man ein gutes Werk gut verrichtet, ist das gut,

Wenn man ein gutes Werk schlecht verrichtet, ist das schlecht.

Wenn man ein schlechtes Werk gut verrichtet, ist das schlecht.

Wenn man ein schlechtes Werk schlecht verrichtet, ist das gut.

Und wenn wir die Addition von geraden und ungeraden Zahlen betrachten, sind die Resultate ähnlich:

Gerade Zahlen plus gerade Zahlen ergibt gerade Zahlen.

$4 + 6 = 10$

Gerade Zahl plus ungerade Zahl ergibt ungerade Zahl.

$4 + 3 = 7$

Ungerade Zahl plus gerade Zahl ergibt ungerade Zahl.

$5 + 8 = 13$

Ungerade Zahl plus ungerade Zahl ergibt gerade Zahl.

$5 + 7 = 12.$

So schwer einzusehen ist das mit dem „minus mal minus ergibt plus" nun auch wieder nicht!

# Und wie geht's weiter?

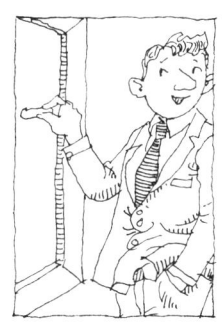

„1, 3, 5, 7, 9, 11'' hat der Lehrer an die Tafel geschrieben. „Und wie geht's weiter?'' wendet er sich an die Klasse. „13, 15, 17, 19, 21, 23'', tönt es ihm im Chor entgegen, und die Aufzählung will kein Ende nehmen.

Doch der Chor verstummt, als sich der Lehrer wieder zur Tafel wendet und die Zahlen

    2, 4, 8, 16, 32

anschreibt. „Und wie geht's weiter?''

Diesmal tönt der Chor schon nicht mehr so mächtig wie beim erstenmal. Aber immerhin, eine ganze Menge von Schülern können noch mit einstimmen:

    „64, 128, 256, 512, 1024...''

Immer größer werden die Zahlen, immer kleiner wird die Schar der Schüler, die da noch mithalten können. Aber zumindest haben alle, die in den Chor einstimmen konnten, gemerkt, welche Gesetzmäßigkeit dem Aufbau dieser „Zahlenfolge'' zugrunde liegt: Jede folgende Zahl ist doppelt so groß wie die vorhergehende.

Als nun aber der Lehrer die Zahlen

    1, 3, 7, 15, 31

an die Tafel schreibt und fragend in die Runde blickt, herrscht Schweigen im Walde. Wie geht's weiter? Keiner weiß es. Ob wir da weiterhelfen können? Probieren wir's! Dazu schreiben wir die beiden letzten Zahlenfolgen, die an der Tafel standen, genau untereinander:

    2, 4, 8, 16, 32
    1, 3, 7, 15, 31.

Jetzt geht uns wahrscheinlich ein Licht auf! Jedes Glied der unteren Zahlenfolge ist um 1 kleiner als das entsprechende Glied der darüberstehenden Zahlenfolge.

147

Wie es aber oben weitergeht, wissen wir bereits:

64, 128, 256, 512, 1024...

Also muß es unten folgendermaßen weitergehen:

63, 127, 255, 512, 1023...

Die Zahlenfolge

2, 4, 8, 16, 32, 64...

läßt sich auch mit Hilfe von Potenzen schreiben, die die Grundzahl 2 haben:

$2^1$, $2^2$, $2^3$, $2^4$, $2^5$, $2^6$...

Entsprechend läßt sich die Zahlenfolge

1, 3, 7, 15, 31, 63...

in der Form

$2^1 - 1$, $2^2 - 1$, $2^3 - 1$, $2^4 - 1$, $2^5 - 1$, $2^6 - 1$ ...

darstellen.

Wenn wir beispielsweise das 20. Glied der Zahlenfolge 2, 4, 8, 16, 32, 64... ermitteln wollen, brauchen wir nur die Potenz $2^{20}$ zu berechnen. Mit oder ohne Taschenrechner ergibt sich:

$$2^{20} = 1\,048\,576.$$

Das 20. Glied der Zahlenfolge 2, 4, 8, 16, 32, 64... ist folglich 1 048 576.

Und damit haben wir auch schon das 20. Glied der Zahlenfolge 1, 3, 7, 15, 31, 63...

Es ist $2^{20} - 1 = 1\,048\,575$.

Die Gesetzmäßigkeit, nach der sich eine Zahlenfolge aufbaut, ist oft gar nicht so leicht zu erkennen. Deshalb werden solche Zahlenfolgen sehr häufig für die sogenannten Intelligenztests verwendet.

Eine besonders tückische Vertreterin ihrer Art ist die Folge

$$2, 3, 5, 7, 11, 13, 17, 19, 23, 29\ldots$$

Ihre Gesetzmäßigkeit hat selbst ein Mathematik-Genie bisher noch nicht erkennen können. Mit diesen Zahlen hatten wir es hier aber schon zu tun! Es ist die Folge der Primzahlen, mit denen wir uns auf den Seiten 127 bis 134 beschäftigt haben. Die große Frage ist: Wie lautet die Gesetzmäßigkeit, nach der sich die Folge der Primzahlen aufbaut? Dieses bis heute ungelöste Problem gilt es zu erforschen. Viel Kopfzerbrechen würde jedem von uns aber sicherlich schon die Zahlenfolge

$$79, 176, 847, 1595, 7546, 14\,003, 44\,044\ldots$$

bereiten!

Sie gibt sich äußerst spröde, wenn wir nach der Gesetzmäßigkeit ihres Aufbaus suchen.

Sie ist aber ohne weiteres zu erkennen, wenn wir den folgenden Tip beachten:

$$79 + 97 = 176$$
$$176 + 671 = 847$$
$$847 + 748 = 1595$$
$$1595 + 5951 = 7546$$
$$7546 + 6457 = 14003$$
$$14003 + 30041 = 44044$$

Jetzt aber machen wir uns einmal an die Arbeit und berechnen die ersten fünf Glieder einer derartigen Zahlenfolge, die nicht mit der Zahl 79, sondern mit der Zahl 938 beginnt.

Wer sich nicht verrechnet, muß als 5. Glied dieser Folge die Zahl 88 088 erhalten.

Diese Zahl 88 088 ist eine der Zahlen, die von rechts nach

links gelesen denselben Wert ergeben wie von links nach rechts.

Zahlen dieser Art nennt man symmetrische Zahlen.

Und wer jetzt zurückblickt auf die mit der Zahl 79 beginnende Folge, sieht, daß auch diese auf eine symmetrische Zahl führt, allerdings erst mit dem 7. Glied.

Beginnt man eine derartige Zahlenfolge mit der Zahl 98 706, so gelangt man erst mit dem 13. Glied zu einer symmetrischen Zahl. Sie ist 938 222 839.

Und bei einer solchen mit der Zahl 89 beginnenden Folge braucht man noch mehr Geduld, bis man endlich beim 25. Glied auf eine symmetrische Zahl trifft. Schneller geht's, wenn man mit 56 beginnt. Hier ist schon das 2. Glied eine symmetrische Zahl. Es wird vermutet, daß jede derartige Folge, ganz gleich mit welcher Zahl man sie beginnen läßt, früher oder später auf eine symmetrische Zahl führt. Der Beweis für diese Vermutung ist allerdings noch niemandem gelungen.

# Die Kaninchen des Herrn Fibonacci

Einer der berühmtesten Mathematiker des Mittelalters war Leonardo von Pisa. Er trug den Beinamen „Fibonacci", was so viel heißt wie „Sohn des Bonnaci", und lebte etwa zwischen 1170 und 1250. Von ihm stammt eine lustige Aufgabe, deren Ergebnis die Mathematiker bis auf den heutigen Tag außerordentlich achten.

Die Aufgabe lautet:

„Ein Kaninchenpaar wirft zwei Monate nach seiner Geburt zum ersten Mal Junge, und zwar genau ein Pärchen, und von da an monatlich ein weiteres Kaninchenpaar. Die Nachkommen pflanzen sich auf dieselbe Art fort. Sie beginnen also auch im zweiten Monat ihres Lebens mit der Fortpflanzung und erzeugen von da ab jeden Monat ein Pärchen. Die Frage lautet: Wie viele Kaninchenpaare sind nach einem Jahr vorhanden, wenn zwischendurch kein Todesfall eintritt?"

Die Lösung dieser Aufgabe läßt sich zeichnerisch ermitteln.

Hier mußten wir die Zeichnung leider abbrechen, weil der Platz für die restlichen Monate nicht ausreicht. Das ist aber nicht so tragisch, weil wir schon jetzt erkennen können, wie es in den folgenden Monaten weitergeht.

Die rechts im Bild stehende Anzahl der Kaninchenpaare bildet die Zahlenfolge

   1, 1, 2, 3, 5, 8, 13

Man erkennt unschwer, daß vom dritten Glied an jede Zahl der Folge gleich der Summe der beiden unmittelbar vorangehenden Zahlen ist.

| 1 | 1 | 2 | 3 | 5 | 8 | 13 | 21 | 34... |
|---|---|---|---|---|---|---|---|---|
| 1 | +1 | =2 | | | | | | |
| | 1 | +2 | =3 | | | | | |
| | | 2 | +3 | =5 | | | | |
| | | | 3 | +5 | =8 | | | |
| | | | | 5 | +8 | =13 | | |
| | | | | | 8 | +13 | =21 | |
| | | | | | | 13 | +21 | =34 |
| | | | | | | | 21 | +34 = ... |
| | | | | | | | | 34 + ... |

Mit dieser Erkenntnis können wir nun die Zahlenfolge auch ohne Zeichnung fortsetzen und brauchen sie auch nicht nach dem 12. Monat abzubrechen. Mathematisch betrachtet haben wir, ausgehend von der üppigen Kaninchenvermehrung, eine „unendliche Zahlenfolge'' erhalten, die nach ihrem Entdecker Fibonacci-Folge genannt wird.
Die ersten 30 Glieder der Fibonacci-Folge sind:

1, 1, 2, 3, 5, 8, 13, 21, 34, 55, 89, 144, 233, 377, 610, 987, 1597, 2584, 4181, 6765, 10946, 17711, 28657, 46368, 75025, 121393, 196418, 317811, 514229, 832040.

Peinlich, peinlich nur, daß man immer die beiden vorhergehenden Glieder der Fibonacci-Folge kennen muß, um das nächste Glied berechnen zu können. Das macht viel Arbeit. Wenn man beispielsweise nur das 68. Glied der Folge haben will, muß man notgedrungen, alle 67 vorangegangenen Glieder, eines nach dem anderen, berechnen. Das hat die Mathematiker nicht ruhen lassen. Sie suchten fieberhaft nach einer Formel, mit der man jedes beliebige Glied der Fibonacci-Folge bestimmen kann, ohne die vorhergehenden Glieder zu erkennen. Die Suche erwies sich als mühsam und dauerte mehrere Jahrhunderte. Erst im vorigen Jahrhundert fand man diese „Zauberformel''. Sie lautet:

$$a_n = \frac{\left(\frac{1+\sqrt{5}}{2}\right)^n - \left(\frac{1-\sqrt{5}}{2}\right)^n}{\sqrt{5}}$$

($a_n$ bedeutet das n-te Glied der Fibonacci-Folge).
Kein Wunder, daß es so lange gedauert hat, diese Formel zu finden, wo sie doch so kompliziert aussieht! Sie sieht aber nicht nur so aus, sie ist es auch! Und deshalb wenden wir uns einmal einigen anderen Eigenschaften der Fibonacci-Folge zu, die leichter zu verstehen sind. Dazu betrachten wir ein paar Glieder der Fibonacci-Folge:

1, 1, 2, 3, 5, 8, 13, 21, 34, 55, 89 . . .

Die Summe der ersten beiden Glieder beträgt:

$$1 + 1 = 2.$$

Diese Summe ist um 1 kleiner als das 4. Glied, denn:

$$2 = 3 - 1.$$

Die Summe der ersten drei Glieder beträgt:

$$1 + 1 + 2 = 4.$$

Sie ist um 1 kleiner als das 5. Glied, denn:

$$4 = 5 - 1.$$

Die Summe der ersten vier Glieder hat den Wert:

$$1 + 1 + 2 + 3 = 7.$$

Sie ist um 1 kleiner als das 6. Glied, denn:

$$7 = 8 - 1.$$

Und so geht das immer weiter!
Als Übersicht erhalten wir:

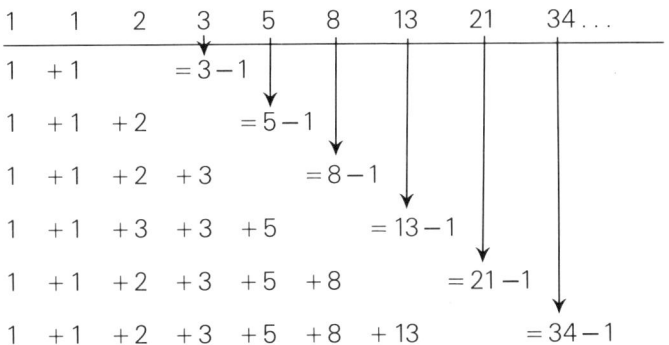

Addiert man die Glieder der Fibonacci-Folge bis zu einem bestimmten Glied, so ist die Summe um 1 kleiner als das übernächste Glied.
Wer geschickt genug ist, kann diese Gesetzmäßigkeit benut-

zen, den Eltern, Geschwistern und Mitschülern Kopfrechenfähigkeiten vorzutäuschen, die er überhaupt nicht hat.

Eine weitere Gesetzmäßigkeit der Fibonacci-Folge ergibt
sich, wenn man jedes ihrer Glieder mit sich selbst multipliziert, das heißt jedes Glied quadriert. Die Summe aus den
Quadraten der ersten drei Glieder beträgt:

$$1^2 + 1^2 + 2^2 = 1 + 1 + 4 + 6.$$

Diese Summe ist gleich dem Produkt aus dem 3. und 4.
Glied, denn:

$$6 = 2 \cdot 3.$$

Die Summe aus den Quadraten der ersten vier Glieder
beträgt:

$$1^2 + 1^2 + 2^2 + 3^2 = 15.$$

Sie ist gleich dem Produkt aus dem 4. und 5. Glied, denn:

$$15 = 3 \cdot 5.$$

Die Summe aus den Quadraten der ersten fünf Glieder
beträgt:

$$1^2 + 1^2 + 2^2 + 3^2 + 5^2 = 40.$$

Sie ist gleich dem Produkt aus dem 5. und 6. Glied, denn:

$$40 = 5 \cdot 8.$$

Und so geht's immer weiter!
In der Übersicht ergibt sich:

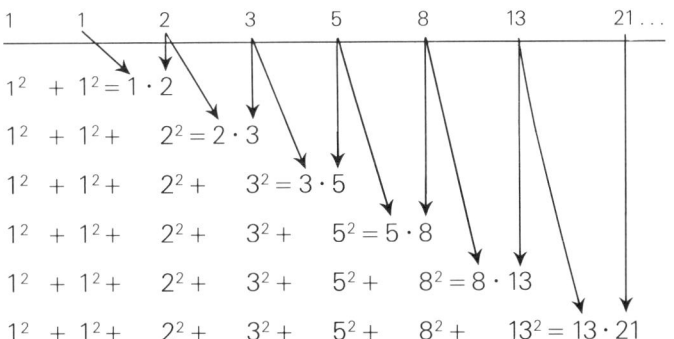

| 1 | 1 | 2 | 3 | 5 | 8 | 13 | 21 ... |

$$1^2 + 1^2 = 1 \cdot 2$$

$$1^2 + 1^2 + 2^2 = 2 \cdot 3$$

$$1^2 + 1^2 + 2^2 + 3^2 = 3 \cdot 5$$

$$1^2 + 1^2 + 2^2 + 3^2 + 5^2 = 5 \cdot 8$$

$$1^2 + 1^2 + 2^2 + 3^2 + 5^2 + 8^2 = 8 \cdot 13$$

$$1^2 + 1^2 + 2^2 + 3^2 + 5^2 + 8^2 + 13^2 = 13 \cdot 21$$

Auch damit kann man Leuten, die diese Gesetzmäßigkeit nicht kennen — und das sind die allermeisten — schier übermenschliche Kopfrechenfähigkeiten vorgaukeln.
Jetzt zeigen wir, wie man aus der Fibonacci-Folge eine Folge von Brüchen erzeugen kann:

1 1 2 3 5 8 13 21 34 55 89 144 ...

$\frac{1}{1}$ $\frac{1}{2}$ $\frac{2}{3}$ $\frac{3}{5}$ $\frac{5}{8}$ $\frac{8}{13}$ $\frac{13}{21}$ $\frac{21}{34}$ $\frac{34}{55}$ $\frac{55}{89}$ $\frac{89}{144}$ ...

Diese Brüche stellen nicht nur eine mathematische Spielerei dar, sie spielen u. a. auch in der Biologie eine Rolle. Mit ihnen läßt sich beispielsweise die Anordnung der Blätter rund um den Pflanzenstiel, die Anordnung der Schuppen auf den Zapfen von Nadelbäumen und die Anordnung der Kerne bei der Sonnenblume beschreiben. Das im einzelnen zu erklären, würde hier aber zu weit führen.
Wenn wir jetzt auf den Anfang unserer Geschichte zurückblicken, können wir feststellen, daß uns der Weg von dem Kaninchen über allerlei Kopfrechentricks bis zur Sonnen-

155

blume geführt hat. Und all das wird durch ein und dasselbe mathematische Gesetz beschrieben, nach dem sich die Glieder der Fibonacci-Folge berechnen lassen.

Erstaunlich, was manchmal so alles in der Mathematik drinsteckt!

## Zwei Ziffern reichen aus

„Ein Computer ist so blöd, daß er nicht einmal bis drei zählen kann", behauptet ein Witzbold. Und er hat nicht einmal unrecht mit dieser Bemerkung. In gewisser Hinsicht kann ein Computer in der Tat nur bis zwei zählen. Er kann bei seiner Arbeit nur die beiden Ziffern Null und Eins voneinander unterscheiden. Mehr nicht. Aber das reicht auch vollkommen aus, denn wenn man es geschickt anfängt, lassen sich alle Zahlen, und seien sie noch so groß, mit Hilfe der beiden Ziffern 0 und 1 darstellen. Wie man dabei vorgehen muß, wollen wir uns an einem gewöhnlichen Kilometerzähler klarmachen.

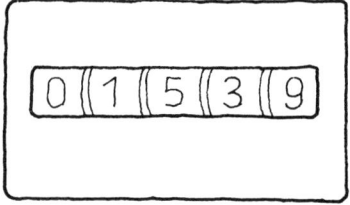

Hinter den einzelnen Fenstern des Kilometerzählers befinden sich kleine Rollen, auf denen die Ziffern 0, 1, 2, 3, 4, 5, 6, 7, 8 und 9 stehen.

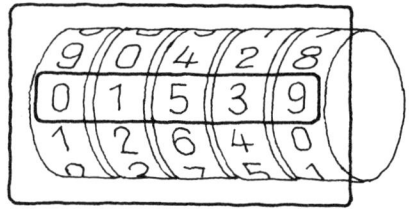

Erfolgt in einem der Fenster der Übergang von der Ziffer 9 zur 0, so wird die Ziffer in dem links davon stehenden Fenster um eins weitergerückt.

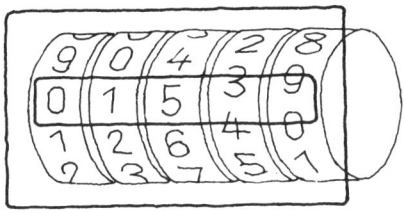

Ein solcher Kilometerzähler arbeitet also folgendermaßen:

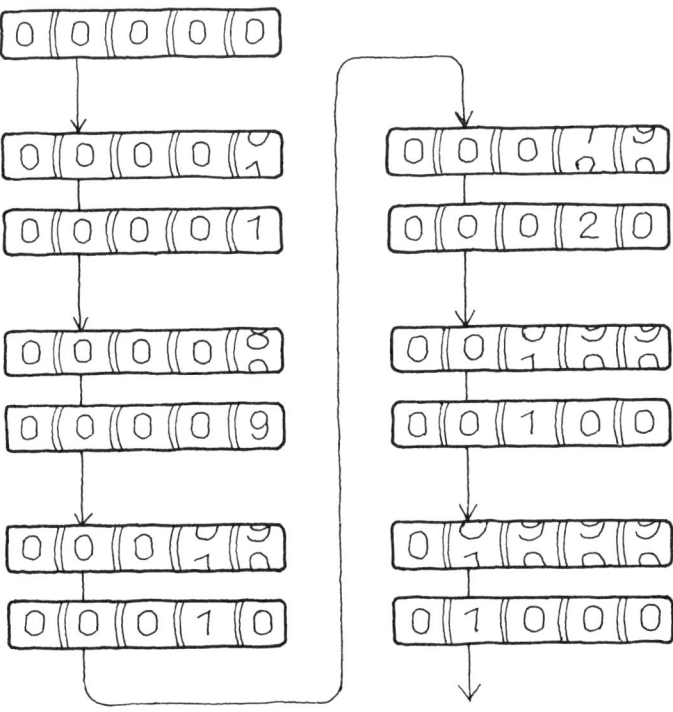

Nun stellen wir uns einen Kilometerzähler vor, der wie ein Computer nur die Ziffern 0 und 1 kennt.

Bei einem derartigen Zählwerk tragen die Scheiben hinter den einzelnen Fenstern deshalb nicht die Ziffern 0, 1, 2, 3, 4, 5, 6, 7, 8 und 9, sondern lediglich jeweils die beiden Ziffern 0 und 1. Mehr gibt es jetzt ja nicht.

Erfolgt in einem der Fenster der Übergang von der Ziffer 1 zur Ziffer 0, so wird die Ziffer in dem links davon stehenden Fenster um eins weitergerückt. Ein derartiger Kilometerzähler arbeitet deshalb folgendermaßen:

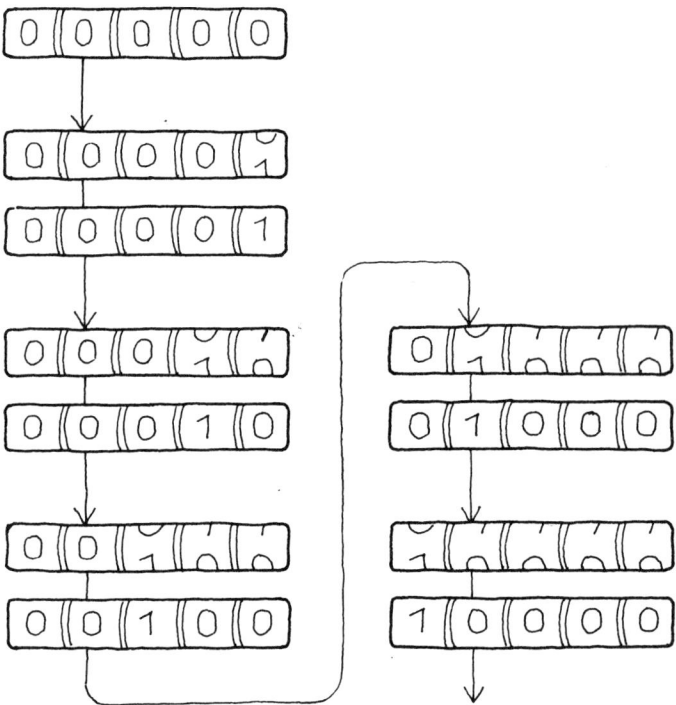

Verwenden wir diesen beiden verschiedenartigen Kilometerzähler gleichzeitig nebeneinander, so können wir ihre jeweiligen Anzeigen miteinander vergleichen. Die vor den eigentlichen Zahlen stehenden Nullen spielen keine Rolle, wir lassen sie der Einfachheit halber weg:

| Anzeige mit | | Anzeige mit | |
| zehn Ziffern | zwei Ziffern | zehn Ziffern | zwei Ziffern |
|---|---|---|---|
| 1 | 1 | 128 | 10000000 |
| 2 | 10 | 129 | 10000001 |
| 3 | 11 | . | . |
| 4 | 100 | . | . |
| 5 | 101 | . | . |
| 6 | 110 | 255 | 11111111 |
| 7 | 111 | 256 | 100000000 |
| 8 | 1000 | 257 | 100000001 |
| 9 | 1001 | . | . |
| 10 | 1010 | . | . |
| 11 | 1011 | . | . |
| 12 | 1100 | 511 | 111111111 |
| 13 | 1101 | 512 | 1000000000 |
| 14 | 1110 | 513 | 1000000001 |
| 15 | 1111 | . | . |
| 16 | 10000 | . | . |
| 17 | 10001 | . | . |
| 18 | 10010 | 1000 | 1111101000 |
| . | . | . | . |
| . | . | . | . |
| . | . | . | . |
| 62 | 111110 | 2000 | 11111010000 |
| 63 | 111111 | . | . |
| 64 | 1000000 | . | . |
| . | . | . | . |
| . | . | 10 000 | 10011100010000 |
| . | . | . | . |
| 126 | 1111110 | . | . |
| 127 | 1111111 | . | . |

Und daraus erkennen wir, daß die Überschrift dieses Abschnitts stimmt: „Zwei Ziffern reichen aus!'' Für jede beliebige Zahl der linken Spalte gibt es in der rechten Spalte eine Darstellung, bei der lediglich die beiden Ziffern 0 und 1 verwendet werden.

In der jeweils linken Spalte unserer Tabelle sind die natürlichen Zahlen mit Hilfe von **zehn** Ziffern dargestellt. Man spricht deshalb vom **Zehner**system. In der jeweils rechten

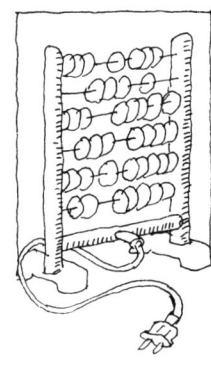

Spalte sind sie mit Hilfe von **zwei** Ziffern dargestellt. Man spricht deshalb vom **Zweier**system.

Entsprechend läßt sich auch ein **Dreier**system konstruieren. Wir brauchen dabei nur an einen Kilometerzähler zu denken, der lediglich die **drei** Ziffern 0, 1 und 2 besitzt.

Für diejenigen, denen die „Sieben'' als „heilige Zahl''gilt, könnten wir auf dem Wege über einen Kilometerzähler, der nur die **sieben** Ziffern 0, 1, 2, 3, 4, 5 und 6 trägt, ein **Siebener**system konstruieren.

Wer probiert's einmal?

Schreiben wir uns vergleichsweise die Zahlen von eins bis hundert im Dreiersystem und im Siebenersystem auf!

Wer dabei stets an den Kilometerzähler denkt, wird dabei kaum Schwierigkeiten haben.

Wenig Schwierigkeiten werden uns nach der gleichen Methode auch ein Vierersystem, ein Fünfersystem, ein Sechsersystem, ein Achtersystem und ein Neunersystem bereiten.

Im **Vierer**system werden nur die vier Ziffern 0, 1, 2 und 3, im **Fünfer**system nur die fünf Ziffern 0, 1, 2, 3 und 4, im **Sechser**system nur die sechs Ziffern 0, 1, 2, 3, 4 und 5, im **Achter**system nur die acht Ziffern 0, 1, 2, 3, 4, 5, 6 und 7 und im **Neuner**system nur die neun Ziffern 0, 1, 2, 3, 4, 5, 6, 7 und 8 zur Darstellung der Zahlen verwendet.

Wenn man sich jetzt noch einige zusätzliche Ziffern ausdenkt, so kann man auch ein Elfersystem, ein Zwölfersystem usw. konstruieren.

Die Tatsache, daß 1 Stunde = 60 Minuten und 1 Minute = 60 Sekunden gilt, läßt vermuten, daß früher einmal sogar ein Sechzigersystem verwendet wurde.

# Das allerkleinste Kleine Einmaleins

Die Multiplikationsaufgabe 359 · 86 können viele bestimmt nicht im Kopf lösen. Das braucht man aber auch gar nicht zu können. Schließlich haben wir ja in der Schule ein schriftliches Verfahren zur Lösung derartiger Aufgaben kennengelernt. Es beruht daruf, daß man die beiden Zahlen nicht als Ganzes miteinander multipliziert, sondern Stelle für Stelle.

$$
\begin{array}{r}
359 \cdot 86 \\
\hline
2872 \\
2154 \\
\hline
30874
\end{array}
$$

Bei der Ausführung dieser Rechnung haben wir nur einstellige Zahlen miteinander multipliziert, und zwar die folgenden sechs Aufgaben gelöst:

$$
\begin{array}{ll}
8 \cdot 9 & 6 \cdot 9 \\
8 \cdot 5 \text{ und} & 6 \cdot 5 \\
8 \cdot 3 & 6 \cdot 3
\end{array}
$$

Aber nur weil wir in der Schule das kleine Einmaleins auswendig gelernt haben, können wir diese sechs Teilaufgaben rasch und ohne Schwierigkeiten lösen. Wer nämlich beispielsweise nicht auswendig weiß, wieviel 8 · 9 ist, muß es mühsam durch Zusammenzählen berechnen, d. h.:

$$8 \cdot 9 = 9 + 9 + 9 + 9 + 9 + 9 + 9 + 9 = 72.$$

Und weil unsere Lehrer wußten, was auf uns zukommt, haben sie uns die Ergebnisse aller Teilaufgaben, die bei der schriftlichen Multiplikation auftreten können, auswendig lernen lassen. Es sind ja auch gar nicht allzu viele, insgesamt nur 81. Manches Gedicht, das wir auswendig lernen mußten, war viel umfangreicher. Hier sind sie nun, die 81 überhaupt möglichen Grundaufgaben, deren Ergebnisse wir im

Kopf haben müssen, um für die schriftliche Multiplikaiton gewappnet zu sein (wir nennen es auch das „Kleine Einmaleins''):

| | | | | | | | | |
|---|---|---|---|---|---|---|---|---|
| 1 · 1 | 1 · 2 | 1 · 3 | 1 · 4 | 1 · 5 | 1 · 6 | 1 · 7 | 1 · 8 | 1 · 9 |
| 2 · 1 | 2 · 2 | 2 · 3 | 2 · 4 | 2 · 5 | 2 · 6 | 2 · 7 | 2 · 8 | 2 · 9 |
| 3 · 1 | 3 · 2 | 3 · 3 | 3 · 4 | 3 · 5 | 3 · 6 | 3 · 7 | 3 · 8 | 3 · 9 |
| 4 · 1 | 4 · 2 | 4 · 3 | 4 · 4 | 4 · 5 | 4 · 6 | 4 · 7 | 4 · 8 | 4 · 9 |
| 5 · 1 | 5 · 2 | 5 · 3 | 5 · 4 | 5 · 5 | 5 · 6 | 5 · 7 | 5 · 8 | 5 · 9 |
| 6 · 1 | 6 · 2 | 6 · 3 | 6 · 4 | 6 · 5 | 6 · 6 | 6 · 7 | 6 · 8 | 6 · 9 |
| 7 · 1 | 7 · 2 | 7 · 3 | 7 · 4 | 7 · 5 | 7 · 6 | 7 · 7 | 7 · 8 | 7 · 9 |
| 8 · 1 | 8 · 2 | 8 · 3 | 8 · 4 | 8 · 5 | 8 · 6 | 8 · 7 | 8 · 8 | 8 · 9 |
| 9 · 1 | 9 · 2 | 9 · 3 | 9 · 4 | 9 · 5 | 9 · 6 | 9 · 7 | 9 · 8 | 9 · 9 |

Im Kapitel „Zwei Ziffern reichen aus'' haben wir festgestellt, daß man nicht unbedingt zehn Ziffern braucht, um alle Zahlen aufschreiben zu können. Wir haben unter anderen das sogenannte Siebenersystem kennengelernt, bei dem nur die sieben Ziffern 0, 1, 2, 3, 4, 5 und 6 zur Zahlendarstellung verwendet werden.

Wenn wir zwei Zahlen des Siebenersystem schriftlich miteinander multiplizieren, brauchen wir aus der obigen Zusammenstellung nur diejenigen Aufgaben, bei denen genau diese sieben Ziffern auftreten; und die mit den Ziffern 7, 8 und 9 fallen weg, weil es diese Ziffern im Siebenersystem nicht gibt. Übrig bleiben folglich 36 Grundaufgaben:

| | | | | | |
|---|---|---|---|---|---|
| 1 · 1 | 1 · 2 | 1 · 3 | 1 · 4 | 1 · 5 | 1 · 6 |
| 2 · 1 | 2 · 2 | 2 · 3 | 2 · 4 | 2 · 5 | 2 · 6 |
| 3 · 1 | 3 · 2 | 3 · 3 | 3 · 4 | 3 · 5 | 3 · 6 |
| 4 · 1 | 4 · 2 | 4 · 3 | 4 · 4 | 4 · 5 | 4 · 6 |
| 5 · 1 | 5 · 2 | 5 · 3 | 5 · 4 | 5 · 5 | 5 · 6 |
| 6 · 1 | 6 · 2 | 6 · 3 | 6 · 4 | 6 · 5 | 6 · 6 |

Angenommen, es gäbe irgendwo ein Land, in dem nicht — wie bei uns — das Zehnersystem amtlich vorgeschrieben ist, sondern das Siebenersystem, dann brauchten die Schüler dort nur ein viel kleineres Kleines Einmaleins auswendig zu lernen als wir: 36 Aufgaben statt 81. Weniger als die Hälfte! Aber noch beneidenswerter wären die Schüler in einem Land, in dem das Dreiersystem zur Zahlendarstellung dient.

Da im Dreiersystem nur die Ziffern 0, 1 und 2 verwendet werden, gibt es bei der schriftlichen Multiplikation nur noch vier Grundaufgaben:

1 · 1   1 · 2
2 · 1   2 · 2

Fürwahr ein winzig kleines Kleines Einmaleins! Bequem in 5 Minuten zu lernen!

Noch einfacher hätten es nur die Schüler in einem Land, in dem das Zweiersystem gilt. Da es im Zweiersystem nur die beiden Ziffern 0 und 1 gibt, tritt bei der schriftlichen Multiplikation nur eine einzige Grundaufgabe auf:

1 · 1.

Und damit haben wir das kleinstmögliche Kleine Einmaleins. Es lautet, das Ergebnis eingeschlossen:

1 · 1 = 1.

Die erste Amtshandlung eines neuernannten Unterrichtsministers sollte eigentlich darin bestehen, das Zweiersystem einzuführen. Die Schüler würden es ihm danken! Aber auch die Hersteller von Rechenheften wären ihm zu großem Dank verpflichtet. Dabei würde wahrscheinlich die Dankbarkeit der Rechenhefthersteller länger anhalten als die der Schüler. Warum wohl?

# Das Schlagzeug bringt es an den Tag

Ein Zeitungsabonnement will ihr der junge Mann aufschwatzen, der da vor der Haustür steht. Da Frau Noether zögert, versucht er es mit der „Mitleidsmasche": „Ich bin Mathematikstudent und muß mir das Geld für mein Studium durch Zeitungsverkäufe verdienen. Bitte helfen Sie mir, damit ich mein Studium fortsetzen kann!"

Frau Noether glaubt dem jungen Mann diese Geschichte nicht so recht und will ihn auf die Probe stellen.

„Wenn Sie wirklich Mathematikstudent sind, müssen Sie auch eine kleine Denkaufgabe lösen können. Wenn nicht, haben Sie nur geflunkert und müssen unverrichteter Dinge abziehen. Also passen Sie gut auf!
Ich habe drei Söhne. Multipliziert man die Lebensalter dieser drei Jungen miteinander, so erhält man 36. Addiert man dagegen die Lebensalter, ergibt sich unsere Hausnummer. Wie alt sind die drei Buben?"
Der junge Mann tritt einen Schritt zurück, schaut auf das Schild mit der Hausnummer und sagt: „Mit diesen Angaben allein läßt sich das Alter Ihrer drei Söhne noch nicht ermitteln."
„Stimmt", erwidert Frau Noether. „Deshalb mache ich Ihnen jetzt noch eine zusätzlich Angabe. Hören Sie den Lärm da unten im Keller? Das ist mein Ältester, der übt dort auf seinem Schlagzeug!"
„Ja, wenn das so ist", strahlt der junge Mann, „dann kann ich Ihnen sagen, wie alt Ihre drei Söhne sind!" Tat's, verkaufte das Zeitungsabonnement und ging frohgemut zum Nachbarhaus.
Ja, wie alt sind denn nun die drei Jungen, und um welche Hausnummer handelt es sich? Und was hat das Schlagzeug mit der ganzen Sache zu tun?
Versuchen wir den Gedankengängen nachzugehen, die den Mathematikstudenten zum Erfolg führten!
Probieren wir zunächst ein bißchen herum, wie alt die drei Jungen überhaupt sein können, wenn das Produkt ihrer Alter gleich 36 ist!
Der Älteste könnte 18 Jahre, der Zweitälteste 2 Jahre und der Jüngste ein Jahr alt sein, denn $18 \cdot 2 \cdot 1 = 36$. Der Älteste könnte aber auch 6 Jahre, der Zweitälteste 3 und der Jüngste 2 Jahre alt sein, denn $6 \cdot 3 \cdot 2 = 36$.
Stellen wir alle Möglichkeiten in Form einer Tabelle zusammen.

| Ältester | Zweitältester | Jüngster |
|----------|---------------|----------|
| 36 | 1 | 1 |
| 18 | 2 | 1 |
| 12 | 3 | 1 |
| 9 | 4 | 1 |
| 9 | 2 | 2 |
| 6 | 6 | 1 |
| 6 | 3 | 2 |

Es gibt insgesamt nur diese 7 Möglichkeiten. Welche davon ist die richtige?

Zu beachten ist eine zweite Bedingung, die erfüllt sein muß: Die Summe der Lebensalter soll gleich der Hausnummer sein. Ergänzen wir jetzt unsere Tabelle durch die Summen der jeweiligen drei Zahlen.

| Ältester | Zweitältester | Jüngster | Summe |
|----------|---------------|----------|-------|
| 36 | 1 | 1 | $36 + 1 + 1 = 38$ |
| 18 | 2 | 1 | $18 + 2 + 1 = 21$ |
| 12 | 3 | 1 | $12 + 3 + 1 = 16$ |
| 9 | 4 | 1 | $9 + 4 + 1 = 14$ |
| 9 | 2 | 2 | $9 + 2 + 2 = 13$ |
| 6 | 6 | 1 | $6 + 6 + 1 = 13$ |
| 6 | 3 | 2 | $6 + 3 + 2 = 11$ |

Der Student hatte mit einem Blick die Hausnummer erkannt. Wäre sie beispielsweise 38 gewesen, hätte er sofort das Alter der drei Jungen angeben können: 36, 1 und 1. Auch bei den Hausnummern 21, 16, 14 und 11 hätte er jeweils ohne weiteres das Alter der drei Söhne herausgefunden. Da er aber behauptet, die bisherigen Angaben reichten zur Lösung noch nicht aus, kommt als Hausnummer nur die zweimal in unserer Tabelle auftretende Zahl 13 in Frage. Bei Hausnummer 13 können die Alter der drei Buben entweder 9, 2 und 2 oder 6, 6 und 1 sein. Da aber, wie Frau Noether zusätzlich angab, der Älteste im Keller auf seinem Schlagzeug übt, kommt die Möglichkeit 6, 6, und 1 nicht in Betracht, denn dabei gäbe es ja zwei Älteste. Bei dieser

Überlegung setzen wir allerdings stillschweigend voraus, daß Frau Noether nicht zwischen einem älteren und einem jüngeren Zwilling unterscheidet. Aber das tut man ja im allgemeinen auch nicht.

Das Ergebnis unserer Überlegung lautet also: Die drei Buben sind 9, 2 und 2 Jahre alt, und Noethers Hausnummer ist 13.

# Der nicht ganz so billige Perlenanhänger

Ein Perlenanhänger kostet zusammen mit einer Kette 125 DM. Der Anhänger kostet 100 DM mehr als die Kette. Wieviel kostet die Kette, wieviel kostet der Anhänger?

Wohl den meisten ist diese oder eine ähnliche Aufgabe schon einmal begegnet, und mancher ist dabei gewaltig hereingefallen. Die meisten Leute glauben nämlich, der Anhänger koste 100 DM und die Kette 25 DM. Das aber ist ein Irrtum. So billig ist der Perlenanhänger nun auch wieder nicht. Wie aber kommt es dazu, daß die meisten eine so leichte Frage falsch beantworten? Offenbar liegt das daran, daß sie das Wörtchen „mehr" übersehen. Wenn der Anhänger 100 DM **mehr** kostet als die Kette, so kann er nämlich nicht **nur** 100 DM kosten. Er muß doch wohl **teurer** als 100 DM sein. Aber wieviel teurer? Das ist nicht schwer zu beantworten, denn wenn wir von dem 125-DM-Gesamtpreis zunächst einmal den „Mehr"-Preis, also die 100 DM abziehen, so bleiben noch 25 DM übrig. Diese 25 DM müssen wir jetzt in zwei gleiche Beträge teilen. Wir erhalten zweimal 12,50 DM. Die einen 12,50 DM sind der Preis der Kette, die anderen 12,50 DM kommen zu den 100 DM Mehrpreis für den Perlenanhänger hinzu. Somit kostet die Kette 12,50 DM und der Anhänger 112,50 DM. Der Anhänger kostet also 100 DM **mehr** als die Kette, beide Teile zusammen kosten 112,50 + 12,50 DM = 125 DM.

166

Vergegenwärtigen wir uns noch einmal, wie wir das Problem gelöst haben.

Zuerst haben wir den Preisunterschied, also die DM 100, vom Gesamtpreis abgezogen:

125 DM − 100 DM = 25 DM,

und dann den Differenzbetrag halbiert:

25 DM : 2 = 12,50 DM.

Damit sind wir auf den Preis der Kette gekommen. Den Preis des Anhängers erhielten wir, indem wir diesen Preis zum Preisunterschied von 100 DM addierten:

100 DM + 12,50 DM = 112,50 DM.

Wer das verstanden hat, wird jetzt auch die gleiche Aufgabe für den Fall lösen können, daß der Perlenahänger nur 85 DM mehr kostet als die Kette.

Der Preisunterschied beträgt jetzt also 85 DM. Diese 85 DM ziehen wir vom Gesamtpreis ab:

125 DM − 85 DM = 40 DM.

Den so erhaltenen Betrag halbieren wir:

40 DM : 2 = 20 DM.

Also kostet die Kette 20 DM und der Perlenahänger

85 DM + 20 DM = 105 DM.

Nun kann es jeder einmal allein probieren, und zwar für den Fall, daß der Perlenanhänger 50 DM mehr kostet als die Kette.

# Ein unredliches Argument

„Das Rennrad kostet doch nur 360 DM! Kauf mir's bitte!" bedrängt Benjamin seinen Vater.

„Du hast gut reden", setzt sich dieser zur Wehr. „Zwischen 360 DM haben und 360 DM nicht haben ist ein Unterschied von 720 DM!"

Diese Erwiderung ist unredlich. Sie soll Benjamin vorgaukeln, daß der Vater durch den Kauf des Rennrades nicht um 360 DM ärmer würde, sondern um 720 DM.

Und das stimmt natürlich nicht!

Die Ausdrucksweise „360 DM nicht haben" bedeutet keineswegs dasselbe wie „360 DM Schulden haben". Aber nur zwischen 360 DM haben und 360 DM Schulden haben beträgt der Unterschied 720 DM.

Zwischen „360 DM haben und 360 DM nicht haben" oder, besser gesagt, „zwischen 360 DM haben und diese 360 DM nach dem Rennradkauf nicht mehr haben" beträgt der Unterschied jedoch genau 360 DM. Übrigens hat Benjamin das Rennrad schließlich doch noch bekommen, wobei sein Vater gemerkt hat, daß er „nur" um 360 DM ärmer geworden ist.

# Die vertrockneten Erdbeeren

Fleißig sind sie, die Angestellten der Großgärtnerei Kohl und Krauth AG. Bis zum Mittag haben sie 100 kg Erdbeeren geerntet und im Hof der Gärtnerei gelagert.

Die frischgepflückten Erdbeeren haben zu diesem Zeitpunkt einen Wassergehalt von 99 %. Während sie der prallen Sonne ausgesetzt sind, verdunstet ein Teil des in den Erdbeeren enthaltenen Wassers. Wieviel Kilogramm wiegen die Erdbeeren am Abend dieses heißen Tages, wenn ihr Wassergehalt dann nur noch 98 % beträgt?

Mit dieser Aufgabe kann man zuweilen auch einen abgebrühten und im Dienst ergrauten Mathematiklehrer in Verlegenheit bringen. Das Ergebnis ist derart verblüffend, daß fast jeder zunächst glaubt, er müsse sich verrechnet haben.

Und so sieht der Lösungsweg aus:

Die 100 kg frischgepflückten Erdbeeren haben einen Wassergehalt von 99 %. Die 100 kg frischgepflückten Erdbeeren enthalten also 99 kg Wasser. Würde man das ganze Wasser aus ihnen herauspressen, so bliebe genau 1 kg Trockenmasse zurück. Dieses eine Kilogramm Trockenmasse macht ein Hundertstel, also 1 % der frischgepflückten Erdbeeren aus. Im Laufe des Tages verdunstet nun zwar ein Teil des Wassers, aber nichts von der Trockenmasse. Die vertrockneten Erdbeeren enthalten also nach wie vor noch 1 kg Trockenmasse.

Bei den frischgepflückten Erdbeeren mit einem Wassergehalt von 99 % machte dieses eine Kilogramm Trockenmasse 100 % − 99 % = 1 % der Gesamtmasse aus. Jetzt am Abend, bei einem Wassergehalt von 98 %, macht diese eine Kilogramm Trockenmasse aber 100 % − 98 % = 2 % der Gesamtmasse aus.

Wenn aber 2 % der ausgetrockneten Erdbeeren genau 1 kg wiegen, so wiegen 1 % der ausgetrockneten Erdbeeren genau 0,5 kg und 100 % der ausgetrockenten Erdbeeren genau 100 · 0,5 kg = 50 kg. Diese 100 % stellen aber die Gesamtmasse der vertrockneten Erdbeeren dar. Folglich wiegen die Erdbeeren am Abend nur noch 50 kg.

Das bedeutet: Von den 99 kg des ursprünglich in den Erdbeeren enthaltenen Wassers sind im Laufe des Nachmittags 50 kg verdunstet.

Die am Abend noch vorhandenen 50 kg vertrocknete Erdbeeren enthalten 1 kg Trockenmasse und 49 kg Wasser. Wer hätte das gedacht?

# 20 + 20 = 44

„Von 1980 bis 1984 konnten wir unsere Produktion um 20 Prozent erhöhen und von 1984 bis 1988 noch einmal um 20 Prozent!'' verkündet der Betriebsleiter der versammelten Belegschaft und fährt mit vor Stolz bebender Stimme fort: „Das bedeutet aber nichts anderes, als daß es uns durch unsere gemeinsamen Anstrengungen gelungen ist, unsere Produktion in den Jahren von 1980 bis 1988 um sage und schreibe 44 Prozent zu steigern!''

Da ist ihm wohl vor Freude über den Erfolg ein kleiner Rechenfehler unterlaufen? 20 plus 20 ist doch 40 und nicht 44, wie uns der Redner weismachen will. So ein Aufschneider! Reichen ihm denn die 40 Prozent immer noch nicht aus, daß er noch 4 Prozent dazuschmuggelt?

Denkt man ein bißchen nach, so stellt sich heraus, daß der Mann durchaus recht hat und ihm nicht vor Begeisterung der Gaul durchgegangen ist. Denn in der Tat ist seit 1980 die Produktion nicht etwa um 20 + 20 = 40 Prozent gestiegen, sondern um 44 Prozent. 20 + 20 ist in diesem Fall tatsächlich nicht 40, sondern 44. Um uns das klarzumachen, nehmen wir einmal an, daß der Betrieb im Jahre 1980 täglich 100 Autos hergestellt hat. Diese Anzahl ist der Ausgangspunkt der in Prozent angegebenen Produktionssteigerung. Man bezeichnet diesen Ausgangswert in der Mathematik als Grundwert.

1 Prozent von 100 Autos bedeutet den hundertsten Teil oder $1/100$ von 100 Autos, und das ist genau 1 Auto.

20 Prozent sind zwanzigmal so viel wie 1 Prozent. Somit sind 20 Prozent von 100 Autos genau 20 Autos.

Wenn also die Produktion von 1980 bis 1984 um 20 Prozent gestiegen ist, so wurden 1984 täglch 100 + 20 = 120 Autos hergstellt. Von 1984 bis 1988 erreichte man einen Produktionszuwachs von ebenfalls 20 Prozent. Diese Prozentangabe bezieht sich aber nicht etwa auf die 100 Autos, die im Jahre 1980 täglich produziert wurden, sondern auf die tägliche Produktion von 120 Autos, wie sie 1984 erfolgte. Wir haben es deshalb mit einem anderen Grundwert zu tun. Grundwert sind nicht mehr die 100 Autos von 1980, sondern die 120 Autos von 1984.

20 Prozent von 120 Autos sind also $^{20}/_{100}$ oder $^1/_5$ von 120 Autos, und das sind genau 24 Autos. Also werden 1988 täglich $120 + 24 = 144$ Autos produziert.

Da der Betrieb 1980 nur 100 Autos täglich herstellte, 1988 aber 144, hat die tägliche Produktion gegenüber dem Jahr 1980 um 44 Autos zugenommen. 44 Autos sind aber genau 44 Hundertstel oder 44 Prozent von 100 Autos. Demnach ist die Produktion seit 1980 nicht etwa nur um 40 Prozent, sondern vielmehr um 44 Prozent gestiegen. In diesem besonderen Falle ist also tatsächlich 20 plus 20 gleich 44. Und das liegt ganz einfach daran, daß sich die einzelnen Prozentangaben der Produktionssteigerung auf unterschiedliche Grundwerte beziehen. Weil das die wenigsten Leute sofort durchschauen, läßt sich mit Prozentangaben trefflich schwindeln. Also, Vorsicht! Man mißtraue jedem, der mit Prozenten daherkommt!

# Ein fruchtbarer Pfennig

Zinsen sind Leihgebühren für Geld. Wer sich Geld leiht, muß Zinsen bezahlen. Wer Geld verleiht, bekommt Zinsen. Wenn jemand sein Geld auf die Sparkasse bringt, leiht er es der Sparkasse. Dafür bekommt er Zinsen. Die Zinsen kann man am Ende eines jeden Jahres abheben und als leicht verdientes Geld ausgeben. Man kann sie aber auch auf der Sparkasse lassen. Dann bringen diese Zinsen Zinsen. Zinseszinsen nennt man sie. Angenommen, man hat ein Sparbuch über 100 DM. Wenn der Zinssatz 8 % beträgt, bekommt man nach einem Jahr

8 % von 100 DM = 8 DM

Zinsen. Wenn man sich diese Zinsen nicht auszahlen läßt, hat man zu Beginn des folgenden Jahres ein Guthaben von 100 DM + 8 DM = 108 DM auf seinem Sparbuch stehen. Dafür bekommt man am Ende des Jahres

8 % von 108 DM = 8,64 DM

Zinsen. Wenn man sie sich wiederum nicht auszahlen läßt, hat man zu Beginn des dritten Sparjahres bereits 108 DM + 8,64 DM = 116,64 auf der hohen Kante. Am Ende des dritten Jahres bekommt man dafür

8 % von 116,64 DM = 9,33 DM

Zinsen und hat zu Beginn des vierten Jahres ein Guthaben von 116,64 DM + 9,33 DM = 125,97 DM.
Und so geht das immer weiter.
Nach dem 4. Jahr bekommt man 10,08 DM Zinsen und hat insgesamt 136,05 DM.
Nach dem 5. Jahr bekommt man 10,88 DM Zinsen und hat insgesamt 146,05 DM.
Nach dem 6. Jahr bekommt man 11,75 DM Zinsen und hat insgesamt 158,68 DM.

Nach dem 7. Jahr bekommt man 12,96 DM Zinsen und hat insgesamt 171,37 DM.

Nach dem 8. Jahr bekommt man 13,81 DM Zinsen und hat insgesamt 185,08 DM.

Nach dem 9. Jahr bekommt man 14,81 DM Zinsen und hat insgesamt 199,89 DM.

Nach neun Jahren hat sich unser Sparguthaben praktisch verdoppelt. Hätten wir uns die Zinsen am Ende eines jeden Jahres auszahlen lassen, so hätten wir insgesamt nur $9 \cdot 8$ DM $= 72$ DM bekommen, mit Zinseszinsen sind es fast 100 DM.

Bei einem Zinssatz von 8 % verdoppelt sich demnach ein Guthaben innerhalb von rund neuen Jahren: Aus 100 DM werden 200 DM.

Nach weiteren neun Jahren haben sich dann diese 200 DM verdoppelt: Aus 200 DM werden 400 DM.

Nach weiteren neun Jahren habben sich diese 400 DM verdoppelt: Aus 400 DM werden 800 DM.

Und so geht das immer weiter. Alle neun Jahre verdoppelt sich das Sparguthaben.

Nach $1 \cdot 9$ Jahren hat man $2 \cdot 100$ DM $= 200$ DM.

Nach $2 \cdot 9$ Jahren hat man $2 \cdot 2 \cdot 100$ DM $= 2^2 \cdot 100$ DM $= 4 \cdot 100$ DM $= 400$ DM.

Nach $3 \cdot 9$ Jahren hat man $2 \cdot 2 \cdot 2 \cdot 100$ DM $= 2^3 \cdot 100$ DM $= 8 \cdot 100$ DM $= 800$ DM.

Nach $4 \cdot 9$ Jahren hat man $2^4 \cdot 100$ DM $= 16 \cdot 100$ DM $= 1600$ DM.

Nach $5 \cdot 9$ Jahren hat man $2^5 \cdot 100$ DM $= 32 \cdot 100$ DM $= 3200$ DM.

Nach $10 \cdot 9$ Jahren hat man $2^{10} \cdot 100$ DM $= 1024 \cdot 100$ DM $= 102\,400$ DM.

Hätte mein Urgroßvater (theoretisch) vor 90 Jahren, also vor $10 \cdot 9$ Jahren, für mich ein Sparbuch über 100 DM angelegt, so könnte ich heute über 102 400 DM verfügen. Hätte er gar 1000 DM angelegt, wäre ich heute mit $1024 \cdot 1000$ DM $=$

1 024 000 DM Millionär. Seit Christi Geburt waren im Jahre 1989 genau 221 · 9 Jahre vergangen. Hätte damals ein weitblickender Vorfahre 100 DM für seine Nachkommen auf die Sparkasse gebracht, dann wären sie heute die Besitzer von

$$2^{221} \cdot 100 \; DM \; = \; 337\underbrace{000000 \ldots 000000000000}_{} DM$$
hier stehen 66 Nullen!

Selbst wenn es damals nur für einen einzigen Pfennig gereicht hätte, brauchten wir von dem obigen Betrag nur 5 Nullen wegzustreichen. Was übrig bliebe, wäre auch noch ein ganz schönes Sümmchen.

Zugegeben: 8 % ist ein stolzer Zinssatz. Aber selbst bei einem kümmerlichen Zinssatz von nur 2 % wäre ein Pfennig in den Jahren von Christi Geburt bis 1989 auf rund

1 274 679 687 000 000 DM angewachsen.

Ja selbst bei 1 % hätten sich fast 4 Millionen DM angesammelt. Wenn man aber nun etwa glaubt, unsere Rechnung habe auch nur das Geringste mit der Wirklichkeit zu tun, so frage man seine Eltern oder seine Großeltern, wie das damals war mit der Inflation und der Währungsreform.

Mit dem folgenden BASIC-Programm können wir einen Computer veranlassen, uns den Betrag auszurechnen, auf den ein Guthaben mit Zins und Zinseszins anwächst.

```
1 REM ZINSESZINS
10 INPUT "WIEVIEL MARK WERDEN EINGEZAHLT";K
20 INPUT "WIE HOCH IST DER JAHRESZINSSATZ";Z
30 INPUT "NACH WIEVIEL JAHREN SOLL DIE AUSZAHLUNG ERFOLGEN";J
40 LET E = (1+(Z/100))J * K
50 PRINT "BEI EINER EINZAHLUNG VON";K;"MARK UND EINEM ZINSSATZ
VON";Z;"% KÖNNEN NACH";J;"JAHREN";E;"MARK ABGEHOBEN WERDEN."
60 END
```

# Eine merkwürdige Familie

Andrea, nach ihren Geschwistern gefragt, antwortet: „Ich habe dreimal so viele Brüder wie Schwestern."
Markus antwortet auf dieselbe Frage: „Ich habe genau so viele Schwestern wie Brüder."
Alles schön und gut! Das kann ja so sein! Warum auch nicht! Aber jetzt kommt der Knalleffekt der Geschichte: Andrea und Markus sind Geschwister!
Da kann doch wohl etwas nicht stimmen. Lügt etwa einer von beiden? Bei etwas Überlegung kommt man schnell zu dem Ergebnis, daß beide die Wahrheit sagen, auch wenn das auf den ersten Blick nicht so erscheint.
Wenn x die Anzahl der Jungen und y die Anzahl der Mädchen bedeuten, so müßte nach der Aussage von Andrea

x= 3 (y − 1) sein, weil sich ja Andrea selbst nicht mitzählen darf. Die Aussage von Markus hingegen muß man dann y − x − 1 schreiben, weil er sich ja auch selbst nicht mitzählt. Wie man aus diesen beiden Gleichungen ermitteln kann, z. B. durch Probieren, hat die Familie, zu der Andrea und Markus gehören, fünf Kinder, und zwar drei Jungen und zwei Mädchen.

Da Markus ein Junge ist, hat er zwei Brüder und zwei Schwestern.

Da Andrea ein Mädchen ist, hat sie eine Schwester und drei Brüder.

Wie hätte wohl die Familie aussehen müssen, wen Andrea gesagt hätte: „Ich habe doppelt so viele Brüder wie Schwestern"?

# Mathematische Vererbungslehre

Eine Bruchzahl kann man entweder als Dezimalbruch, d. h. mit Komma, darstellen, oder als gewöhnlichen Bruch, d. h. mit Bruchstrich.
Beispiele für Dezimalbrüche sind:

$$0,5; \quad 1,73; \quad 0,0027.$$

Beispiele für gewöhnliche Brüche sind:

$$\frac{1}{2}, \frac{3}{8}, \frac{14}{9}.$$

Die Zahl über dem Bruchstrich heißt der Zähler, die Zahl unter dem Bruchstrich heißt der Nenner. Will man einen gewöhnlichen Bruch in einen Dezimalbruch umwandeln, so muß man den Zähler durch den Nenner dividieren. Für den Bruch $13/25$ beispielsweise ergibt sich:

$$13 : 25 = 0,52$$
$$130$$
$$-\,125$$
$$\overline{\phantom{0}50}$$
$$-\,50$$

Bei vielen gewöhnlichen Brüchen geht diese Division ziemlich rasch zu Ende, wie zum Beispiel:

$$\frac{1}{2} = 1 : 2 = 0,5 \qquad \frac{7}{20} = 7 : 20 = 0,35 \qquad \frac{11}{8} = 11 : 8 = 1,375$$

$$\begin{array}{l} 10 \\ -\,10; \end{array} \qquad \begin{array}{l} 70 \\ -\,60 \\ \hline 100 \\ -\,100; \end{array} \qquad \begin{array}{l} -\,8 \\ \hline 30 \\ -\,24 \\ \hline 60 \\ -\,56 \\ \hline 40 \\ -\,40 \end{array}$$

Gelegentlich kann sich die Division aber auch in die Länge ziehen, wie die folgenden Beispiele zeigen:

$$\frac{127}{320} = 127 : 320 = 0,396875 \qquad \frac{125}{512} = 125 : 512 = 0,244140625$$

$$\begin{array}{l} 1270 \\ -\,960 \\ \hline 3100 \\ -\,2880 \\ \hline 2200 \\ -\,1920 \\ \hline 2800 \\ -\,2560 \\ \hline 2400 \\ -\,2240 \\ \hline 1600 \\ -\,1600 \end{array} \qquad \begin{array}{l} 1250 \\ -\,1024 \\ \hline 2260 \\ -\,2048 \\ \hline 2120 \\ -\,2048 \\ \hline 720 \\ -\,512 \\ \hline 2080 \\ -\,2048 \\ \hline 3200 \\ -\,3072 \\ \hline 1280 \\ -\,1024 \\ \hline 2560 \\ -\,2560 \end{array}$$

Außer solchen Brüchen, bei denen die Division früher oder später abbricht, gibt es aber auch Brüche, bei denen die Division überhaupt kein Ende findet. Will man beispielsweise den Bruch $^2/_3$ in einen Dezimalbruch umwandeln, so ergibt sich:

$$\frac{2}{3} = 2 : 3 = 0{,}666666 \ldots$$

$$\begin{array}{r} 20 \\ -\,18 \\ \hline 20 \\ -\,18 \\ \hline 20 \end{array}$$

Und so geht das bis in alle Ewigkeit weiter: Stets erhalten wir als Zwischenergebnis eine „6" und als Rest eine „2". Von derselben Art ist der Bruch $^1/_7$. Es ergibt sich:

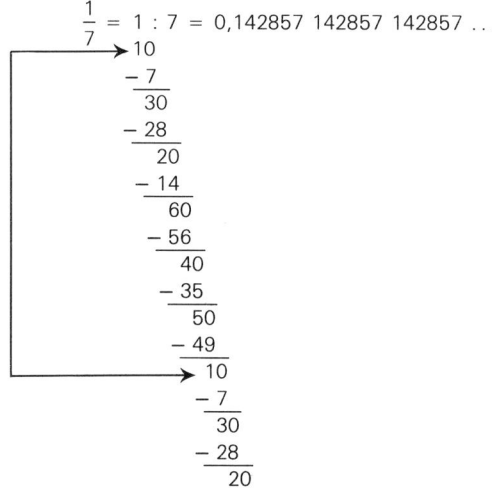

$$\frac{1}{7} = 1 : 7 = 0{,}142857\ 142857\ 142857 \ldots$$

Einen Trost gibt es allerdings bei diesen nicht-abbrechenden Dezimalbrüchen: Irgendwann taucht bei jedem von ihnen eine Ziffer oder eine Ziffergruppe auf, die sich in majestätischer Eintönigkeit bis in alle Ewigkeit wiederholt.
Diese sich ständig wiederholende Ziffer bzw. Ziffergruppe nennt man die Periode des betreffenden Dezimalbruches.

Der Bruch

$$\frac{1}{3} = 1 : 3 = 0{,}33 \ldots$$

$$\begin{array}{r} 10 \\ -\ 9 \\ \hline 10 \end{array}$$

hat die Periode 3.

Der Bruch

$$\frac{8}{11} = 8 : 11 = 0{,}72\ 72\ 72 \ldots$$

$$\begin{array}{r} 80 \\ -\ 77 \\ \hline 30 \\ -\ 22 \\ \hline 80 \end{array}$$

hat die Periode 72 (gelesen: sieben zwei).

Der Bruch

$$\frac{5}{13} = 5 : 13 = 0{,}384615\ 384615 \ldots$$

$$\begin{array}{r} 50 \\ -\ 39 \\ \hline 110 \\ -\ 104 \\ \hline 60 \\ -\ 52 \\ \hline 80 \\ -\ 78 \\ \hline 20 \\ -\ 13 \\ \hline 70 \\ -\ 65 \\ \hline 50 \\ -\ 39 \\ \hline 110 \end{array}$$

hat die Periode 384615.

Manchmal kann man sehr lange dividieren, bis sich die Periode zu erkennen gibt, wie das folgende Beispiel zeigt:

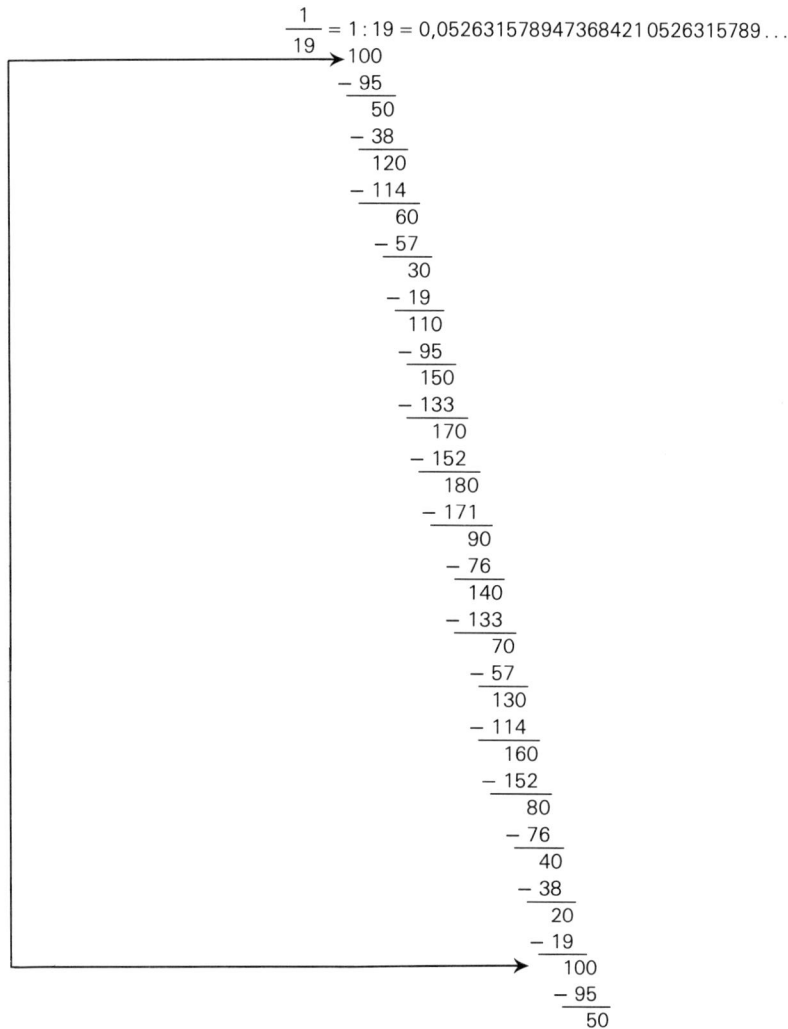

$$\frac{1}{19} = 1 : 19 = 0,052631578947368421\,0526315789\ldots$$

100
− 95
 50
− 38
120
− 114
 60
− 57
 30
− 19
110
− 95
150
− 133
170
− 152
180
− 171
 90
− 76
140
− 133
 70
− 57
130
− 114
160
− 152
 80
− 76
 40
− 38
 20
− 19
100
− 95
 50

Auch hierbei gibt es einen Trost: Die Anzahl der Ziffern der Periode ist stets kleiner, als der Nenner des ursprünglichen Bruches angibt, falls er vollständig gekürzt ist.

Wenn im Nenner die Zahl 19 steht — wie in unserem Beispiel — so kann die Periode aus höchstens 18 Ziffern bestehen. Bei dem Bruch $1/19$ wird somit diese höchste Ziffernzahl erreicht.

Genügsamer ist dagegen folgender Bruch:

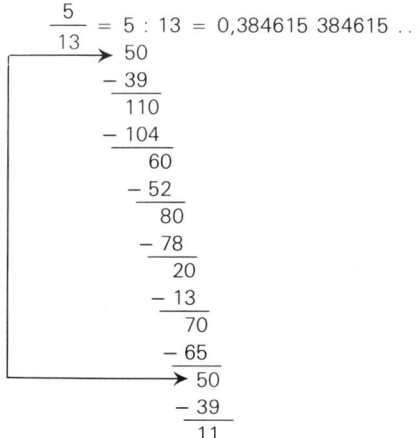

$$\frac{5}{13} = 5 : 13 = 0{,}384615\ 384615 \ldots$$

Seine Periode begnügt sich mit der Hälfte der ihr höchstens zustehenden 12 Ziffern.

Jetzt wird es aber höchste Zeit, daß wir uns an die Überschrift dieses Kapitels erinnern. Von „mathematischer Vererbungslehre" war bisher überhaupt noch nicht die Rede. Gemach, gemach! Jetzt geht's los damit.

Wir wollen nämlich untersuchen, welche Eigenschaften zwei Brüche an ihre Nachkommen „vererben". Dabei beschränken wir uns auf Stammbrüche, also Brüche mit dem Zähler 1, wie z. B. $1/3$, $1/17$ oder $1/15$.

Unter einem Nachkommen zweier derartiger Brüche wollen wir ihr Produkt verstehen.

Die beiden unterschiedlichen Arten von Brüchen — solche, die auf abbrechende Dezimalbrüche, und solche, die auf nichtabbrechende Dezimalbrüche führen — „kreuzen" wir miteinander, ähnlich wie es Pflanzen- und Tierzüchter machen. Im ersten Versuch „kreuzen" wir zwei Brüche miteinander, die auf abbrechende Dezimalbrüche führen, und betrachten das Resultat dieser „Kreuzung":

Vater: $\dfrac{1}{2} = 0{,}5$

Mutter: $\dfrac{1}{20} = 0{,}05$

Nachkomme: $\dfrac{1}{2} \cdot \dfrac{1}{20} = \dfrac{1 \cdot 1}{2 \cdot 20} = \dfrac{1}{40} = 1 : 40 = 0{,}025$

Das Ergebnis dieser „Kreuzung" ist, wie zu erwarten war, ein abbrechender Dezimalbruch. Der „Nachkomme" zweier abbrechender Dezimalbrüche ist wieder ein abbrechender Dezimalbruch. Die Eigenschaft „abbrechend" wird also von beiden „Eltern" auf das „Kind" vererbt.

Im zweiten Versuch „kreuzen" wir zwei Brüche, die auf nichtabbrechende Dezimalbrüche führen und betrachten das Resultat:

Vater: $\dfrac{1}{3} = 0{,}333\ldots$

Mutter: $\dfrac{1}{11} = 0{,}09\,09\,09\ldots$

Nachkomme: $\dfrac{1}{3} \cdot \dfrac{1}{11} = \dfrac{1 \cdot 1}{3 \cdot 11} = \dfrac{1}{33} = 1 : 33 = 0{,}03\,03\ldots$

Das Ergebnis dieser „Kreuzung" entspricht ebenfalls unserer Erwartung. Der „Nachkomme" zweier nichtabbrechender Dezimalbrüche ist wieder ein nichtabbrechender Dezimalbruch. Die bei beiden „Eltern" vorhandene Eigenschaft

„nichtabbrechend" wird auch hier auf das „Kind" vererbt.

Im dritten Versuch wird's spannend. Was geschieht wohl, wenn wir zwei Brüche miteinander „kreuzen", wobei einer auf einen abbrechenden und der andere auf einen nichtabbrechenden Dezimalbruch führt?

Nehmen wir als „Vater" bzw. „Mutter" die Brüche $1/20$ und $1/11$.

Vater: $\dfrac{1}{20} = 0,025$

Mutter: $\dfrac{1}{11} = 0,09\ 09\ 09\ \ldots$

Nachkommen:

$$\frac{1}{20} \cdot \frac{1}{11} = \frac{1 \cdot 1}{20 \cdot 11} = \frac{1}{220} = 1 : 220 = 0,00\,45\,45\,45\ldots$$

Das Ergebnis der Kreuzung ist ein nichtabbrechender Dezimalbruch. Also hat die „Mutter" ihre Eigenschaft „nichtabbrechend" an das „Kind" weitervererbt.

Im Gegensatz zu allen bisher behandelten nichtabbrechenden Dezimalbrüchen beginnt beim Dezimalbruch 0,00 45 45 45 ... die Periode jedoch nicht sofort nach dem Komma, sondern erst mit der dritten Nachkommastelle.

Darin zeigt sich aber gerade das „väterliche Erbteil". Die ersten beiden Nachkommastellen des „gemeinsamen Kindes" beansprucht der „Vater", erst danach gibt er sich geschlagen und überläßt der „Mutter" das Feld.

In diesem Zusammenhang tauchen eine ganze Reihe interessanter Fragen auf:

Wie ist es, wenn der „Vater" ein nichtabbrechender Dezimalbruch ist und die „Mutter" ein abbrechender?

Vererbt der nichtabbrechende Dezimalbruch die Anzahl der Periodenziffern, wie im vorliegenden Beispiel, oder vererbt er nur ganz allgemein eine Periode?

Und wie steht es mit einem abbrechenden Dezimalbruch?

Überträgt er vielleicht die Anzahl seiner Nachkommastellen in der Art, daß er sie bei seinem „Nachkommen'' zwischen das Komma und den Beginn der Periode quetscht? Und wie sieht es aus, wenn wir zur Kreuzung auch Nichtstammbrüche zulassen?

All diese Frage kann jeder selbst beantworten, wenn ein paar Kreuzungsversuche der beschriebenen Art durchgeführt werden. Viel Spaß bei diesen Experimenten zur „mathematischen Vererbungslehre''!

## Eine höchst bemerkenswerte Zahl

Seit Urzeiten spielt die Zahl sieben im Denken und Fühlen der Menschen eine besondere Rolle. Die einen halten sie für eine Glückszahl, für die anderen ist sie die „Böse Sieben''. Die antike Welt kannte die sieben Weisen und die sieben Weltwunder. Schon die alten Babylonier und Ägypter faßten sieben Tage zu einer Woche zusammen. Die Juden glaubten, daß Gott die Welt in sieben Tagen — einschließlich seines wohlverdienten Ruhetages — erschaffen hat. Zu ihrem Tempel in Jerusalem, der mit einem siebenarmigen Leuchter geschmückt war, führten sieben Stufen.

Im christlichen Denken tritt die Sieben in vielerlei Hinsicht auf. Sieben Seligpreisungen enthält die Bergpredigt. Es gibt sieben Sakramente und die sieben Gaben des Heiligen Geistes, aber auch sieben Todsünden und sieben Tugenden und schließlich die sieben Engel des Jüngsten Gerichts und das Buch mit sieben Siegeln.

Auch in den Volksmärchen taucht die Zahl sieben häufig auf. Man denke nur an die sieben Zwerge, die hinter den sieben Bergen wohnten, und an die sieben Raben.

In der Mathematik hingegen scheint sich die Zahl sieben in keinerlei Hinsicht von den übrigen Zahlen abzuheben. Weder ist sie eine der sogenannten vollkommenen Zahlen wie ihre Nachbarzahl sechs (siehe auch ,,Miß Zahl oder die vollkommene Zahl'' auf S. 125), noch ist sie die kleinste der Primzahlen, denn das ist die Zahl zwei, noch hat sie sonst eine besondere Eigenschaft. Sie gehört also zum ganz gewöhnlichen Zahlenvolk und nicht etwa zum Zahlenadel. Doch das ist nur äußerer Schein und falsche Bescheidenheit! Hinter der Fassade verbirgt sich eine ganz ungewöhnliche Eigenschaft der Zahl sieben. Sie kommt erst zum Vorschein, wenn man ihren Kehrwert, also die Zahl $^1/_7$ bildet. Will man diese Zahl als Dezimalbruch, also mit Komma schreiben, so muß man die Divisionsaufgabe 1 : 7 ausführen. Dabei ergibt sich:

$$1 : 7 = 0{,}142857\ 142857\ 142857 \ldots$$

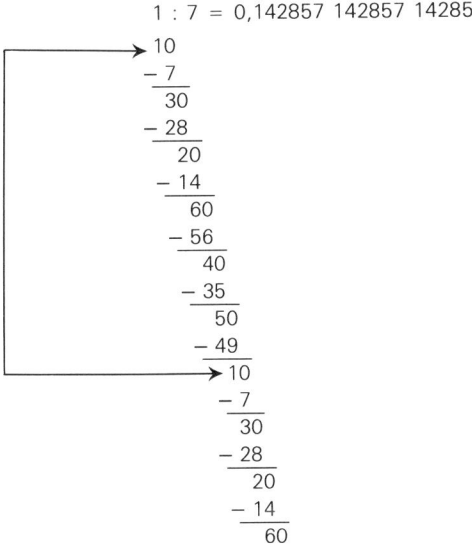

Und so geht das immer weiter und weiter. Die Dezimal-
bruchdarstellung der Zahl ¹/₇ bricht nicht ab. Die Ziffernfolge
1, 4, 2, 8, 5, 7 wiederholt sich bis in alle Ewigkeit.
Um diese Ziffernfolge etwas genauer unter die Lupe zu nehmen, schreiben wir sie im Uhrzeigersinn auf einen Kreisring:

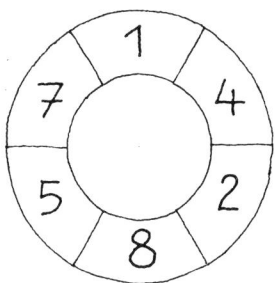

Nun starten wir bei der Ziffer 1 und laufen einmal im Uhrzeigersinn im Kreis herum. Wir erhalten die Zahl 142857.
Beginnen wir unseren Durchlauf bei der Ziffer 4, so erhalten
wir die Zahl 428571.
Wenn wir so weiterverfahren, erhalten wir nacheinander die
sechs Zahlen

$$1\ 4\ 2\ 8\ 5\ 7$$
$$4\ 2\ 8\ 5\ 7\ 1$$
$$2\ 8\ 5\ 7\ 1\ 4$$
$$8\ 5\ 7\ 1\ 4\ 2$$
$$5\ 7\ 1\ 4\ 2\ 8$$
$$7\ 1\ 4\ 2\ 8\ 5$$

Danach geht's mit der Zahl 142857 wieder von vorn los.
Multiplizieren wir nun diese erste Zahl 142857 nacheinander
mit 1, 2, 3, 4, 5 und 6, so erhalten wir als Ergebnis stets eine
dieser sechs „Kreiszahlen", und zwar jede von ihnen genau
einmal:

$$142857 \cdot 1 = 142857$$
$$142857 \cdot 2 = 285714$$

186

$$142857 \cdot 3 = 428571$$
$$142857 \cdot 4 = 571428$$
$$142857 \cdot 5 = 714285$$
$$142857 \cdot 6 = 857142.$$

Ganz schön merkwürdig, wie?

Und was geschieht wohl, wenn wir danach die Zahl 142857 mit 7 multiplizieren? Jeder soll's selber eimal probieren und sich nicht alles vormachen lassen! Da staunt man, was?

Und wir haben am Anfang geglaubt, die Sieben wäre in mathematischer Hinsicht eine ganz gewöhnliche, biedere Zahl. Wie man sich doch irren kann!

Offensichtlich geht es bei den Zahlen ähnlich zu wie überall in der Welt: Stille, unscheinbare Wasser sind oft tief.

# Merkwürdige Summen

Die meisten Leute glauben, wenn man unendlich viele Zahlen zusammenzählt, müßte man auch ein unendlich großes Ergebnis erhalten.

Das ist jedoch ein gewaltiger Irrtum!

Als Beweis dafür, daß eine Summe aus unendlich vielen Zahlen durchaus einen endlichen, ja sogar recht kleinen Wert haben kann, die folgende Überlegung:

Im Kapitel „Mathematische Vererbungslehre'' auf S. 176 haben wir festgestellt, daß sich der Bruch $^2/_3$ als nichtabbrechener Dezimalbruch in der Form 0,66666 . . . schreiben läßt, d. h.:

$$\frac{2}{3} = 0{,}66666 \ldots$$

Für den nichtabbrechenden Dezimalbruch 0,66666 . . . können wir aber auch schreiben:

$$0,66666\ldots = 0,6 + 0,06 + 0,006 + 0,0006 + 0,00006 + \ldots$$

Und das ist zweifellos eine Summe aus unendlich vielen Zahlen. Der Wert dieser Summe ist aber, wie wir wissen, keineswegs unendlich groß, sondern gleich ²/₃.

## Achill in Nöten

Selbst Achill, der antike Rekordsprinter, könne eine Schildkröte nicht einholen, geschweige denn überholen, wenn er ihr bei einem Wettlauf, einen Vorsprung einräumt, behaupteten einige scharfsinnige Philosophen im alten Griechenland. Hier ist ihre Begründung dafür:

Angenommen, Achill kann zehnmal so schnell laufen wie die Schildkröte und gewährt ihr einen Vorsprung von 10 m, dann befindet sich beim gemeinsamen Start die Schildkröte genau 10 m vor Achill.

Wenn Achill diese 10 m zurückgelegt hat, dann ist die Schildkröte in der Zwischenzeit genau 1 m vorwärtsgekommen. Sie befindet sich jetzt nur noch 1 m vor Achill.

Während Achill diesen 1 m durchläuft, kommt die die Schildkröte um 10 cm = 0,1 m weiter. Sie befindet sich nunmehr 0,1 m vor Achill.

Während Achill diese 10 cm durchläuft, kommt die Schildkröte um 1 cm = 0,01 m weiter, so daß sie sich jetzt 0,01 m vor Achill befindet.

Während Achill diesen 1 cm durchläuft, ...

Und so geht das weiter und weiter.

Achill kann die Schildkröte niemals einholen, obwohl der Abstand zwischen beiden immer kleiner und kleiner wird. Immer wenn Achill den Abstand zwischen sich und der Schildkröte durchlaufen hat, ist auch die Schildkröte weitergekrochen, und zwar jeweils um den zehnten Teil dieses Abstandes.

Natürlich war auch den Philosophen im alten Griechenland

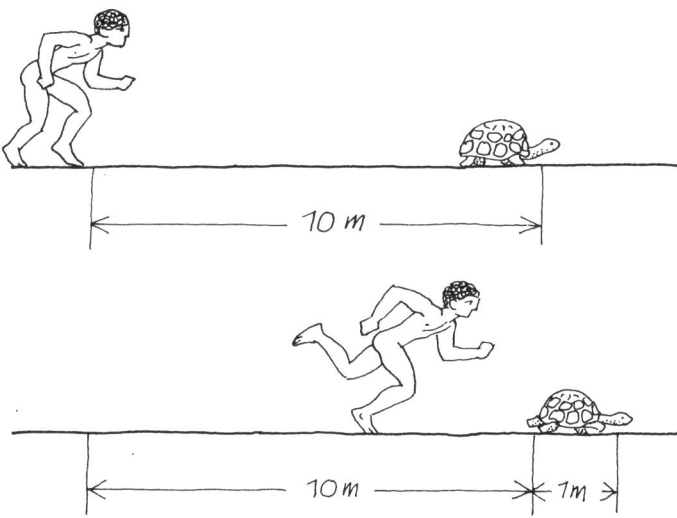

bewußt, daß die Schildkröte keine Chance gegenüber dem spurtstarken Achill hat, aber sie konnten sich den Vorgang des Einholens und des Überholens nicht so recht erklären. Wir dagegen können es. Vorausgesetzt, wir wissen etwas über periodische Dezimalbrüche.

Addiert man die unendlich vielen Wegstücke, die Achill zurücklegen muß, um die Schildkröte einzuholen, so erhält man die folgende, aus unendlich vielen Summanden bestehende Summe:

$$10\,m + 1\,m + 0,1\,m + 0,01\,m + 0,001\,m +$$
$$0,0001\,m + \ldots$$

Der Trugschluß der alten Griechen lag einfach darin, daß sie annahmen, diese Summe aus unendlich vielen Summanden müsse notwendigerweise auch einen unendlich großen Summenwert haben. Es gilt jedoch:

$10\,m + 1\,m + 0,1\,m + 0,01\,m + 0,001\,m +$
$0,0001\,m + \ldots = 11,1111 \ldots m$

Und 11,1111 ... ist ganz bestimmt kleiner als beispielsweise 11,2.

Also hat Achill 11,2 m nach seinem Start die Schildkröte bereits überholt.

Der periodische Dezimalbruch 11,1111 ... ist gleichbedeutend mit dem Bruch 11 1/9. Folglich hat Achill die Schildkröte nach einem Spurt von 11 1/9 m eingeholt. Die Schildkröte ist dann gerade 1 1/9 m weit gekrochen.

# Pythagoras und die Ochsen

Unter all den vielen Dreiecken, die es gibt, bilden die rechtwinkligen Dreiecke einen besonders feinen Klub. Sie sind so vornehm, daß sie sogar ganz bestimmte Namen für ihre Seiten haben.

Die beiden Dreieckseiten, die den rechten Winkel bilden, heißen **Katheten**.

Die Dreieckseite, die dem rechten Winkel gegenüberliegt, heißt **Hypotenuse**.

Wenn ein Dreieck zu diesem erlauchten Kreis gehören will, muß es einen Teil seiner Freiheit aufgeben und sich strengen Gesetzen unterwerfen.

Um dem wichtigsten Gesetz auf die Spur zu kommen, nennen wir zunächst einmal die Längen der drei Dreieckseiten a, b und c.

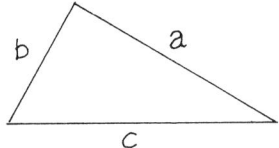

Jetzt konstruieren wir über jeder der drei Dreieckseiten ein Quadrat. Die Inhalte der drei Quadratflächen sind, wie wir wissen, $a^2$, $b^2$ und $c^2$.

Irgendein Dreieck gehört „dann und nur dann" zu den rechtwinkligen Dreiecken, wenn die Summe aus den Flächenin-

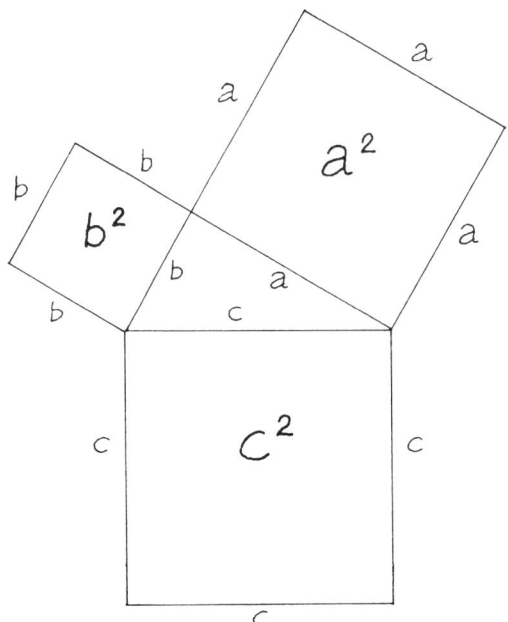

halten der beiden kleineren Quadratflächen gleich dem Flächeninhalt der größten Quadratfläche ist.

Dieses Gesetz, dem sich jedes rechtwinklige Dreieck unterwerfen muß, lautet also in Symbolen geschrieben:

$$a^2 + b^2 = c^2.$$

Dabei sind a und b die Längen der beiden Katheten, während c die Länge der Hypotenuse ist.

Beispielsweise ist das Dreieck mit den Seitenlängen $a = 3\,cm$, $b = 4\,cm$ und $c = 5\,cm$ rechtwinklig, denn es erfüllt das Gesetz $a^2 + b^2 = c^2$:

$$
\begin{aligned}
a^2 + b^2 &= c^2 \\
3^2 + 4^2 &= 5^2 \\
9 + 16 &= 25 \\
25 &= 25.
\end{aligned}
$$

In der folgenden Tabelle sind die Seitenlängen einiger rechtwinkliger Dreiecke angegeben. Wir können selbst mit einem Taschenrechner nachprüfen, ob diese Dreiecke auch wirklich das Gesetz $a^2 + b^2 = c^2$ erfüllen.

| a | b | c |
|---|---|---|
| 5 cm | 12 cm | 13 cm |
| 7 cm | 24 cm | 25 cm |
| 8 cm | 15 cm | 17 cm |
| 9 cm | 40 cm | 41 cm |
| 11 cm | 60 cm | 61 cm |
| 12 cm | 35 cm | 37 cm |
| 14 cm | 48 cm | 50 cm |
| 16 cm | 63 cm | 65 cm |
| 20 cm | 21 cm | 29 cm |
| 28 cm | 45 cm | 53 cm |

Die Entdeckung dieses für alle rechtwinkligen Dreiecke geltenden Gesetzes

$$a^2 + b^2 = c^2$$

wird dem griechischen Philosophen Pythagoras zugeschrieben, der um 500 v. Chr. lebte. Es heißt deshalb auch der Satz des Pythagoras.

Der Sage nach soll Pythagoras als Dank für die Entdeckung dieses Gesetzes den Göttern 100 Ochsen geopfert haben. Das nahm der deutsche Dichter Adelbert von Chamisso zum Anlaß für folgendes Gedicht:

Die Wahrheit, sie besteht in Ewigkeit,
Wenn erst die blöde Welt ihr Licht erkannt:
Der Lehrsatz, nach Pythagoras benannt,
Gilt heute, wie er galt zu seiner Zeit.

Ein Opfer hat Pythagoras geweiht
Den Göttern, die den Lichtstrahl ihm gesandt;
Es taten kund, geschlachtet und verbrannt,
Ein Hundert Ochsen seine Dankbarkeit.

Die Ochsen seit dem Tage, wenn sie wittern,
Daß eine neue Wahrheit sich enthülle,

Erheben ein unmenschliches Gebrülle;
Pythagoras erfüllt sie mit Entsetzen;
Und machtlos, sich dem Licht zu widersetzen,
Verschließen sie die Augen und erzittern.

# Ein ziemlich langer Zaun

Bei einem Dreieck mit gleichlangen Seiten wird jede Seite in drei gleichlange Abschnitte zerlegt.

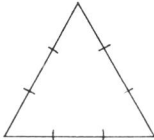

Der mittlere Abschnitt einer jeden Seite wird jeweils durch ein Dreieck mit gleichlangen Seiten ersetzt.

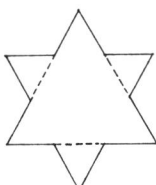

Die so erhaltene sternförmige Figur wird von 12 gleichlangen Seiten begrenzt.

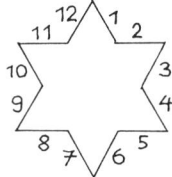

Jede dieser 12 gleichlangen Seiten wird nun erneut in 3 gleichlange Abschnitte zerlegt.

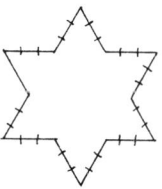

Der mittlere Abschnitt einer jeden Seite wird wieder jeweils durch ein Dreieck mit gleichlangen Seiten ersetzt.

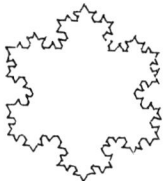

Die so erhaltene Figur wird von 48 gleichlangen Seiten begrenzt.

Wenn wir unser Verfahren auf diesen 48seitigen Stern anwenden, erhalten wir einen Stern mit 192 gleichlangen Seiten.

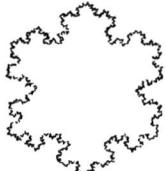

Danach ergibt sich bei Fortsetzung ein Stern von 768 Seiten, die man allerdings im einzelnen schon gar nicht mehr erkennen kann.

194

Wenn wir unser Verfahren immer wieder fortsetzen, wird der Umfang der konstruierten Figur, also die Summe aus den Seitenlängen der entstehenden Sterne, größer und größer. Er wächst über alle Grenzen. Der Flächeninhalt der so entstehenden Sterne bleibt dagegen beschränkt. Er ist mit Sicherheit stets ein bißchen kleiner als der Flächeninhalt desjenigen Kreises, der durch die drei Eckpunkte des ursprünglichen Dreiecks hindurchgeht.

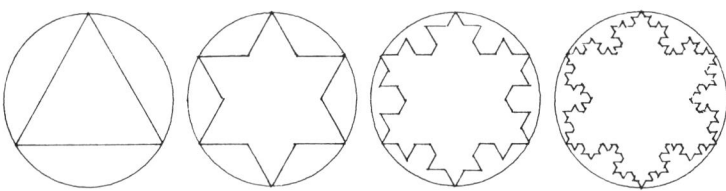

Der Umfang des gleichseitigen Dreiecks ist U = 3a (a = Seitenlänge).

Durch die angegebene Konstruktion wird die Seitenzahl auf das Vierfache erhöht, die Seitenlängen aber gedrittelt, so daß der neue Umfang $U_2 = \frac{4}{3} \cdot U_1 = \frac{4}{3} \cdot 3a$ beträgt. Da aus jeder Seite wieder vier neue Seiten mit $\frac{1}{3}$ der vorherigen Seitenlänge werden, so ergibt sich als neuer Umfang $U_3 = \frac{4}{3} \cdot U_2 = (\frac{4}{3})^2 \cdot 3a$. Dieses Verfahren führt zu $U_4 = (\frac{4}{3})^3 \cdot 3a$; $U_5 = (\frac{4}{3})^4 \cdot 3a$; usw. Da $\frac{4}{3} = 1,33 \ldots$ größer als 1 ist, wachsen die Potenzen dieses Faktors mit jedem Schritt, so daß z. B. der Umfang der fünften Figur das 3,16fache des gleichseitigen Dreiecks beträgt. Praktisch wird natürlich die Konstruktion der kleinen Seitenlängen wegen immer schwieriger. Das spricht aber nicht gegen die ,,theoretische'' Tatsache, daß der Zaun um einen Garten mit endlich großer Grundfläche durchaus auch einmal unbegrenzt lang sein kann.

# Ein märchenhafter Landerwerb

Der Held eines Märchens, ein strahlender, junger Prinz, erhielt als Belohnung für eine ruhm- und verdienstreiche Tat außer der Hand der liebreizenden Prinzessin auch noch so viel Land, wie er an einem Tage mit seinem Pferd umreiten konnte. Daß der Prinz da sein bestes Pferd aus dem Stall holte, ist ja wohl einleuchtend, und klar ist außerdem, daß er morgens so früh wie möglich zu seinem seltsamen „Landerwerb" aufbrach. Ob er sich allerdings auch Gedanken darüber gemacht hat, auf welchem Wege er zweckmäßigerweise seinen künftigen Landbesitz umreiten sollte, um den Flächeninhalt möglichst groß zu gestalten, wird in dem Märchen nicht erzählt. Das schließt aber nicht aus, daß wir uns hier einmal Gedanken darüber machen, wie wir uns in einer solchen „märchenhaften" Situation verhalten hätten.

Natürlich wäre es unser Bestreben, eine möglichst große Fläche zu umreiten. Nehmen wir einmal an, uns stünde ein gut trainiertes Pferd zur Verfügung, das an einem Tag 90 km zurücklegen kann. Diese Strecke von 90 km müßten wir auf einer in sich geschlossenen Bahn reiten, und diese Bahn sollte außerdem eine Fläche mit möglichst großem Inhalt umfassen.

Versuchen wir's zuerst einmal mit einer rechteckigen Bahn. Wir reiten beispielsweise vom Start weg 25 km nach Westen, biegen dann rechtwinklig ab und reiten 20 km nach Norden, danach 25 km nach Osten und schließlich noch 20 km nach Süden. Dann sind wir nach einem Ritt von 90 km wieder genau am Startpunkt angelangt, wie unser Bild zeigt:

Der Inhalt der umrittenen Fläche beträgt 25 km · 20 km = 500 km². Ganz schön schon! Ob wir da vielleicht noch etwas zulegen können?

Versuchen wir's mit einem Quadrat!

Auf denn! 22,5 km westwärts, 22,5 km nordwärts, 22,5 km ostwärts und 22,5 km südwärts zum Startpunkt zurück!

196

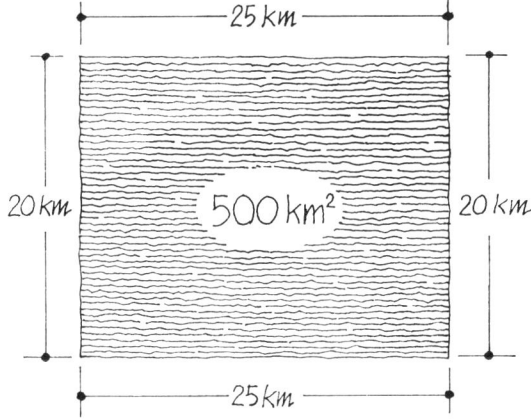

Der Inhalt dieser Quadratfläche beträgt 22,5 km · 22,5 km = 506,25 km². Na bitte! Wir haben tatsächlich mit den uns zur Verfügung stehenden 90 km eine Fläche umritten, die 6,25 km² größer ist als die beim ersten Versuch. Besser geht's aber nun nicht mehr, falls wir uns darauf versteifen, im Viereck zureiten. Von allen Vierecken ist nämlich das Quadrat dasjenige, das bei einem fest vorgegebenen Umfang den größten Flächeninhalt hat.

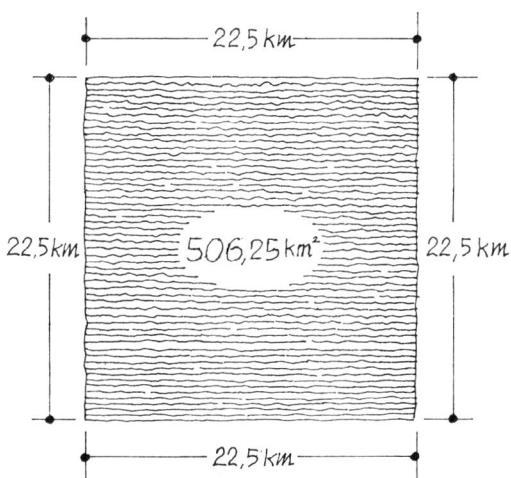

197

Warum sollten wir es aber nicht einmal mit einem Sechseck versuchen?

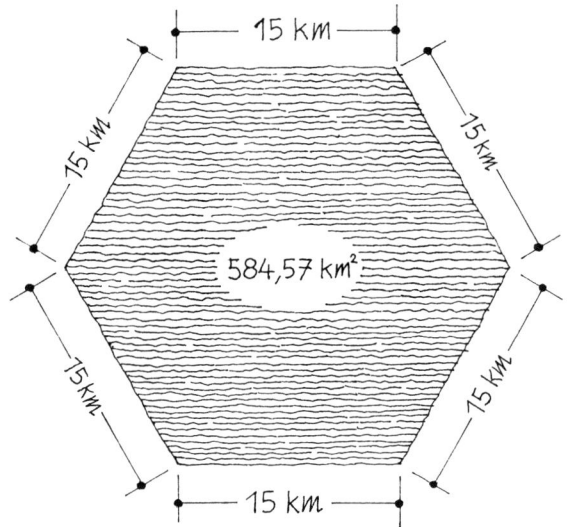

Der Inhalt der von diesem regelmäßigen Sechseck mit 90 km : 6 = 15 km Seitenlänge umfaßten Fläche beträgt rund 584,57 km².

Toll! Da haben wir einen großen Schritt nach oben gemacht bei unserem Landerwerb. Mit 500 km² haben wir angefangen und sind mittlerweile schon bei 584,57 km² angelangt. Ob da nicht noch mehr drin ist? Vielleicht bei einem Zwölfeck?

Nehmen wir deshalb ein regelmäßiges Zwölfeck, also ein Zwölfeck mit 12 gleichlangen Seiten. Jede Seite wäre dann 90 km : 12 = 7,5 km lang. Ein solches Zwölfeck umfaßt eine Fläche von 630,30 km² Inhalt. Ein gewaltiger Fortschritt!

Wenn wir für unseren 90 km langen Weg die Form eines regelmäßigen Zwölfecks wählen, so können wir eine Fäche von 630,30 km² umreiten. Das läßt uns hoffen, daß es mit einem 24-Eck noch günstiger wird. Versuchen wir's damit.

Seine Seitenlänge beträgt 90 km : 24 = 3,75 km. Es umfaßt eine Fläche von 640,67 km². Schon wieder etwas dazugewonnen, und zwar mehr als 10 km². Am Ende geht das vielleicht immer so weiter, daß jede Vergrößerung der Eckenzahl einen Flächenzuwachs bringt? So ist es in der Tat, wie folgende Tabelle zeigt:

| Anzahl der Ecken | Flächeninhalt in km² |
|---|---|
| 48 | 643,65 |
| 96 | 644,37 |
| 192 | 644,54 |
| 384 | 644,56 |
| 768 | 644,57 |

Bei so vielen Ecken könnten wir dann aber wirklich gleich im Kreis herum reiten!

Eine Kreisfläche mit 90 km Umfang hat einen Radius von 90 km : $2\pi \approx$ 14,324 km und folglich einen Flächeninhalt von $(14,32\,\text{km})^2 \cdot \pi \approx$ 644,58 km².

Damit sind wir aber an einer nicht mehr überschreitbaren Grenze angelangt. Der Kreis ist von allen geschlossenen Figuren diejenige, die bei einem fest vorgegebenen Umfang den größten Flächeninhalt hat.

Will man demzufolge mit seinem Pferd, das eine Tagesleistung von 90 km hat, eine möglichst große Fläche umreiten, sollte man diese 90 km auf einer Kreisbahn zurücklegen. Damit man nach 90 km auch wirklich wieder am Start angelangt ist, muß man dem Kreis einen Durchmesser von rund 28,648 km geben.

Dem Märchenprinzen wäre also anzuraten gewesen, sich scharf ins Zeug zu legen und auf einer Kreisbahn loszupreschen.

Vielleicht hat er das auch gemacht, nachdem ihm sein „Hofmathematiker" dazu geraten hatte.

# Das ideale Innenleben eines Vierecks

Es gibt vielerlei Vierecke. Regelmäßig erscheinende: symmetrische Vierecke.

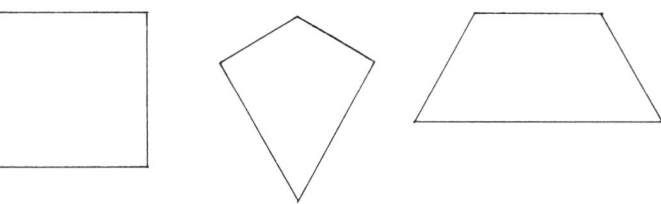

Unregelmäßig erscheinende: unsymmetrische Vierecke.

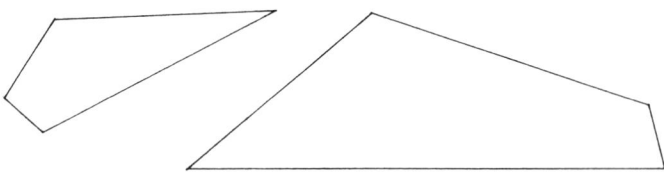

Eine wichtige Familie der symmetrischen Vierecke sind die Parallelogramme. Bei ihnen sind je zwei gegenüberliegende Seiten parallel und gleichlang.

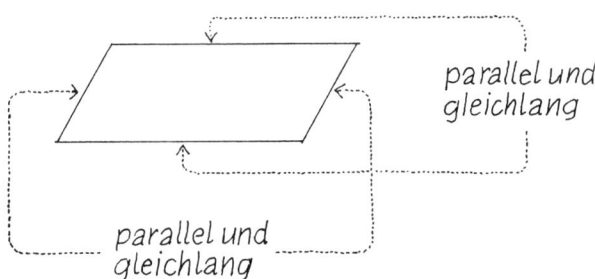

*parallel und gleichlang*

*parallel und gleichlang*

Zur Familie der Parallelogramme gehören insbesondere die Rechtecke und die Quadrate, denn auch bei ihnen sind je zwei gegenüberliegende Seiten parallel und gleichlang.

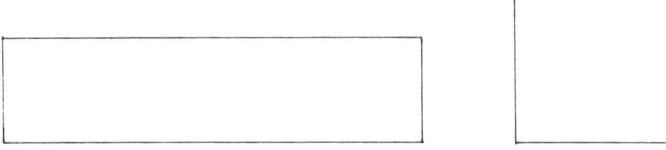

Nun gibt es bei den Vierecken eine verblüffende Erscheinung.

So wie jeder Mensch angeblich in seinem tiefsten Innern ein Idealbild von sich selbst trägt, trägt auch jedes Viereck in sich ein Parallelogramm, gewissermaßen als Idealbild von sich selbst.

Und dieses Parallelogramm kann man sichtbar machen, indem man die Mittelpunkte der Seiten eines Vierecks miteinander verbindet.

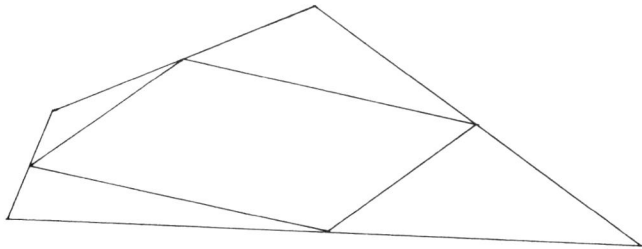

Selbst wenn ein Viereck noch so unregelmäßig ist, ergibt sich stets ein Parallelogramm, wenn man seine Seitenmittelpunkte fortlaufend verbindet. Auch Parallelogramme haben diese Eigenschaft.

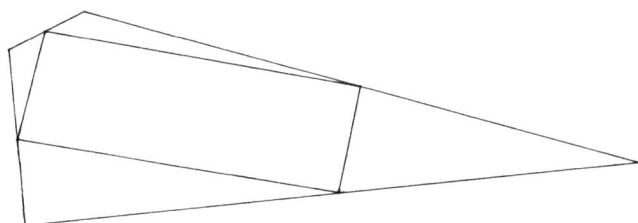

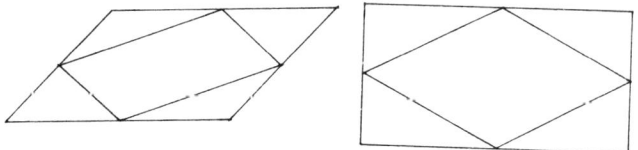

Wir können das selbst an vielen Beispielen bestätigen. Übrigens können wir auf diese Weise recht einfach ein Parallelogramm zeichnen. Das ursprüngliche Viereck können wir ja, wenn es stört, wegradieren.

# Aus eins mach vier!

Ein Quadrat in vier gleichgroße Quadrate zu zerlegen, macht überhaupt keine Schwierigkeiten. man verbindet einfach die Mittelpunkt von je zwei gegenüberliegenden Seiten, und schon hat man das Problem gelöst.

| 4. | 3. |
|----|----|
| 1. | 2. |

Auch ein Rechteck läßt sich auf dieselbe Weise in vier gleichgroße Rechtecke zerlegen.

| 4. | 3. |
|----|----|
| 1. | 2. |

Die vier so erhaltenen kleinen Rechtecke sind verkleinerte Abbilder des ursprünglichen Rechtecks, wie eine Photographie ein verkleinertes Abbild der photographierten Person ist. In der Mathematik sagt man, die kleinen Rechtecke sind dem großen Rechteck ähnlich.

Unser Verfahren funktioniert aber nicht nur bei Quadraten und Rechtecken, sondern bei jedem Viereck, dessen gegenüberliegende Seiten gleichlang und parallel zueinander sind.

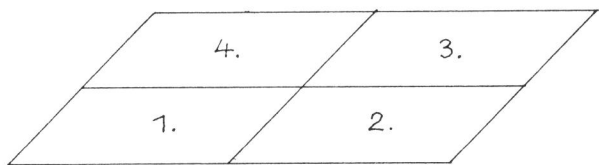

Auch hierbei sind die vier kleinen Vierecke verkleinerte Abbilder eines großen Vierecks: Die kleinen Vierecke sind dem großen Viereck ähnlich. Sie sind außerdem untereinander deckungsgleich, d. h., man kann sie übereinanderstapeln wie Bierdeckel oder Spielkarten.

Bei Vierecken jedoch, bei denen die gegenüberliegenden Seiten nicht parallel zueinander und nicht gleichlang sind, versagt unser Verfahren, wie folgendes Beispiel zeigt.

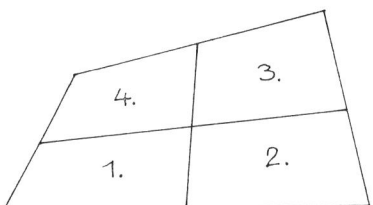

Wir erhalten zwar auch jetzt vier kleine Vierecke, aber sie sind weder untereinander deckungsgleich, noch sind sie dem ursprünglichen Viereck ähnlich.

Ob sich unser Verfahren auch auf Dreiecke übertragen läßt? Eigentlich scheitert das schon daran, daß es in einem Dreieck keine einander gegenüberliegenden Seiten gibt.

Aber immerhin gibt es drei Seiten, und diese können wir ja einmal halbieren. Wenn wir jetzt die dadurch erhaltenen drei Seitenmittelpunkte miteinander verbinden, entsteht folgendes Bild.

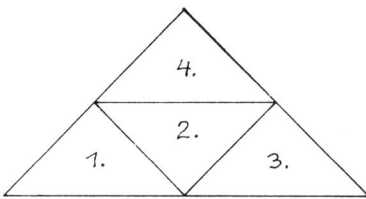

Hier sind die vier kleinen Dreiecke untereinander deckungsgleich. Wer es nicht glaubt, zeichne sich eine entsprechende Figur, zerschneide sie und lege die vier Teilfiguren übereinander.

Aber nicht nur deckungsgleich sind die vier so erhaltenen Dreiecke, sie sind auch verkleinerte Abbilder des großen Dreiecks: Sie sind dem großen Dreieck ähnlich.

Während unser Teilungsverfahren nur bei bestimmten Vier-

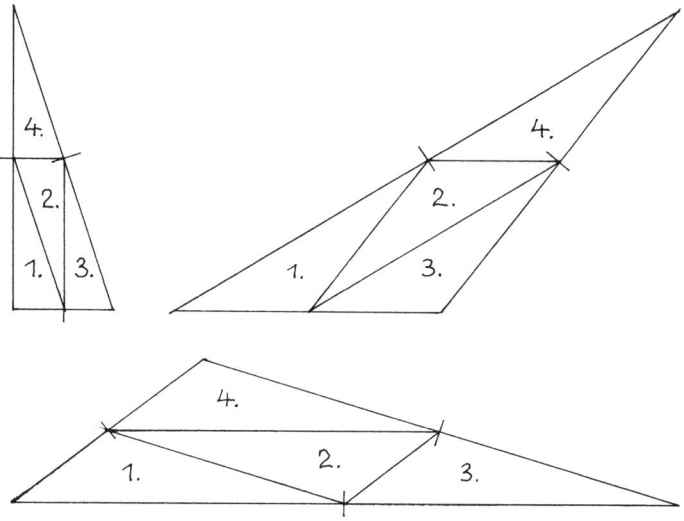

ecken, keinesfalls bei jedem beliebigen Viereck zum Erfolg führt, stellt sich der Erfolg bei den Dreiecken stets ein.
Selbst wenn ein Dreieck noch so exotisch aussieht, können wir stets auf die beschriebene Weise aus einem großen Dreieck vier ihm ähnliche und untereinander deckungsgleiche Dreiecke herstellen.

# Balanceakt mit einem Dreieck

Einen Gegenstand zu balancieren, ist kein Problem, wenn man eine einigermaßen ruhige Hand hat. Man muß ihn nur in seinem Schwerpunkt oder genau unterhalb seines Schwerpunktes mit dem Finger oder einem Stab unterstützen, schon bleibt er im Gleichgewicht und kippt nicht herunter.
Wie findet man nun aber diesen Schwerpunkt?
Bei einer kreisförmigen Platte ist das einfach: Der Schwerpunkt liegt im Kreismittelpunkt.

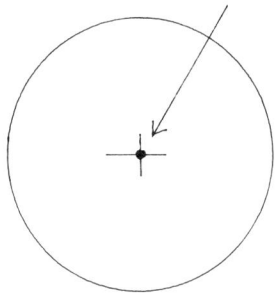

Auch bei einer quadratischen Platte ist der Schwerpunkt leicht zu finden. Man zeichnet die beiden Diagonalen ein und hat ihn schon. Er liegt nämlich dort, wo sich die beiden Diagonalen schneiden.
Genauso ist das bei einer rechteckigen Platte. Auch hierbei liegt der Schwerpunkt im Schnittpunkt der beiden Diagonalen.

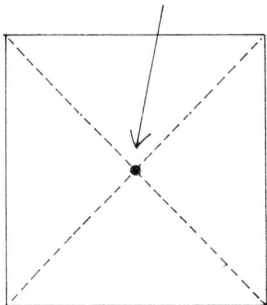

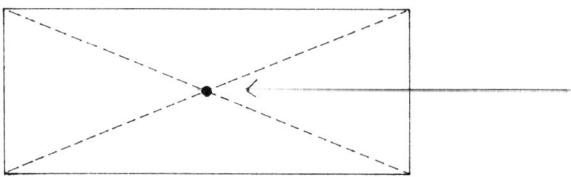

Wie aber sieht die Angelegenheit bei einer dreieckigen Platte aus?

Nichts einfacher als das!

Man bestimmt die Mittelpunkte der drei Dreieckseiten und verbindet jeden von ihnen mit dem gegenüberliegenden Eckpunkt.

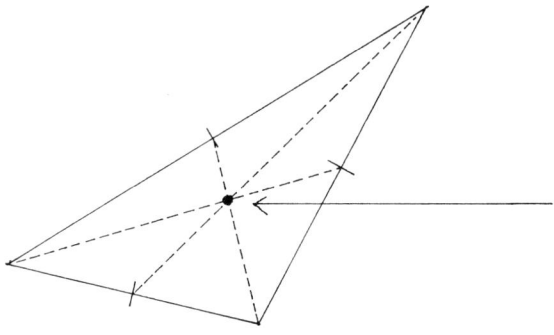

Die drei so erhaltenen Verbindungslinien schneiden einander in einem Punkt, dem Schwerpunkt des Dreiecks. In diesem Punkt müssen wir z. B. eine dreieckige Holzplatte unterstützen, wenn wir sie balancieren, d. h. im Gleichgewicht halten wollen. Auch wenn das Dreieck noch so seltsam geformt ist, immer erhalten wir auf diesem einfachen Weg seinen Schwerpunkt. Und da diese drei Verbindungslinien, die man die Seitenhalbierenden des Dreiecks nennt, bei jedem x-beliebigen Dreieck einen gemeinsamen Schnittpunkt haben, genügt es eigentlich, nur zwei von ihnen einzuzeichnen, um den Schwerpunkt des Dreiecks zu finden.

# Der Zauberspiegel

Ein Bekannter hat behauptet, einen ganz besonderen Spiegel zu besitzen. Um das zu demonstrieren, schreibt er den Satz „DIE HEIDE IST GRÜN" zweizeilig und in Druckbuchstaben auf ein Blatt Papier und stellt senkrecht dahinter diesen Spiegel auf.
Als Ergebnis sieht man:

Im Spiegel erscheint nur die zweite Zeile in Spiegelschrift. Die erste Zeile dagegen wird offensichtlich nicht gespiegelt. Als Beweis dafür, daß sein Zauberspiegel stets die erste Zeile eines Textes ungespiegelt und nur die darauffolgenden Zeilen in Spiegelschrift erscheinen läßt, führt der stolze Besitzer noch die Spiegelung folgender Sätze vor:

DIE DEICHE
SCHÜTZEN DAS LAND
VOR ÜBERSCHWEMMUNGEN

ICH HEBE DICH HOCH
FALLS DU NICHT ZU
SCHWER BIST

ICH BOXE DICH
FREUNDSCHAFTLICH
IN DEN RÜCKEN

Natürlich handelt es sich hierbei nicht um Zauberei, sondern um geschickte Anwendung mathematischer — genauer gesagt: geometrischer — Gesetzmäßigkeiten. Es gibt nämlich einige große Druckbuchstaben, die mit ihrem Spiegelbild, auf eine horizontale Gerade bezogen, vollkommen übereinstimmen. Wir finden sie, indem wir das ganze Alphabet aufschreiben und einen Spiegel dahinterstellen.
Wir erkenenn, daß die Buchstaben B, C, D, E, H, I, K, O und X mit ihrem so erzeugten Spiegelbild identisch sind. Da aber ein derart aufgestellter Spiegel lediglich vorn und hinten (keinesfalls aber, wie manche Leute annehmen, rechts und links) vertauscht, sehen die Spiegelbilder solcher Wörter und Sätze, die aus diesen 9 Buchstaben gebildet werden, im Spiegel genau so aus wie im Original.

# Sogar die Augenzahl 20 kann man würfeln!

„Würfeln" kann man nur mit einem „Würfel". Daran besteht doch wohl kein Zweifel. Aber warum eigentlich? Warum kann man nicht auch mit einem „Würfel" würfeln, der die Form einer Streichholzschachtel hat? Einen so geformten Körper nennen die Mathematiker einen Quader. Warum aber soll man beim Würfelspiel keinen Quader verwenden? Meistens würden wir mit ihm eine „Drei" oder eine

„Vier" werfen, viel seltener eine „Fünf" oder eine „Zwei"
und ganz, ganz selten einmal eine „Sechs" oder eine
„Eins". Bei einem als Spielwürfel geeigneten Körper darf
aber keine Augenzahl bevorzugt sein. Jede seiner Flächen
muß die gleiche Chance haben, nach einem Wurf oben bzw.
unten zu liegen.
Der Quader erfüllt offensichtlich diese Bedingung nicht. Die
beiden größten Flächen des Quaders haben eine weitaus
größere Chance als die beiden kleinsten Flächen, nach dem
Wurf oben bzw. unten zu liegen.
Warum aber ist bei einem gewöhnlichen Würfel keine
Augenzahl bevorzugt? Sicherlich deshalb, weil alle sechs Seitenflächen des Würfels die gleiche Form und die gleiche
Größe haben. Da stellt sich doch die Frage, ob es noch
andere Körper mit dieser Eigenschaft gibt.
Falls es sie gibt, wären sie ebenso gut zum Würfeln geeignet
wie unser gewöhnlicher Spielwürfel. Schon der griechische
Philosoph Plato (um 400 vor Christi Geburt) hat sich auf die
Suche nach derartigen Körpern gemacht.
Er hat auch welche gefunden. Und zwar alle, die es über-
haupt geben kann. Es sind nämlich gar nicht so viele. Außer
dem uns bekannten Spielwürfel, der von sechs gleichgroßen

209

Quadratflächen begrenzt wird, sind nur noch die folgenden Körper zum Würfeln geeignet:

## 1. Der regelmäßige Vierflächner (das Tetraeder)

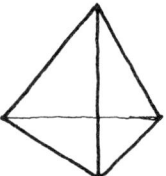

Der regelmäßige Vierflächner ist ein pyramidenförmiger Körper, der von vier gleichgroßen gleichseitigen Dreiecksflächen begrenzt wird.
Natürlich kann man mit ihm nur die Augenzahlen 1, 2, 3 und 4 würfeln.
Wie erkennt man jedoch beim Vierflächner, welche Augenzahl gewürfelt wurde?
Im Gegensatz zum gewöhnlichen sechsflächigen Würfel, den Platon übrigens als regelmäßigen Sechsflächner (Hexaeder) bezeichnet hat, gibt es beim Vierflächner keine einander gegenüberliegenden Seitenflächen. Folglich kann hier beim Würfeln keine der vier Seitenflächen oben zu liegen kommen.
Man befreit sich aus dieser mißlichen Lage, indem man vereinbart, daß diejenige Augenzahl gewürfelt sein soll, die die unten liegende, nicht sichtbare Seitenfläche trägt.

## 2. Der Achtflächener (das Oktaeder)

Der Achtflächner hat die Form zweier vierseitiger, mit ihren Grundflächen zusammengeklebter Pyramiden. Er wird von acht gleichgroßen gleichseitigen Dreiecken begrenzt. Man kann mit ihm demnach die Augenzahlen 1, 2, 3, 4, 5, 6, 7 und 8 würfeln.
Im Gegensatz zum Vierflächner besitzt der Achtflächner paarweise gegenüberliegende Seitenflächen. Es ist bei ihm

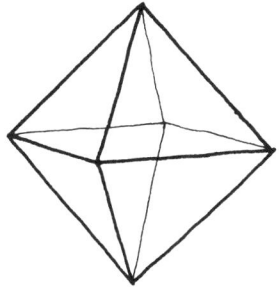

also möglich, die Augenzahlen wie beim gewöhnlichen Würfel auf die einzelnen Seitenflächen zu verteilen. Die Summe der Augenzahlen auf den beiden einander gegenüberliegenden Seitenflächen beträgt dann jeweils 9.
Damit liegen sich gegenüber:
 die Eins und die Acht,
 die Zwei und die Sieben,
 die Drei und die Sechs,
 die Vier und die Fünf.
Gewürfelt ist, wie beim gewöhnlichen sechsflächigen Würfel, die Augenzahl auf der oben liegenden Fläche.


**3. Der Zwölfflächner (das Dodekaeder)**

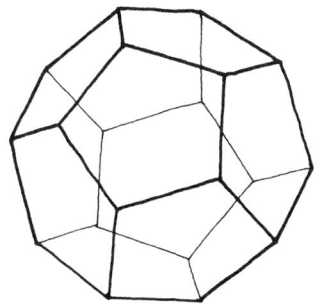

Der Zwölfflächner wird von 12 gleichgroßen gleichseitigen Fünfeckflächen begrenzt. Mit ihm kann man folglich die

Augenzahlen 1, 2, 3, 4, 5, 6, 7, 8, 9, 10, 11 und 12 würfeln.
Der Zwölfflächner hat, wie der Würfel, paarweise gegenü-
berliegende Flächen. Zweckmäßigerweise verteilt man die
Augenzahlen auf die einzelnen Seitenflächen so, daß die
Augensumme auf den einander gegenüberliegenden Seiten-
flächen jeweils 13 ist. Dann liegen einander gegenüber:

> die Eins und die Zwölf,
> die Zwei und die Elf,
> die Drei und die Zehn,
> die Vier und die Neun,
> die Fünf und die Acht,
> die Sechs und die Sieben.

Als gewürfelt gilt die Augenzahl auf der oben liegenden
Fläche.

## 4. Der Zwanzigflächner (das Ikosaeder)

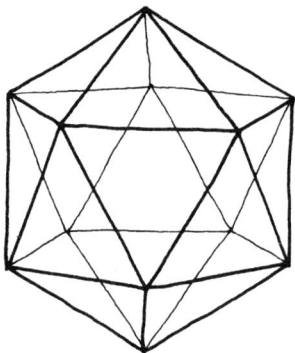

Der Zwanzigflächner wird von 20 gleichgroßen gleichseitigen Dreiecken begrenzt. Demzufolge kann man mit ihm die
Augenzahlen 1, 2, 3, ... 19, 20 würfeln. Auch der Zwanzigflächner hat, genauso wie Würfel, Achtflächner und Zwölfflächner, paarweise gegenüberliegende Seitenflächen. Die
Augenzahlen werden auf die einzelnen Seitenflächen so auf-

getragen, daß die Augensumme auf je zwei einander gegenüberliegenden Seitenflächen jeweils 21 ergibt.

Somit liegen einander gegenüber:

    die Eins und die Zwanzig,

    die Zwei und die Neunzehn,

    die Drei und die Achtzehn,

    . . .

    die Neun und die Zwölf,

    die Zehn und die Elf.

Als gewürfelt gilt wieder die Augenzahl auf der oben liegenden Fläche.

Die fünf würfelfähigen Körper:

Vierflächner, Sechsflächner, Achtflächner, Zwölfflächner und Zwanzigflächner werden in der Mathematik **regelmäßige Körper** oder auch **Platonische Körper** genannt.

Wie man sich einen Würfel basteln kann, haben viele schon in der Schule gelernt.

Wir zeichnen uns zuerst das aus sechs gleichgroßen Quadraten bestehende Würfelnetz auf ein Stück Pappe.

Danach versehen wir es an geeigneten Stellen mit Klebekanten.

Jetzt schneiden wir es aus, falten es und kleben es zu einem Würfel zusammen.

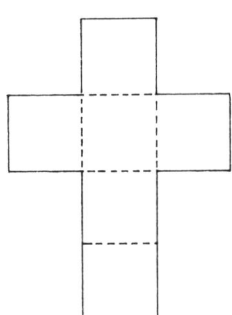
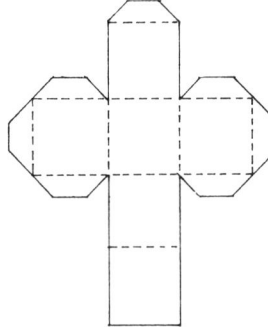

Nach dem gleichen Verfahren können wir die übrigen Platonischen Körper herstellen. Ihre Netze sind:

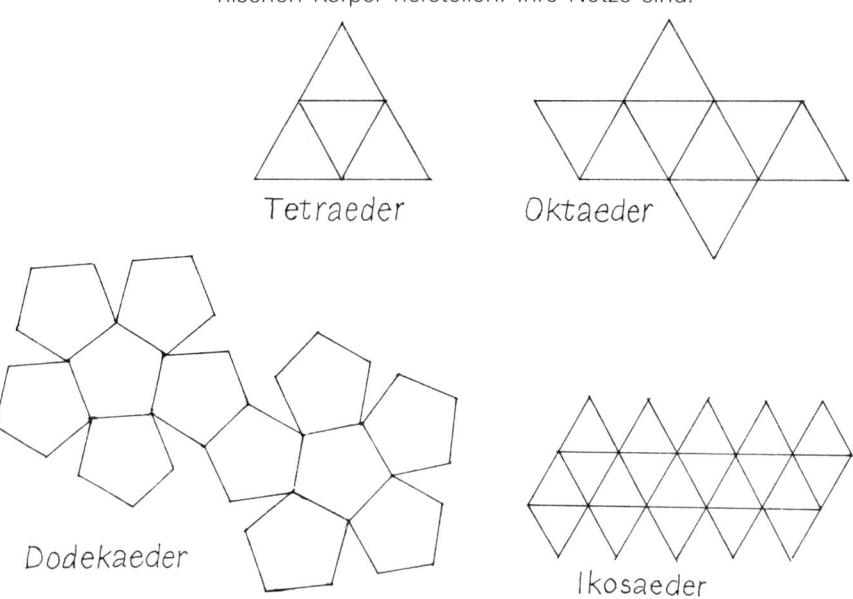

Tetraeder    Oktaeder

Dodekaeder    Ikosaeder

# Ein durchsichtiger Würfelturm

Legt man drei Spielwürfel übereinander, so sind von ihren $3 \cdot 6 = 18$ Flächen nur noch 13 sichtbar. Die restlichen 5 sind verdeckt. Wie groß ist die Summe der Augenzahlen auf diesen fünf verdeckten Flächen bei dem nebenstehenden Würfelturm?

Überlegen wir!
Bei einem Spielwürfel sind die einzelnen Augenzahlen nicht willkürlich angeordnet. Ihre Verteilung erfolgt nämlich so, daß die Summe aus den Augenzahlen auf zwei einander gegenüberliegenden Flächen jeweils 7 ergibt, also liegen sich gegenüber:

die Eins und die Sechs, denn  1 + 6 = 7;
die Zwei und die Fünf, denn  2 + 5 = 7;
die Drei und die Vier, denn   3 + 4 = 7.

Damit folgt für unseren Würfelturm:
Die beiden nicht sichtbaren Flächen des unteren Würfels liegen einander gegenüber. Folglich beträgt ihre Augensumme sieben. Aus demselben Grund beträgt die Augensumme der beiden verdeckten Flächen des mittleren Würfels ebenfalls sieben. Da nun die nicht sichtbare Fläche des oberen Würfels zusammen mit der obenliegenden Vier ebenfalls sieben ergeben muß, trägt sie die Augenzahl 7 − 4 = 3.
Die Summe aus den Augenzahlen auf den fünf verdeckten Würfelflächen beträgt folglich 7 + 7 + 3 = 17.

Noch kürzer geht es so:

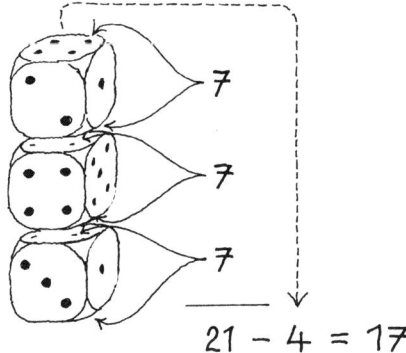

$$21 - 4 = 17$$

In gleicher Weise ergibt sich:

| Augenzahl auf der obersten Fläche | Summe der Augenzahlen auf den verdeckten Flächen |
|---|---|
| 1 | 21 − 1 = 20 |
| 2 | 21 − 2 = 19 |
| 3 | 21 − 3 = 18 |
| 5 | 21 − 5 = 16 |
| 6 | 21 − 6 = 15 |

Wie geht wohl das Spielchen, wenn man vier, fünf oder noch mehr Würfel aufeinander stapelt?

# Der Würfel auf der Nasenspitze

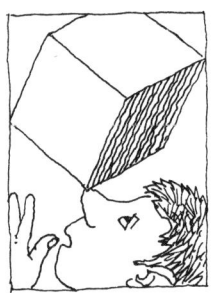

„Mensch, das Zeug ist ja federleicht!" stellt Peter beim Auspacken seiner neuen Stereoanlage fest, als er einen zur Verpackung benutzten Styroporwürfel in der Hand hält. Zehn Zentimeter lang ist der Würfel, zehn Zentimeter breit und zehn Zentimeter hoch, und er wiegt, wie Peter auf der Küchenwaage festgestellt hat, genau 35 Gramm. „Davon könnte ich ja sogar einen Würfel von 1 m Kantenlänge auf

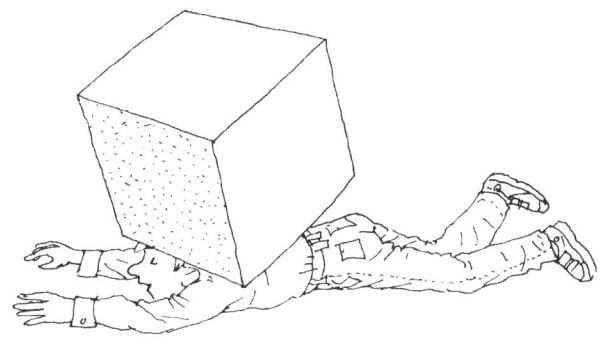

der Nasenspitze balancieren'', meint er. Schätzen wir einmal, wieviel ein solcher Styroporwürfel wiegt! Zunächst aber merken wir uns, was wir geschätzt haben. Ob es richtig oder falsch ist, zeigt uns folgende Überlegung: Wir stellen uns eine Holzkiste vor, die innen 1 m lang, 1 m breit und 1 m hoch ist, und packen sie mit Styroporwürfeln von 10 cm Kantenlänge voll, von denen wir ja wissen, daß jeder von ihnen 35 Gramm wiegt. Wenn wir die Kiste mit derartigen Styroporwürfeln vollständig ausgefüllt haben, ist der Inhalt gerade genauso schwer wie ein Styroporwürfel von 1 m Kantenlänge.

In die Kiste ganz unten passen zehn Würfel in einer Reihe nebeneinander. Zehn solcher Zehnerreihen brauchen wir, um den Boden der Kiste zu bedecken. Damit haben wir schon 100 Würfel untergebracht. Um die Kiste vollständig zu füllen, müssen wir zehn Schichten zu je 100 Würfeln übereinanderstapeln. Das ergibt insgesamt 1000 Würfel.

1000 Würfel von 10 cm Kantenlänge passen in die Kiste, und das bedeutet nichts anderes, als daß 1000 Würfel von 10 cm Kantenlänge genauso viel wiegen wie ein Würfel von 1 m Kantenlänge. Ein Würfel von 10 cm Kantenlänge wiegt, das wissen wir, 35 Gramm. 1000 solcher Würfel wiegen dann aber 1000 · 35 Gramm, und das sind 35 Kilogramm. Ein Styroporwürfel von 1 m Kantenlänge wiegt demnach 35 Kilo-

gramm. Und den will Peter auf seiner Nasenspitze balancieren! Na, viel Spaß!
Übrigens: Auch von einem Korkwürfel mit 1 m Kantenlänge würde kaum jemand annehmen, daß er etwa 300 kg wiegt!

# Viel zu viel Blech

Viele Lebensmittel, insbesondere leicht verderbliche, werden zur Lagerung und zum Verkauf in zylinderförmigen Blechdosen konserviert.
Im Interesse der Käufer, die ja letztlich auch die Verpackung mit bezahlen müssen, und im Interesse der Umwelt, die die weggeworfenen Dosen verkraften muß, sollten die Hersteller solcher Dosen eigentlich alle Anstrengungen darauf verwenden, mit möglichst wenig Blech auszukommen. Das heißt, sie sollten den Materialverbrauch für die Verpackung so gering wie möglich halten. Sie sollten Dosen herstellen, die einerseits ein großes Fassungsvermögen haben, damit möglichst viel hineinpaßt, und die andererseits eine kleine Oberfläche haben, damit möglichst wenig Blech zu ihrer Herstellung gebraucht wird.
Mathematisch formuliert lautet dieses Problem:
Welche Maße muß ein zylindrischer Körper haben, der bei einem möglichst großen Rauminhalt eine möglichst kleine Oberfläche hat? Diese heutzutage so aktuelle Frage haben die Mathematiker schon vor Jahrhunderten beantwortet, und zwar mit den Mitteln der sogenannten Differentialrechnung.
Ergebnis:

> Ein zylindrischer Körper hat bei einem fest vorgegebenen Rauminhalt — z. B. ein Liter — genau dann die kleinstmögliche Oberfläche, wenn sein Durchmesser genauso lang ist wie seine Höhe.

Nicht etwa eine schmale hohe Dose bzw. eine breite flache Dose lösen das Problem, sondern eine Dose, die genauso breit wie hoch ist.

Direkt von vorn betrachtet sieht eine solche Dose aus wie ein Quadrat.

Wenn beispielsweise die Dose einen Rauminhalt von einem Liter haben soll, so müssen ihr Durchmesser und ihre Höhe etwa 10,8 cm betragen.

Schauen wir uns doch einmal um in Kaufhallen und auf Supermärkten! Wie dort gegen den Geldbeutel der Verbraucher und gegen die Umwelt gesündigt wird! Und welche Materialverschwendung da zum Vorschein kommt! Dosen, die die Bedingung des geringsten Materialverbrauchs erfüllen, sind bei weitem in der Minderheit. Man sollte die Verpackungsfachleute vielleicht doch noch einmal auf die Schulbank schicken!

# Ein äußerst merkwürdiges Band

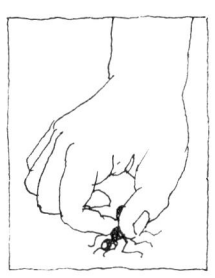

Ein Papierstreifen wird zu einem ringförmigen Band zusammengeklebt. Dieses ringförmige Band hat eine Außenseite und eine Innenseite.

Stellen wir uns vor, wir setzen eine Ameise auf die Außenseite des Bandes! Wenn wir jetzt noch annehmen, daß diese Ameise nicht in der Lage ist, über den Rand des Bandes zu laufen, wird sie, soviel sie auch läuft, stets auf der Außenseite des Bandes bleiben. Dasselbe Schicksal würde eine Ameise erleiden, die wir auf die Innenseite des Bandes setzen, falls sie nicht über den Rand des Bandes auf die andere Seite laufen kann. Sie wird zeitlebens auf der Innenseite des Bandes bleiben.

Innen- und Außenseite des Bandes sind sozusagen zwei voneinander getrennte Welten. Wer auf der Innenseite ist, kann laufen, soviel er will, er kommt nicht auf die Außenseite. Und wer auf der Außenseite ist, wird nicht auf die

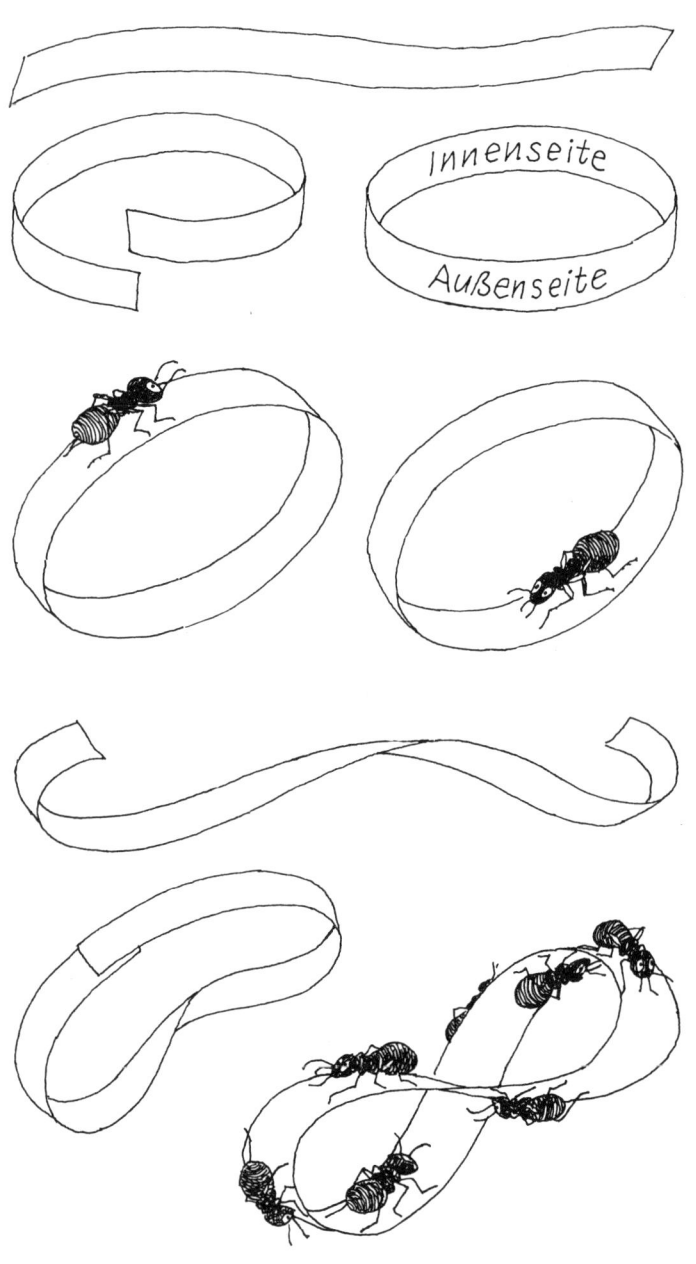

Innenseite

Außenseite

Innenseite kommen. Wenn wir unser Band sowohl auf der Innenseite als auch auf der Außenseite mit einer Mittellinie versehen wollen, können wir das nicht in einem einzigen Zuge tun. Wir müssen zwischendurch den Bleistift einmal absetzen. Zuerst versehen wir die Außenseite mit der Mittellinie. Danach die Innenseite.

Nun nehmen wir wieder einen Papierstreifen: Diesmal verdrehen wir das eine Ende des Streifens um 180°, bevor wir es mit dem anderen Ende zusammenkleben.

Wenn wir erneut auf der Außenseite dieses Bandes die Mittellinie zeichnen, so merken wir nach einiger Zeit, daß wir uns plötzlich, ohne je den Rand überschritten zu haben, auf der Innenseite des Bandes befinden. Und wenn wir mit der Linie wieder am Anfangspunkt angelangt sind, haben wir sowohl die Außenseite als auch die Innenseite mit einer Mittellinie versehen, ohne einmal abzusetzen.

Wenn wir jetzt auf dieses Band unsere Ameise setzen, so gelangt sie, ohne jemals über den Rand zu kriechen, von der Innenseite auf die Außenseite und von der Außenseite wieder zurück auf die Innenseite.

Nimmt man es ganz genau, so kann man bei diesem Band überhaupt nicht von einer Innen- und einer Außenseite sprechen. Es stellt vielmehr eine einzige zusammenhängende Fläche dar. Nach seinem Entdecker, dem Leipziger Mathematiker August Ferdinand Möbius (1790–1868), wird dieses

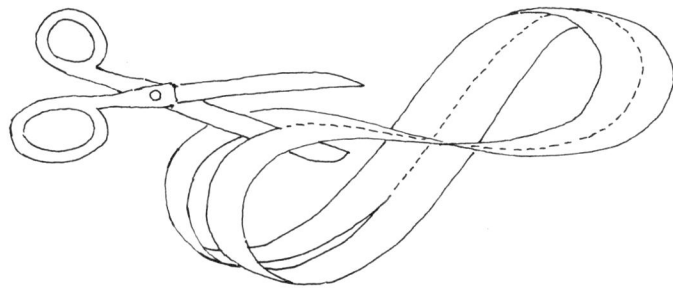

Band das Möbiussche Band genannt. Wer sich ein Möbiussches Band hergestellt und es mit einer Mittellinie versehen hat, der schneide es doch einmal längs dieser Mittellinie durch. Er wird sich wundern!

# Das Haus des Nikolaus

Jedes Kind kennt es, das „Haus des Nikolaus", und man muß es in einem Zug zeichnen, ohne zwischendurch den Bleistift abzusetzen, und darf keine Strecke zweimal durchlaufen. Dazu spricht man das Verschen:

> „Das-ist-das-Haus-des-Ni-ko-laus"

oder

> „Wer-das-nicht-kann-der-ist-kein-Mann",

und zeichnet bei jeder der acht Silben eine der acht Strecken der Figur.
Manchmal gelingt's, die Figur in einem Zug zu zeichnen, manchmal gelingt's nicht.
Woran liegt das wohl?
Um diese Frage zu beantworten, müssen wir uns die fünf Ecken der Figur etwas genauer anschauen.

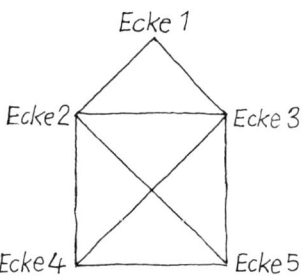

Bei der Ecke 1 laufen zwei Strecken der Figur zusammen. Beginnt man die Zeichnung bei dieser Ecke, so geht man auf einer der beiden dort zusammentreffenden Strecken von der

Ecke „weg" und muß auf der anderen Strecke irgendwann einmal zu dieser Ecke 1 wieder „hin"kommen. Danach ist Schluß! Ein zweites Mal kommen wir von dieser Ecke nicht mehr weg, weil für diesen „Ab"-Weg keine Strecke mehr vorhanden ist. Der Streckenplan für die Ecke 1 lautet also in diesem Fall:

„ab — hin".

Das bedeutet: Wenn die Ecke 1 Startpunkt ist, muß sie auch Endpunkt sein.
Beginnt man dagegen **nicht** bei der Ecke 1, so kommt man im Verlauf der Zeichnung irgendwann einmal zu ihr „hin", und zwar auf einer der beiden dort zusammentreffenden Strecken. Auf der anderen muß man allerdings wieder „ab"gehen. Der Streckenplan für die Ecke 1 lautet in diesem Fall also:

„hin — ab".

Das heißt: Wenn die Ecke 1 **nicht** Startpunkt ist, kann sie auch **nicht** Endpunkt sein.
Bei der Ecke 2 laufen vier Strecken der Figur zusammen. Beginnt man die Zeichnung bei dieser Ecke, so muß man auf einer dieser vier Strecken von der Ecke „ab"gehen, kommt auf einer der drei übrigen wieder zu ihr „hin", geht auf einer der beiden noch nicht durchlaufenen Streckenen wieder „ab" und muß auf der noch übriggebliebenen vierten Strecke schließlich wieder zur Ecke „hin"gehen.
Der Streckenplan lautet in diesem Fall also:

„ab — hin — ab — hin".

Und das heißt: Wenn die Ecke 2 Startpunkt ist, muß sie auch Endpunkt sein.
Beginnt man dagegen **nicht** bei der Ecke 2, so kommt man im Verlauf der Zeichnung irgendwann einmal auf einer der vier bei ihr zusammenlaufenden Strecken dort „hin", geht auf einer der drei übrigen Strecken wieder „ab", kommt auf

einer der beiden restlichen Strecken noch einmal dort„hin''
und geht aber, weil ja noch eine Strecke zu durchlaufen ist,
wieder „ab''.
In diesem Fall lautet der Streckenplan:

„hin — ab — hin — ab''.

Das bedeutet: Wenn die Ecke 2 **nicht** Startpunkt ist, kann sie
auch **nicht** Endpunkt sein.
Da bei der Ecke 3 ebenfalls vier Strecken zusammenlaufen,
sind dort die Verhältnisse genauso wie bei der Ecke 2.
Bei der Ecke 4 laufen drei Strecken der Figur zusammen.
Beginnt man die Zeichnung an dieser Ecke, muß man auf
einer dieser drei Strecken von der Ecke „ab''gehen, kommt
auf einer der beiden noch nicht durchlaufenen Strecken wieder zur Ecke „hin'' und muß schließlich auf der dritten
Strecke wieder von der Ecke „ab''gehen.
Der Streckenplan lautet in diesem Fall:

„ab — hin — ab''.

Das bedeutet: Wenn die Ecke 4 Startpunkt ist, kann sie **nicht**
Endpunkt sein.
Beginnt man dagegen **nicht** bei der Ecke 4, so kommt man
im Verlauf der Zeichnung irgendwann einmal auf einer der
drei bei ihr zusammentreffenden Strecken zu ihr „hin'', geht
auf einer der beiden restlichen Strecken wieder von ihr „ab'',
um schließlich auf der übriggebliebenen dritten Strecke wieder zu „hin'' zu kommen.
In diesem Fall lautet somit der Streckenplan:

„hin — ab — hin''.

Und das bedeutet: Wenn die Ecke 4 **nicht** Startpunkt ist,
dann muß sie Endpunkt sein.
Da bei der Ecke 5 ebenfalls drei Strecken zusammenlaufen,
sind dort die Verhältnisse genauso wie bei der Ecke 4.
Weil die Sache jetzt anfängt, etwas unübersichtlich zu wer-

den, wollen wir die Ergebnisse unserer bisherigen Überlegungen in übersichtlicher Form zusammenfassen:

Für die Ecken 1, 2 und 3 gilt:

> Wenn Startpunkt, so auch Endpunkt;
> wenn nicht Startpunkt, so auch nicht Endpunkt.

Für die Ecken 4 und 5 gilt:

> Wenn Startpunkt, so nicht Endpunkt;
> wenn nicht Startpunkt, so Endpunkt.

Untersuchen wir nun, bei welcher der fünf Ecken wir beginnen müssen, wenn wir das Haus des Nikolaus in einem Zuge zeichnen wollen!

**Ecke 1:** Wenn die Ecke 1 Startpunkt ist, so haben drei Ecken das gleiche Recht, Endpunkt zu sein:

die Ecke 1, weil sie Startpunkt ist,

die Ecke 4, weil sie nicht Startpunkt ist, und

die Ecke 5 ebenfalls, weil sie nicht Startpunkt ist.

Bei der Ecke 1 können wir folglich nicht beginnen. Wir müßten zweimal absetzen, und zwar je einmal bei den beiden überzähligen Endpunkten.

**Ecke 2:** Wenn die Ecke 2 Startpunkt ist, haben wieder drei Ecken das gleiche Recht, Endpunkt zu sein:

die Ecke 2, weil sie Startpunkt ist,

die Ecken 4 und 5, weil sie nicht Startpunkt sind.

Auch bei der Ecke 2 können wir demnach nicht beginnen.

**Ecke 3:** siehe Ecke 2

**Ecke 4:** Wenn die Ecke 4 Startpunkt ist, kommt nur die Ecke 5 als Endpunkt in Frage. Also können wir bei der Ecke 4 beginnen und müssen so weitergehen, daß wir zum Schluß bei der Ecke 5 ankommen.

**Ecke 5:** Wenn die Ecke 5 Startpunkt ist, kommt nur die Ecke 4 als Endpunkt in Frage.

Wir können daher unsere Zeichnung auch bei Ecke 5 beginnen und sie so weiterführen, daß wir zum Schluß in der Ecke 4 ankommen.

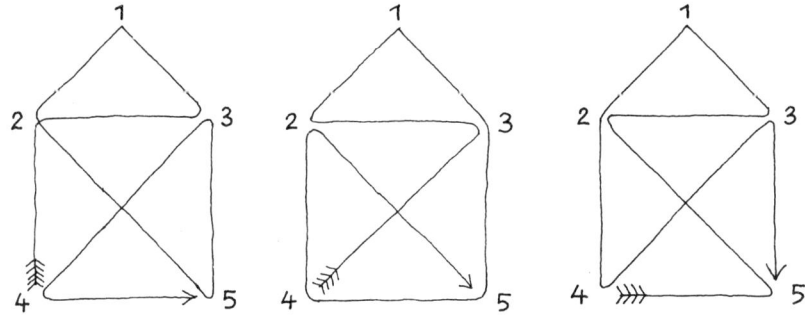

Diese Überlegungen zeigen uns, daß es viele Möglichkeiten geben muß, die Figur zu zeichnen, ohne den Bleistift abzusetzen. Beginnen wir beispielsweise in der Ecke 4, so gibt es von hier drei mögliche Abgänge, und zwar nach den Ecken 2, 3 und 5. Drei der vielen Möglichkeiten, die Figur zu zeichnen, wären:

$$4 \rightarrow 2 \rightarrow 3 \rightarrow 1 \rightarrow 2 \rightarrow 5 \rightarrow 3 \rightarrow 4 \rightarrow 5:$$
$$4 \rightarrow 3 \rightarrow 2 \rightarrow 1 \rightarrow 3 \rightarrow 5 \rightarrow 4 \rightarrow 2 \rightarrow 5;$$
$$4 \rightarrow 5 \rightarrow 2 \rightarrow 3 \rightarrow 1 \rightarrow 2 \rightarrow 4 \rightarrow 3 \rightarrow 5.$$

Mit der Ecke 4 als Anfangspunkt gibt es insgesamt 40 verschiedene Möglichkeiten, die Figur zu zeichnen. Und da man auch in der Ecke 5 beginnen kann, verdoppelt sich folglich die Anzahl der Möglichkeiten zum Zeichnen dieser Figur.
Die meisten Leute probieren ziellos herum, wenn sie das Haus des Nikolaus in einem Zug zeichnen sollen.
Das haben wir jetzt nicht mehr nötig. Uns gelingt es dank unserer gründlichen und folgerichtigen Überlegungen von jetzt ab jedesmal auf Anhieb.

# Eine bedeutende Zahl

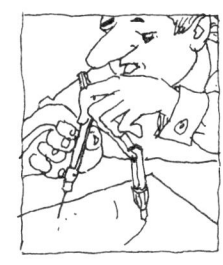

Es gibt eine sehr große Menge von Vielecken, die Mathematiker nennen sie auch Polygone. Von allen diesen Vielecken sind die regelmäßigen Vielecke besonders reizvoll. Einige von ihnen sind uns sicher bekannt:

das regelmäßige Dreieck, meist gleichseitiges Dreieck genannt, das regelmäßige Viereck, unter dem Namen Quadrat bekannt, das regelmäßige Fünfeck, das regelmäßige Sechseck, usw.

Ein gleichseitiges Dreieck und ein Quadrat haben die meisten bestimmt schon einmal gezeichnet.

Sehr leicht und schnell können wir z. B. ein regelmäßiges Sechseck konstruieren. Wir brauchen dazu nur einen Zirkel und ein Lineal. Mit dem Zirkel zeichnen wir einen Kreis:

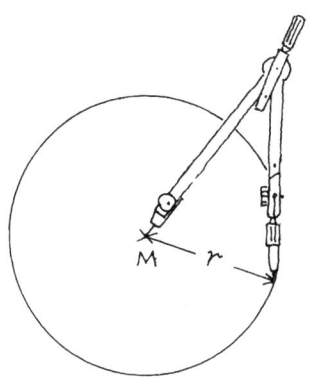

Der Radius ist nun gleich der Seitenlänge unseres Sechsecks. Wir brauchen daher dieselbe Zirkelspanne nur sechsmal nacheinander auf dem Kreis „abzutragen".

Die sechs Punkte, die wir dadurch bekommen haben, verbinden wir fortlaufend miteinander:

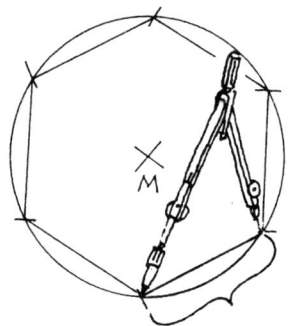

Und wenn wir nur jeden zweiten Punkt benutzen, bekommen wir ein gleichseitiges Dreieck:

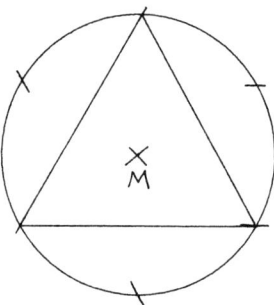

Wollen wir den Umfang eines solchen Sechsecks angeben, so brauchen wir nur den Kreishalbmesser mit 6 zu multiplizieren:

$$\text{Sechseckumfang} = 6 \cdot \text{Kreishalbmesser}$$

oder in Formelschreibweise:

$$U = 6 \cdot r.$$

Wir können auch den doppelten Radius verwenden, den man den Durchmesser des Kreises nennt:

$$U = 3 \cdot 2r = 3 \cdot d.$$

228

Demnach braucht man nur den Durchmesser des Kreises mit 3 zu multiplizieren, um den Umfang des entsprechenden regelmäßigen Sechsecks zu bekommen.

Wenn wir jetzt versuchen, auch den Umfang eines gleichseitigen Dreiecks, eines Quadrates und eines regelmäßigen Fünfecks mit Hilfe des Kreisdurchmessers zu schreiben, so erhalten wir:

Dreieck: $U \approx 1{,}73 \cdot d$
Quadrat: $U \approx 2{,}83 \cdot d$
Fünfeck: $U \approx 2{,}94 \cdot d$

Erinnern wir uns nun, daß wir für das Sechseck $U = 3 \cdot d$ haben, so sehen wir: Die Zahlen, mit denen wir den Kreisdurchmesser multiplizieren müssen, um den Umfang des regelmäßigen Vielecks in diesem Kreis zu bekommen, wachsen mit der Eckenzahl.

Wenn nun die Eckenzahl eines solchen Vielecks immer größer wird, so wird dieses Vieleck immer kreisähnlicher.

Fragt sich nun, womit man den Durchmesser eines Kreises multiplizieren muß, um den Umfang dieses Kreises zu erhalten.

Schon lange vor Christi Geburt war den Mathematikern klar, daß es eine solche Zahl gibt. Sie konnten sie aber noch nicht berechnen.

Heute kennen wir diese Zahl zwar, können sie aber nicht genau angeben, weil wir sonst unendlich viele Stellen nach dem Komma schreiben müßten, und das ist unmöglich. Für diese Zahl benutzt man deshalb den griechischen Buchstaben $\pi$ (gelesen „Pi"). Für einen Kreis gilt demnach:

Umfang $= \pi \cdot$ Durchmesser

oder in Formelschreibweise:

$U = \pi \cdot d.$

Der Zusammenhang zwischen Kreisumfang und Kreisdurchmesser hat die Menschheit zu allen Zeiten beschäftigt, er hat sogar in die Bibel Eingang gefunden. Dort heißt es im 2. Buch der Chronik, 4. Kapitel, Vers 2: „Dann machte er das Meer. Es wurde aus Erz gegossen, maß zehn Ellen von einem Rand zum anderen, war völlig rund und fünf Ellen hoch. Eine Schnur von dreißig Ellen umspannte es ringsum." Mit dem „Meer" ist ein Wasserbehälter im Tempel von Jerusalem gemeint. Sinngemäß bedeutet dieser Satz der Bibel: Er baute einen Wasserbehälter. Dieser war kreisförmig, hatte einen Durchmesser von 10 Ellen und einen Umfang von 30 Ellen. Der Verfasser dieses Kapitels des Alten Testaments meinte offensichtlich, daß man den Durchmesser eines Kreises mit der Zahl 3 multiplizieren muß, um dessen Umfang zu erhalten, denn $3 \cdot 10$ Ellen $= 30$ Ellen. Für ihn hatte die Zahl $\pi$ den Wert 3. Das ist natürlich ein sehr ungenauer Wert, wie man leicht feststellen kann, wenn man eine Zwirnsfaden um eine Kreisscheibe herumlegt und danach seine Länge mit der des dreifachen Durchmessers vergleicht.

Um 1500 vor Christi Geburt verwendeten die Ägypter bereits einen viel genaueren Wert für diese Zahl $\pi$, nämlich 3,16. Der berühmte antike Mathematiker Archimedes erkannte um 250 vor Christi Geburt, daß die Zahl $\pi$ zwischen 3,140 und 3,142 liegt. Um 480 nach Christi Geburt berechnete der Chinese Tsu Chung Chih, daß die Zahl $\pi$ zwischen 3,1415926 und 3,1415927 liegen muß. Heute können wir die Zahl $\pi$ mit beliebiger Genauigkeit angeben. Ein Taschenrechner mit zehnstelliger Anzeige liefert für die Zahl $\pi$ den Näherungswert 3,141592954. Und das genügt für die meisten Berechnungen.

Jedoch hat es immer wieder Genauigkeitsfanatiker gegeben, deren Ehrgeiz es war, die Zahl $\pi$ auf möglichst viele Nachkommastellen zu berechnen. Einer von ihnen hat es auf immerhin 808 Stellen nach dem Komma gebracht, ehe ihn die Lust verließ.

Aber nicht genug damit! Im Jahre 1973 soll in Frankreich ein Buch von 200 Seiten erschienen sein, dessen einziger Inhalt die Zahl $\pi$ mit einer Million Stellen nach dem Komma ist.

230

Den derzeitigen Weltrekord (Stand: 1992) bei der Berechnung der Zahl $\pi$ hält der Japaner Yasumasa Kaneda. Nach 67 Stunden und 13 Minuten Rechenzeit spuckte sein Supercomputer auf rund 100 000 Blatt Papier die Zahl $\pi$ mit 536 870 000 Nachkommastellen aus.

Als Merkregel für die ersten Stellen der Zahl $\pi$ gibt es zahlreiche mehr oder weniger sinnvolle Gedichte, bei denen die Buchstabenzahlen der einzelnen Wörter gleich den jeweiligen Ziffern der Zahl $\pi$ sind.

Wie, o dies $\pi$
3, 1 4 1
Macht ernstlich so vielen viele Müh'!
5 9 2 6 5 3
Lernt immerhin Jünglinge leichte Verselein,
5 8 9 7 9
Wie so zum Beispiel dies dürfte zu merken sein!
3 2 3 8 4 6 2 6 4

Mit diesem Gedicht kann man sich immerhin die ersten 24 Ziffern der Zahl $\pi$ einprägen:

$\pi = 3{,}141592653589793238846264.$

Übrigens: Sollten einmal alle diese Gedichte in Vergessenheit geraten und alle Bücher, in denen die Zahl $\pi$ zu finden ist, verbrennen oder sonstwie verlorengehen, die Zahl $\pi$ kann man sich jederzeit wieder beschaffen, wenn man nur eine Stecknadel und ein Stück Kreide zur Hand hat.

Mit der Kreide zeichnet man auf den Fußboden möglichst viele parallel zueinander verlaufende gerade Linien, deren Abstand jeweils doppelt so groß ist wie die Länge der Stecknadel. Danach wirft man die Stecknadel möglichst oft auf den so vorbereiteten Fußboden. Teilt man schließlich die Anzahl aller Würfe durch die Anzahl der Würfe, bei denen die Stecknadel eine der parallelen Linien schneidet oder berührt, so erhält man einen Näherungswert für die Zahl $\pi$. Dieser Näherungswert ist umso genauer, je öfter man die Stecknadel auf den Boden wirft.

Einer der nicht glauben wollte, daß man auf diese seltsame Art und Weise die Zahl $\pi$ erhält, hat den Versuch in dreitägiger harter Arbeit 100 000mal durchgeführt. 31 838mal schnitt bzw. berührte die geworfene Nadel eine der parallelen Linien. Daraus ergab sich für die Zahl $\pi$ der recht gute Näherungswert

$$\pi \approx \frac{100\,000}{31\,838} \approx 3{,}1409.$$

# Der verlängerte Gürtel

Um eine Münze wird ein Faden gelegt, dessen Länge gleich dem Umfang der Münze ist. Der Faden liegt deshalb unmittelbar am Münzrand an.

Jetzt verlängern wir den Faden um 1 m und legen ihn kreisförmig um die Münze herum. Dabei stellt sich heraus, daß der Faden überall 16 cm vom Münzrand entfernt ist.

Nun nehmen wir einen anderen kreisrunden Gegenstand, z. B. einen Teller oder eine Frisbee-Scheibe, und verfahren

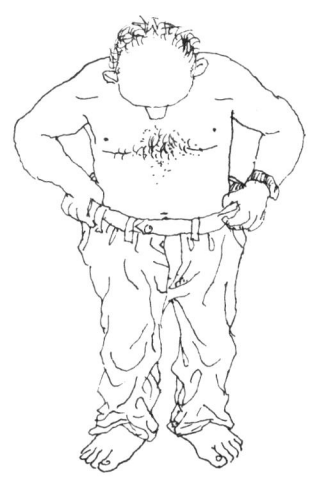

damit genauso wie bei der viel kleineren Münze. Eigenarti-
gerweise zeigt sich auch hier dasselbe Ergebnis. Wenn wir
den Faden, der ursprünglich genau um die Scheibe herum-
paßte, um 1 m verlängern, so steht er anschließend überall
16 cm vom Scheibenrand ab. Und wer seinen Gürtel, der
genau um den Bauch paßt, um 1 m verlängert, wird feststellen, daß der Gürtel überall 16 cm von seinem Körper absteht,
falls sein Bauchumfang annähernd kreisförmig ist. Das ist
ganz unabhängig davon, wie dick man ist.

Selbst wenn wir der Erde einen 40 000 000 m langen Gürtel
um den Äquator legten und diesen anschließend um 1 m
verlängerten, hätte er überall 16 cm Abstand von der Erd-
oberfläche.

Kaum zu fassen! Und leider auch nicht so leicht nachzuprü-
fen! Wer kann schon der Erde einen so langen Gürtel verpas-

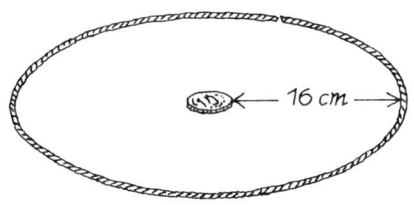

sen? Jedoch können wir beweisen, daß es sich so verhält mit diesen merkwürdigen, immer wieder auftretenden 16 cm. Wir müßten uns allerdings schon ein bißchen mit Gleichungen auskennen. Den Umfang U eines Kreises erhält man aus der Beziehung

$$U = 2 \cdot \pi \cdot r.$$

Hier bedeuten r den Radius des Kreises und $\pi$ die sogenannte Kreiszahl. Setzen wir für $\pi$ den Näherungswert 3,14 ein, so erhalten wir:

$$U = 2 \cdot 3{,}14 \cdot r = 6{,}28 \cdot r.$$

Wir bezeichnen nun den Umfang des ursprünglichen Kreises, d. h. der Münze, der Frisbee-Scheibe oder des Erdäquators, mit U und seinen Radius mit r.

Nach der Verlängerung um einen Meter (100 cm) beschreibt der Faden bzw. der Gürtel einen Kreis, dessen Umfang U + 100 cm beträgt. Die dadurch bewirkte Verlängerung des Radius nennen wir x. Der Radius des vergrößerten Kreises beträgt dann also r + x (Zentimeter).

Für diesen vergrößerten Kreis gilt somit die Beziehung:

$$U + 100\,\text{cm} = 6{,}28 \cdot (r + x)$$

oder nach Ausmultiplizieren auf der rechten Seite:

$$U + 100\,\text{cm} = 6{,}28 \cdot r + 6{,}28 \cdot x.$$

Weil $U = 6{,}28 \cdot r$ ist, können wir in unserer Gleichung $6{,}28 \cdot r$ durch U ersetzen:

$$U + 100\,\text{cm} = U + 6{,}28 \cdot x.$$

Nun subtrahieren wir auf beiden Seiten der Gleichung U und erhalten:

$$100\,\text{cm} = 6{,}28 \cdot x.$$

Nach x aufgelöst ergibt sich schließlich:

$$x = \frac{100}{6{,}28}\,\text{cm} \approx 16\,\text{cm}.$$

Und dieses Ergebnis von 16 cm ist unabhängig von der Größe des ursprünglichen Kreises. Seinen Umfang U konnten wir ja auf beiden Seiten der Gleichung wegnehmen.

# Das Wellblechdach

Halbiert man den Durchmesser eines Kreises, dann halbiert sich auch sein Umfang.

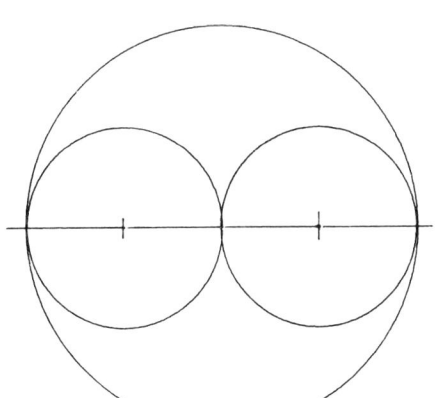

Der Durchmesser jedes der beiden kleinen Kreise ist halb so groß wie der Durchmesser des großen Kreises, in den sie hineingezeichnet wurden. Der Umfang jedes dieser kleinen Kreise ist folglich auch halb so groß wie der Umfang des großen Kreises. Zusammengenommen sind die Umfänge der beiden kleinen Kreise genau so groß wie der Umfang des großen Kreises.
Entsprechendes ergibt sich, wenn man in diese beiden Kreise jeweils zwei weitere Kreise zeichnet. Die Summe aus

den Umfängen der vier kleinen Kreise ist gleich dem Umfang des großen Kreises.

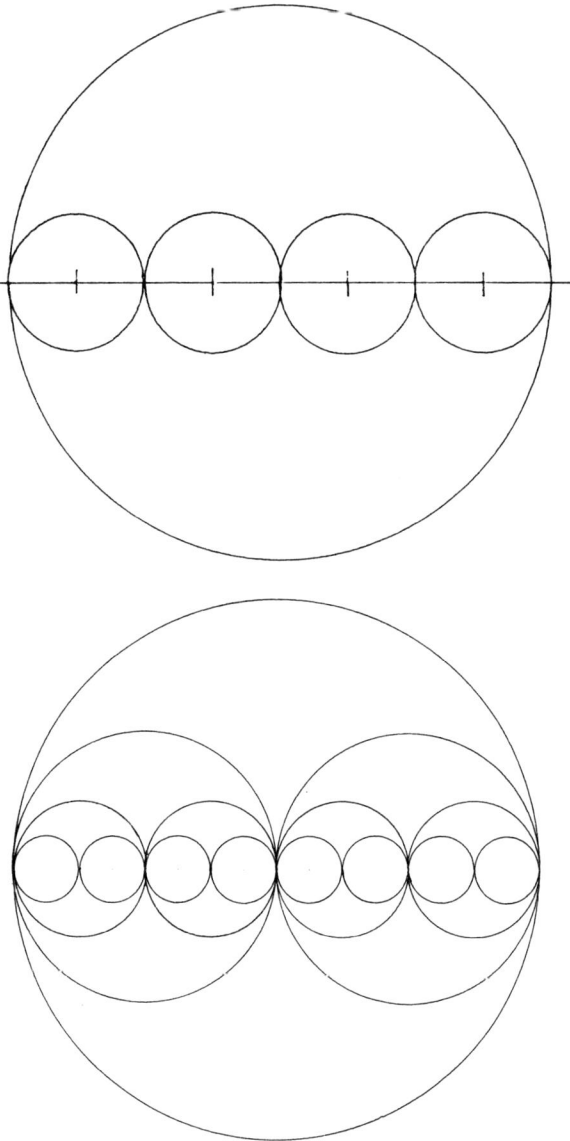

Und da man dieses Verfahren unbeschränkt fortsetzen kann, gilt ganz allgemein:

Die Summen aus den Umfängen gleichgroßer Kreise sind untereinander gleich, und zwar jeweils genausogroß, wie der Umfang des großen Kreises, in den sie hineingezeichnet wurden.

Jetzt zeichnen wir einmal von jedem der einzelnen Kreise jeweils nur eine Hälfte, und zwar so, daß sich „Wellenlinien" ergeben.

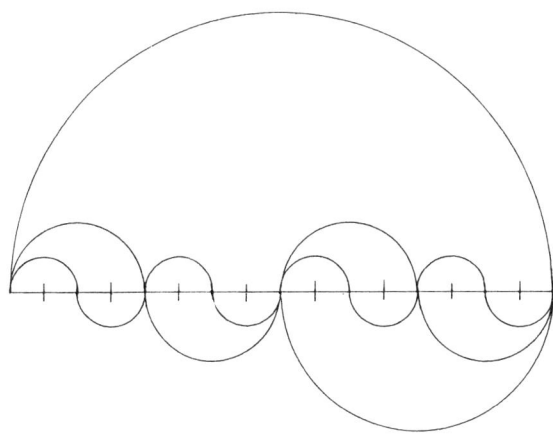

Die so erhaltenen Wellenlinien sind dann natürlich alle gleich lang. Das bedeutet aber:

Wenn z. B. ein Bauer seine Scheune mit einem Wellblechdach versehen will, ist der Materialverbrauch unabhängig davon, wie groß die einzelnen Wellen sind. Viele kleine Wellen benötigen genauso viel Material wie wenige große. In jedem Fall ist nämlich der Materialverbrauch genauso groß, wie wenn er seine Scheune mit einem tonnenförmigen Blechdach versehen würde.

$e^{i\pi} = -1$

Im Jahre 1983 jährte sich zum 200. Male der Todestag Leonhard Eulers, eines der berühmtesten Mathematiker aller Zeiten. Aus diesem Anlaß erschienen zahlreiche Sonderbriefmarken. Eine davon zeigte nichts anderes als die für die meisten Leute rätselhafte Formel:

$$e^{i\pi} = -1.$$

Mit dieser Formel hatte Euler einen Zusammenhang zwischen vier ganz besonders bemerkenswerten Zahlen gefunden, die den Mathematikern Kopfzerbrechen bereitet hatten. Die rechts vom Gleichheitszeichen stehende Zahl „ − 1'' ist die Einheit der negativen Zahlen. Lange Zeit hatten selbst Mathematiker Schwierigkeiten, die negativen Zahlen als wirkliche Zahlen anzuerkennen. Wir heute tun uns da leichter. Für uns bedeuten negative Zahlen Alltägliches wie Schulden auf dem Bankkonto oder das Symbol Kältegrade auf dem Thermometer. Der Buchstabe „$\pi$'' ist das Symbol für diejenige Zahl, mit der man den Durchmesser d eines Kreises multiplizieren muß, um seinen Umfang U zu erhalten:

$$U = \pi \cdot d.$$

$\pi$ ist eine sogenannte irrationale Zahl, die man nur näherungsweise angeben kann, weil wir sonst unendlich viele Stellen nach dem Komma schreiben müßten. Auf 10 Nachkommastellen berechnet, lautet sie:

$$\pi = 3{,}1415926535\ldots$$

Im Kapitel „Eine bedeutende Zahl'' auf S. 227 haben wir uns mit dieser Zahl $\pi$ näher beschäftigt.
Der Buchstabe „e'' steht für die sogenannte Eulersche Zahl. Auch diese Zahl ist eine irrationale Zahl und kann nur näherungsweise angegeben werden. Bis zur 10. Stelle nach dem Komma lautet sie:

$$e = 2,7182818284\ldots$$

Die Eulersche Zahl e spielt eine wichtige Rolle bei der Berechnung von Wachstums- und Zerfallsprozessen. Mit ihr läßt sich beispielsweise berechnen, wie die Strahlung eines radioaktiven Stoffes abklingt oder wie sich eine Bakterienkultur vermehrt. Der Buchstabe „i'' schließlich steht für eine ganz besonders merkwürdige Zahl, eine Zahl, von der viele Leute auch heute noch glauben, daß es sie gar nicht gibt und auch nicht geben kann. Es gibt sie aber, wir dürfen es getrost glauben. Sie ist folgendermaßen festgelegt:

i ist diejenige Zahl, die, mit sich selbst multipliziert, $-1$ ergibt: $i \cdot i = i^2 = -1$.

Und hier kommen die Leute in Schwierigkeiten. Die Zahl i kann natürlich keine positive Zahl sein, denn wenn man eine positive Zahl mit sich selbst multipliziert, kommt wieder eine positive Zahl heraus.
Die Zahl i kann aber auch keine negative Zahl sein. Nach der Vorzeichenregel „minus mal minus ist plus'' erhält man, wenn man eine negative Zahl mit sich selbst multipliziert, ebenfalls eine positive Zahl. Was für eine Zahl ist i aber dann, wenn sie weder eine negative Zahl noch eine positive Zahl ist? „Nichts dann!'' kann man da nur erwidern. Die Zahl i ist eben weder eine positive noch eine negative Zahl. Sie ist die Einheit einer ganz neuen, eigenständigen Zahlenart, der die Mathematiker den Namen „imaginäre Zahlen'' gegeben haben. Die imaginären Zahlen spielen eine außerordentlich große Rolle in der Elektrizitätslehre und der Elektronik.
Diese vier exklusiven Zahlen, die Eulersche Zahl e, die Kreiszahl $\pi$, die imaginäre Einheit i und die negative Einheit $-1$, die scheinbar so gar nichts miteinander zu tun haben, fügen sich gehorsam in die Formel:

$$e^{i\pi} = -1.$$

Der erste, der das erkennen konnte, mußte wohl ein Genie sein! Und er war es auch: Leonhard Euler, geboren am 14. 04. 1707 in Basel, gestorben am 18. 09. 1783 in St. Petersburg.

# Der höchst willkommene Fehler des Gärtnerlehrlings

Vor vielen, vielen Jahren, als die Lehrlinge noch Lehrlinge und nicht Auszubildende oder Azubis hießen, erhielt ein Gärtnerlehrling von seinem Meister den Auftrag, im Park eines Schlosses kreisförmige Blumenbeete anzulegen.

Nach altbewährter Gärtnerart knotete der Lehrling zuallererst ein Seil zu einer in sich geschlossenen Schlaufe zusammen. Dann schlug er einen Pfahl an der Stelle in den Boden, an der sich der Mittelpunkt des geplanten Beetes befinden sollte. Über diesen Pfahl legte er die Seilschlaufe, straffte sie mit einem angespitzten Stab ab und markierte mit dieser Vorrichtung wie mit einem Zirkel den kreisförmigen Umriß des Beetes. Anschließend machte er sich mit dem Spaten an die Arbeit und grub die so erhaltene Kreisfläche um.

Seine Beete waren von makelloser Kreisform. Nur ein einziges fiel aus dem Rahmen und erregte einen lautstarken Zornesausbruch seines Meisters. Dem armen Lehrling war näm-

lich ein Mißgeschick passiert. Der Pfahl, mit dem der Mittelpunkt des kreisförmigen Beetes festzulegen war, schien ihm
an der falschen Stelle zu stehen. Er nahm einen zweiten
Pfahl und schlug ihn an der richtigen Stelle ein. Leider vergaß
er aber, den ersten Pfahl herauszuziehen. Wie's nun der
Zufall manchmal so will, hatte sich die Seilschlaufe über
beide Pfähle gelegt. Der Lehrling merkte das nicht und zog
seinen Kreis wie gewohnt. Leider wurde es aber kein Kreis,
sondern ein längliches Gebilde, dem man allerdings eine
gewisse Verwandtschaft zum Kreis nicht absprechen konnte.

Vom Gebrüll des Meisters aus seiner Mittagsruhe aufge-
schreckt, begab sich der Schloßherr zum Ort des Gesche-
hens und sah die Bescherung. Im Gegensatz zum Gärtner-
meister empfand er sie jedoch nicht als schlimme Sache,
sondern als höchstwillkommen und angenehm. Ihm gefiel
diese durch Zufall erhaltene Form des Blumenbeetes, und er
ließ von da an nur noch solche Beete anlegen.
Ob er Gärtnerlehrling zur Belohnung das Schloßfräulein heiraten mußte und als Mitgift das halbe Schloß und den halben Park erhielt, ist unbekannt.

Eines aber ist sicher: Die Form des mißratenen Beetes ist die Form einer Ellipse und die vom Gärtnerlehrling unfreiwillig entdeckte Konstruktionsmöglichkeit heißt Gärtnerkonstruktion. Wir können die Gärtnerkonstruktion einer Ellipse natürlich auch auf ein Zeichenblatt übertragen. Dazu stecken wir zwei Nadeln oder Reißnägel in das Papier, legen eine aus Zwirn geknotete Schlaufe darüber, spannen sie mit einem Bleistift und führen diesen einmal rund herum. Je weiter auseinander die beiden Stecknadeln stehen, umso flacher wird die Ellipse. Je näher die beiden Nadeln beieinander stehen, desto kreisähnlicher wird die Ellipse. Die beiden Punkte auf dem Zeichenblatt, in denen die Nadeln stecken, nennt man die Brennpunkte der Ellipse.

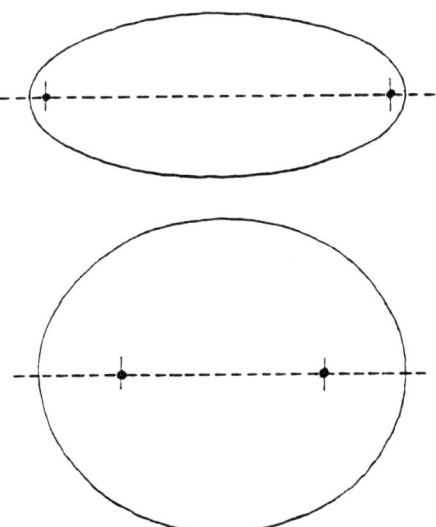

Aus der Gärtnerkonstruktion lassen sich leicht die wichtigsten Eigenschaften einer Ellipse erkennen:
Wandert man z. B. auf dem Faden von einem der beiden Brennpunkte zu einem Punkt auf dem Umfang der Ellipse und von dort weiter zum anderen Brennpunkt, so ist die Länge des dabei zurückgelegten Weges unabhängig davon,

welchen Punkt auf dem Umfang man ansteuert. In jedem Fall ergibt sich die gleiche Länge. Die Mathematiker drücken diesen Sachverhalt so aus: Die Summe aus den Abständen von den beiden Brennpunkten ist für alle Punkte der Ellipse konstant. Außerdem ist sie gleich dem Abstand der beiden Punkte $S_1$ und $S_2$ voneinander, wie wir leicht prüfen können.

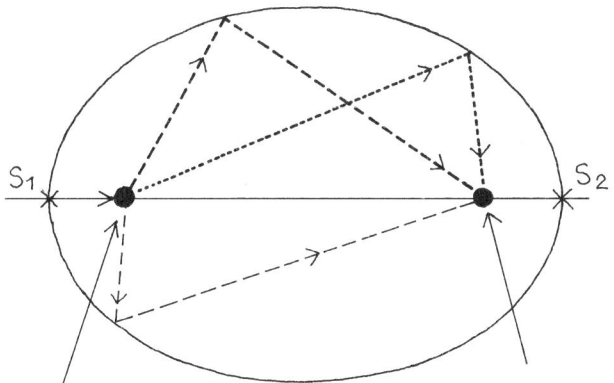

Eine andere interessante Eigenschaft der Ellipse haben die Physiker herausgefunden:
Die Schallwellen, die von einem der Brennpunkte eines elliptisch geformten Raumes oder Gewölbes ausgehen, werden an den Wänden so reflektiert, daß sie im anderen Brennpunkt wieder zusammentreffen. Was in dem einen Brennpunkt geflüstert wird, hört man deshalb deutlich im zweiten Brennpunkt, selbst wenn die Entfernung zwischen den beiden Brennpunkten sehr groß ist. Solche Räume heißen deshalb Flüstergewölbe. Wie berichtet wird, soll es Tyrannen gegeben haben, die solche Flüstergewölbe bauen ließen, um hinter eventuelle Umsturzpläne ihrer Widersacher zu kommen. Man kann sich zwar nicht so recht vorstellen, daß Umstürzler immer gerade in einem der Brennpunkte des Flüstergewölbes ihre Vorhaben besprochen haben sollen. Aber immerhin! Die Ellipse macht's möglich!

# Ein Kreis schafft Ordnung

In einen Kreis soll ein Dreieck gezeichnet werden, dessen Endpunkte auf der Kreislinie liegen. Wie wohl jedem einleuchtet, gibt es unendlich viele derartige Dreiecke. Einige von ihnen zeigen die folgenden Abbildungen.

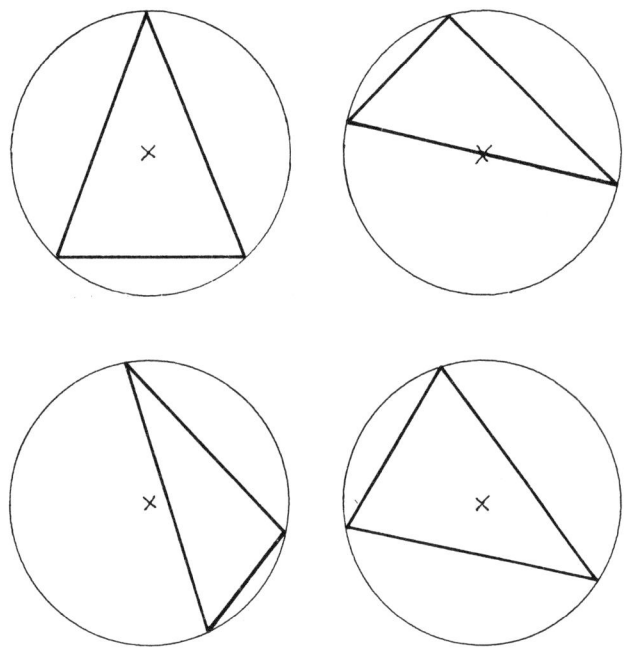

Wir wollen nun einmal überlegen, wie man eine gewisse Ordnung in diese unübersichtliche Vielfalt möglicher Dreiecke bringen kann.

Eigentlich schafft der Kreis selbst diese Ordnung!

Durch die Lage seines Mittelpunktes teilt er die unendlich vielen möglichen Dreiecke in drei Klassen mit unterschiedlichen Eigenschaften ein:

Bei den Dreiecken der 1. Klasse liegt der Kreismittelpunkt im

244

Inneren des jeweiligen Dreiecks. Dadurch sind alle drei Dreieckswinkel kleiner als 90°. Man nennt derartige Dreiecke spitzwinklige Dreiecke.

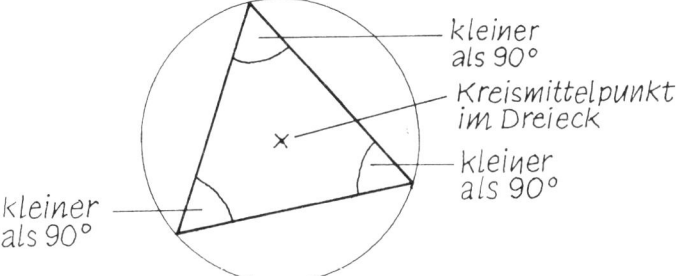

Bei den Dreiecken der 2. Klasse liegt der Kreismittelpunkt außerhalb des jeweiligen Dreiecks. Dadurch wird einer der drei Dreieckswinkel größer als 90°. Derartige Dreiecke werden stumpfwinklige Dreiecke genannt.

Bei den Dreiecken der 3. Klasse liegt der Kreismittelpunkt genau auf einer der Seiten des jeweiligen Dreiecks. Dadurch beträgt einer der Dreieckswinkel genau 90°. Dreiecke dieser Art heißen rechtwinklige Dreiecke.

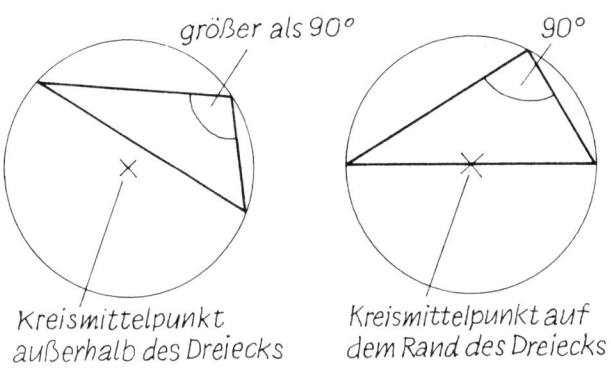

Der Kreis selbst also bringt durch die Lage seines Mittelpunktes eine übersichtliche Ordnung in die Vielfalt der möglichen Dreiecke, indem er sie in spitzwinklige, stumpfwinklige und rechtwinklige Dreiecke einteilt.

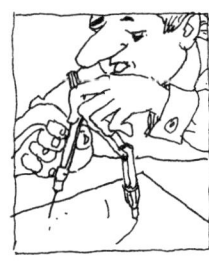

# Ein Kreis verlangt Tribut

In einen Kreis soll ein Viereck gezeichnet werden, dessen vier Eckpunkte auf der Kreislinie liegen.
Wieder gibt es unendlich viele Möglichkeiten.
Wir können z. B. symmetrische Vierecke zeichnen.

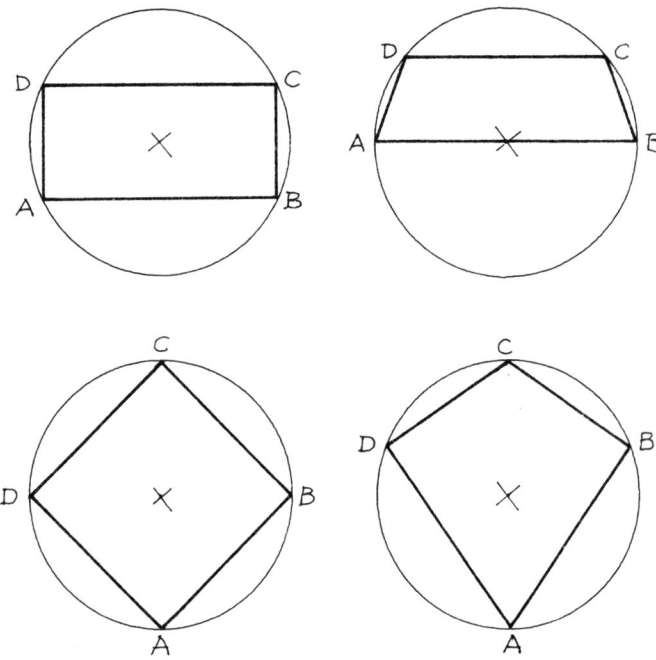

Wir können aber auch unregelmäßige Vierecke zeichnen.
Alle Vierecke aber, die auf diese Weise in einen Kreis gezeichnet werden können, mögen sie auch noch so unterschiedlich aussehen, haben eine gemeinsame Eigenschaft: Je zwei gegenüberliegende Winkel ergänzen sich zu 180°.
Man kann also machen, was man will, der Kreis verlangt seinen Tribut. Wann immer ein Viereck auf diese Weise in einen Kreis hineinkommen will, muß es diesen Tribut zahlen. Es

246

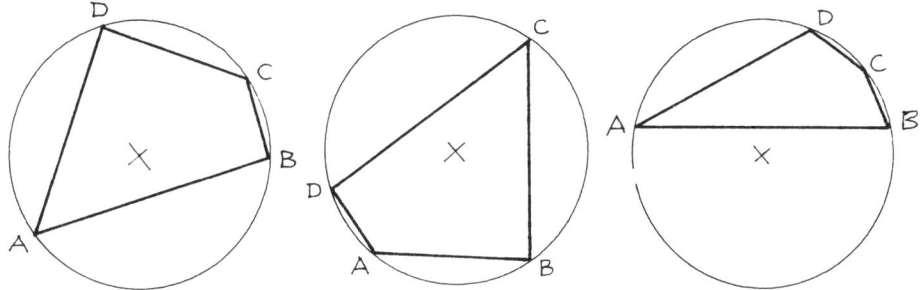

muß auf einen Teil seiner Freiheit verzichten, muß sich fügen und seine Winkel so einrichten, daß gegenüberliegende Winkelgrößen zusammen jeweils 180° betragen. Und das Viereck tut dies ganz freiwillig. Der Zeichner hat überhaupt keinen Einfluß darauf. Alles geschieht von selbst.

Eine ähnliche Erscheinung tritt auf, wenn man ein Viereck so um einen Kreis herum zeichnet, daß seine Seiten den Kreis berühren. Auch in diesem Fall gibt es eine gemeinsame Eigenschaft aller überhaupt möglichen Vierecke:

Die Summen aus den Längen der beiden gegenüberliegenden Seiten sind jeweils gleich.

Auch diese Eigenschaft ergibt sich beim Zeichnen ganz von selbst. Der Zeichner hat keinerlei Einfluß darauf. Wir können es selbst nachprüfen.

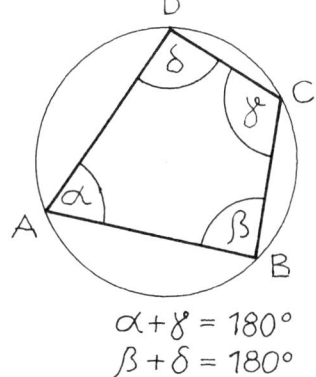

$$\alpha + \gamma = 180°$$
$$\beta + \delta = 180°$$

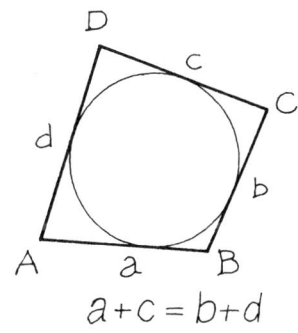

$$a + c = b + d$$

# Aus zwei mach eins — aus eins mach zwei, und der Kreis ist mit dabei

Irgendjemand hat uns einen Winkel hingezeichnet. Wie groß dieser Winkel ist, hat er uns aber nicht gesagt. Nun verlangt er von uns, einen Winkel daneben zu zeichnen, der genau halb so groß ist. Wenn wir die uns unbekannte Größe des gegebenen Winkels mit dem griechischen Buchstaben $\alpha$ („Alpha") bezeichnen, sollen wir demnach einen Winkel der Größe $\alpha/2$ zeichnen.

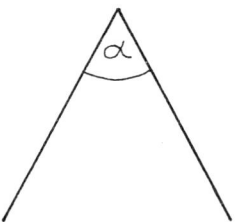

Die meisten würden jetzt zu einem Winkelmesser greifen, den gegebenen Winkel $\alpha$ ausmessen, den erhaltenen Meßwert halbieren und darauf mit dem Winkelmesser einen Winkel mit der so errechneten Größe zeichnen. Dieses Verfahren ist aber nicht nur mühsam, sondern auch ungenau. Wer kann denn beispielsweise schon einen Winkel mit einer Genauigkeit von $1/10$ Grad messen oder gar zeichnen? Das ist jedoch nicht erforderlich, wenn man das folgende Verfahren anwendet:
Um den Scheitelpunkt S des gegebenen Winkels zeichnen wir einen beliebigen Kreis. Die Schnittpunkte des Kreises mit den beiden Schenkeln des Winkels nennen wir A und B. Wenn wir jetzt auf der Kreislinie einen beliebigen Punkt P, der nicht im schraffierten Winkelfeld liegt, mit A und B verbinden, so erhalten wir bei P einen Winkel, der genau halb so groß ist wie der gegebene Winkel.

248

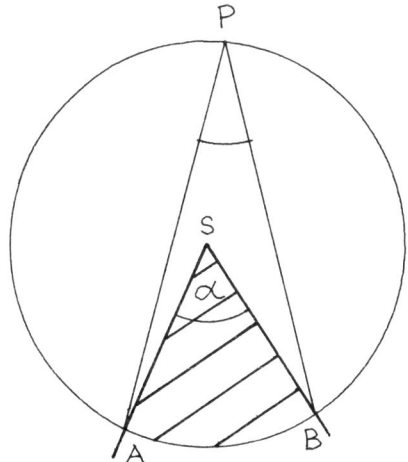

Welchen Punkt über der Strecke $\overline{AB}$ dieses Kreisbogens auch immer wir mit A und B verbinden, stets ergibt sich ein Winkel der Größe $\alpha/2$.

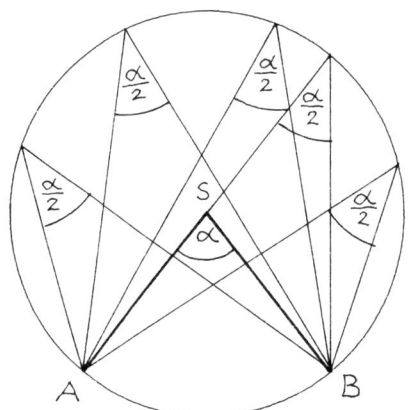

Probieren wir es doch selbst einmal aus.

Und vielleicht bekommt jeder für sich dabei auch heraus, wie man auf entsprechende Art und Weise einen Winkel konstruieren kann, der doppelt so groß ist wie ein gegebener Winkel.

# Eine dreieckige Walze

Wenn ein schwerer Körper mit waagerechter Grundfläche, zum Beispiel ein Steinblock oder eine Kiste, fortbewegt werden soll, kann man sich die Arbeit durch Unterlegen von Walzen erheblich erleichtern.

Schon die alten Ägypter sollen solche Walzen beim Bau ihrer aus gewaltigen Steinblöcke aufgeschichteten Pyramiden verwendet haben.

Die meisten Leute glauben, die verwendeten Walzen müßten unbedingt einen kreisförmigen Querschnitt haben. Nur so ließe sich erreichen, daß sich ein Steinblock oder eine Kiste während des Transports nicht ständig auf und ab bewegt, was die Arbeit erheblich erschweren würde. Eine solche Auf- und Abbewegung würde sich zum Beispiel einstellen, wenn man „Walzen'' mit elliptischem Querschnitt verwendete.

Es gibt aber auch „dreieckige Walzen", die ebenso gut zum Transportieren schwerer Körper geeignet sind wie Walzen mit kreisförmigem Querschnitt.

Den Querschnitt einer solchen „Walze" erhält man, wenn man bei einem gleichseitigen Dreieck mit der Seitenlänge s um jeden der drei Eckpunkte A, B und C einen Kreisbogen mit dem Radius s zeichnet.

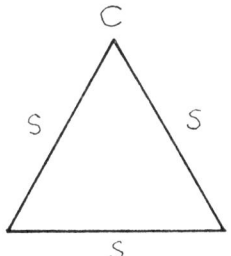
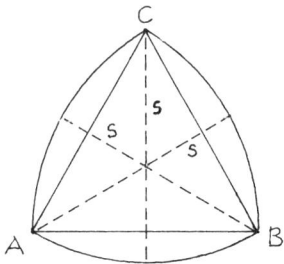

Derartige „dreieckige Walzen" haben dieselben Eigenschaften wie Walzen mit kreisförmigem Querschnitt. Der auf ihnen rollende Körper bewegt sich genau waagrecht, also ohne irgendwelche den Transport erschwerenden Auf- und Abbewegungen.

Man kann also behaupten, daß der „Durchmesser" derartiger „dreieckiger Walzen" überall gleich ist. Einen überall gleichen Radius findet man bei ihnen allerdings nicht.

Deshalb gibt es zwar „dreieckige Walzen", aber keine „dreieckigen Räder". Räder haben stets einen kreisförmigen Querschnitt.

Übrigens: Wenn man die „Ecken" einer solchen „Walze" mit Schneiden versieht, kann man mit ihr, so merkwürdig es auch klingen mag, „viereckige" Löcher bohren!

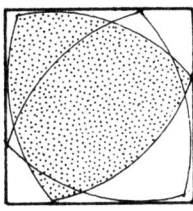
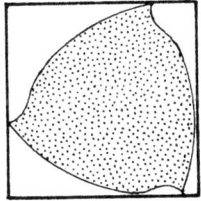

# Das wußte schon Herr Thales aus Milet

Wer einen Winkel von 90°, also einen rechten Winkel, oder ein rechtwinkliges Dreieck konstruieren soll, kann folgendermaßen vorgehen:
Er zeichnet einen Halbkreis, wählt irgendwo auf dem Kreisbogen einen Punkt und verbindet diesen Punkt mit den beiden Endpunkten des Durchmessers.

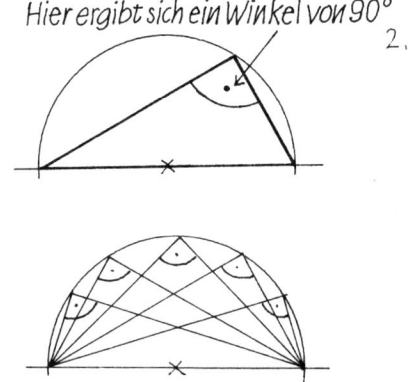

*Hier ergibt sich ein Winkel von 90°*

Welcher Punkt der Kreislinie auch immer mit den beiden Endpunkten des Durchmessers verbunden wird, stets ergibt sich ganz von selbst ein rechter Winkel bzw. ein rechtwinkliges Dreieck.
Die Mathematiker formulieren diesen Sachverhalt so:

„Der Winkel im Halbkreis ist ein rechter."

Diesen Satz kannte schon der berühmte Philosoph Thales. Er lebte um 600 vor Christi Geburt in Milet, einer bedeutenden Hafenstadt an der Küste Kleinasiens. Obwohl der Satz sicherlich nicht von ihm stammt, sondern bereits den alten Babyloniern bekannt war, bezeichnet man ihn heute als „Satz des Thales" und den Kreis als „Thaleskreis".

252

DER WINKEL
IM HALBKREIS
IST EIN RECHTER

# Was ein Rettungsschwimmer und ein Lichtstrahl gemeinsam haben

Wenn jemand um Hilfe ruft, sollte man ihm auf dem schnellsten Wege zu Hilfe eilen. Der schnellste Weg ist natürlich der kürzeste Weg, könnte man meinen.

Der kürzeste Weg zwischen zwei Punkten aber ist geradlinig. Man sollte sich folglich „geraden" Weges zu dem Hilfesuchenden begeben!

Der „gerade" Weg zwischen Helfer und Hilfesuchendem ist zwar stets der kürzeste Weg, nicht immer jedoch ist er auch der schnellste Weg.

Wenn sich beispielsweise der Helfer A an Land und der Hilfesuchende B im Wasser befindet, dann sieht die Sache schon ganz anders aus. Da der Helfer in der Regel an Land schneller vorankommt als im Wasser, ist es ihm nicht anzuraten, den geraden Weg zum Hilfesuchenden einzuschlagen. Er sollte vielmehr einen Weg wählen, der möglichst lange auf dem Lande verläuft, weil er sich dort ja schneller bewegen kann als im Wasser.

253

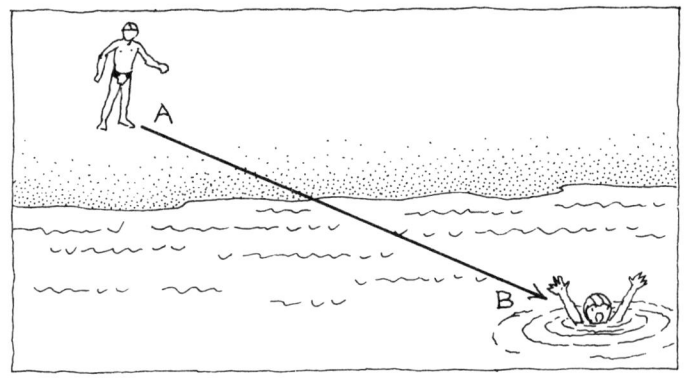

Am längsten bleibt er an Land, wenn er folgenden Weg ein-
schlägt:

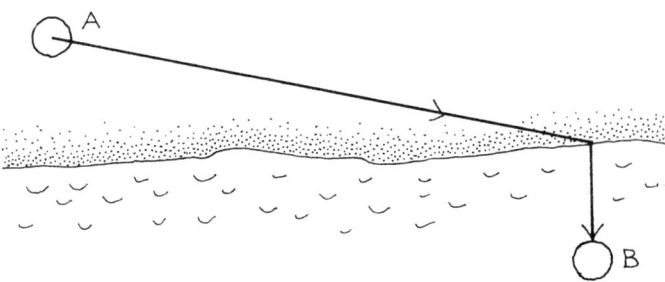

Dieser Weg ist zwar wesentlich länger als der gerade Weg,
auf ihm kommt man jedoch in der Regel schneller zum Ziel,
d. h. zum Hilfesuchenden. Ganz gewiß aber ist dieser Weg
immer noch nicht der schnellste Weg; er liegt irgendwo zwischen den beiden bisher betrachteten Wegen. Wo der Rettungsschwimmer ins Wasser hechten sollte, um so schnell
wie möglich zum Ertrinkenden zu gelangen, hängt davon ab,
in welchem Verhältnis seine Laufgeschwindigkeit zu seiner
Schwimmgeschwindigkeit steht. Falls er genau so schnell
laufen wie schwimmen kann, wäre in der Tat der gerade
Weg für ihn auch der schnellste Weg. Je größer aber seine

Laufgeschwindigkeit gegenüber seiner Schwimmgeschwindigkeit ist, desto weiter muß er zunächst auf dem Land laufen.

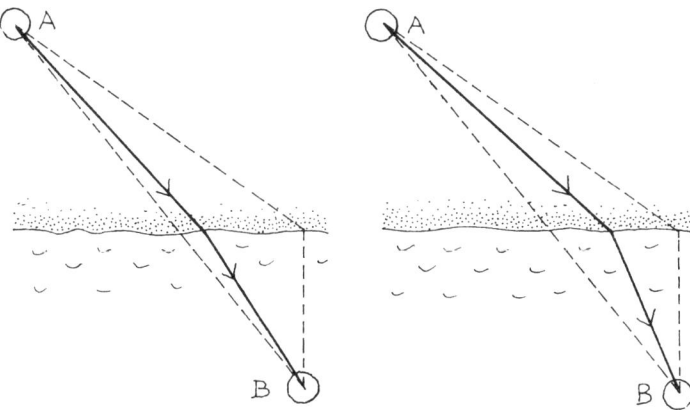

| Laufgeschwindigkeit nicht viel höher als Schwimmgeschwindigkeit | Laufgeschwindigkeit deutlich höher als Schwimmgeschwindigkeit |

Falls ein Rettungsschwimmer das Verhältnis seiner Laufgeschwindigkeit zu seiner Schwimmgeschwindigkeit kennt, kann er mit den Mitteln der höheren Mathematik den schnellsten Weg exakt berechnen. Nur hätte der Ertrinkende nicht viel davon, denn er wäre mit einiger Sicherheit schon ertrunken, ehe das Ergebnis der langwierigen Rechnung vorliegt. Gut trainierte Rettungsschwimmer haben diese Rechnung aber auch gar nicht nötig. Sie haben mit der Zeit ein Gespür für den schnellsten Weg in einer solchen Situation bekommen.

Ähnlich wie ein Rettungsschwimmer verhält sich ein Lichtstrahl, wenn er vom Luft in Wasser übergeht.

Um vom Punkt A in der Luft zum Punkt B im Wasser zu gelangen, verläuft der Lichtstrahl nicht etwa geradlinig, wie es sonst seine Gewohnheit ist, sondern auf einer Bahn, die

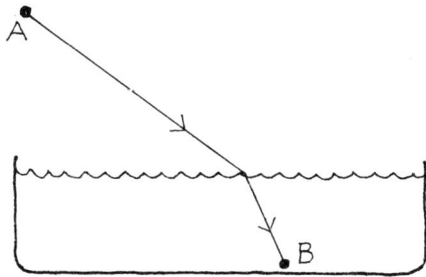

an der Wasseroberfläche einen deutlichen Knick hat. Die
Physiker nennen diesen Vorgang die Brechung des Lichts.
Ursache für die Brechung ist die unterschiedliche Ausbrei-
tungsgeschwindigkeit des Lichtes in Luft und Wasser. Wie
der Rettungsschwimmer, so kommt auch das Licht „an
Land", d. h. in Luft, schneller voran als im Wasser. Wie
staunten die Physiker, als ihre Experimente und Berechnungen zeigten, daß ein Lichtstrahl zwischen einem Punkt A (in
Luft) und einem Punkt B (im Wasser) unter allen möglichen
Wegen stets den auswählt, der ihn am schnellsten zum Ziel
führt.
Und da haben wir auch schon die Gemeinsamkeit von Rettungsschwimmer und Licht! Beide sind bestrebt, möglichst
schnell von ihrem Ausgangspunkt zu ihrem Zielpunkt zu
gelangen. Nur muß der Rettungsschwimmer lange trainie-
ren, bis er den jeweils schnellsten Weg findet, während das
Licht ihn schon seit Urzeiten kennt.

## Aussagen über Aussagen

Als Aussagen bezeichnen die Mathematiker einen „Ausdruck", von dem man sagen kann, daß er entweder wahr
oder falsch ist.
Beispiele für wahre Aussagen sind:

„Die Erde bewegt sich um die Sonne."

„Paris ist die Hauptstadt von Frankreich."
„$3 \cdot 4 = 12$."

Beispiele für falsche Aussagen sind:

„Die Sonne dreht sich um die Erde."
„Köln liegt am Nil."
„$3 \cdot 4 = 444$."

Auch der Satz: „Auf dem Mars gibt es Lebewesen", ist im mathematischen Sinn eine Aussage, denn es steht bereits fest, daß er entweder wahr oder falsch sein muß. Wir wissen im Augenblick nur noch nicht, welche der beiden Möglichkeiten zutrifft. Keine Aussagen dagegen sind Sätze wie zum Beispiel:

„Ein Fußballspiel ist interessanter als eine Mathematikstunde."
„Er wohnt in Hamburg."
„$x < 100$."

Von solchen Sätzen kann man nicht feststellen, ob sie wahr oder ob sie falsch sind. Sie enthalten unbestimmte Angaben. Sehr oft ist es recht leicht, festzustellen, ob eine Aussage wahr oder falsch ist. Beispiele sind:

„Mein Vater ist älter als ich." (wahr)
„Meine Mutter ist jünger als ich." (falsch)
„Es gibt Vögel, die nicht fliegen können." (wahr)
„Der Wal ist ein Fisch." (falsch)
„$3 \cdot 4 = 12$." (wahr)
„$15 + 8 = 22$." (falsch)
„Wenn eine natürliche Zahl durch 4 teilbar ist, so ist sie auch durch 2 teilbar." (wahr)
„Wenn eine natürliche Zahl durch 3 teilbar ist, so ist sie auch durch 6 teilbar." (falsch)

Diese Beispiele zeigen uns: In jeder Aussage geht es um konkrete Eigenschaften bestimmter Personen bzw. Individuen bzw. bestimmter Dinge oder um konkrete Beziehungen zwischen diesen bestimmten „Objekten" (d. h. Personen, Individuen, Dingen). Dabei müssen wir unterscheiden, ob über einzelne, bestimmte Objekte — wie im ersten und zweiten Beispiel —etwas ausgesagt wird — oder ob über alle Objekte einer bestimmen Menge gleichzeitig — wie in der siebenten oder achten Aussage. Die Aussagen der zweiten Art sind in der Mathematik besonders häufig und wichtig. Man nennt sie „allgemeingültige Aussagen'' oder kurz „Allaussagen''.

Damit eine allgemeingültige Aussage wahr ist, muß ihr Inhalt auf alle Objekte, um die es sich handelt, zutreffen. Das ist aber meistens nicht direkt nachprüfbar, weil es sich um unendlich viele Objekte handelt. Eine allgemeingültige Aussage muß dagegen falsch sein, wenn wir ein einziges Objekt der betreffenden Menge aufspüren können, für das die Aussage nicht zutrifft.

Versuchen wir einmal, die folgende Aussage zu widerlegen: „Wenn eine beliebige Zahl kleiner als 10 ist, so ist auch $a^2$ kleiner als $10^2$ (d. h. kleiner als 100).''

# Auch Neinsagen will gelernt sein

Stefan berichtet vom letzten Fußballturnier seiner Schule. „Unsere Klassenmannschaft hat alle Spiele gewonnen'', prahlt er. „Stimmt ja gar nicht'', fährt ihm Helga in die Parade, „das Gegenteil ist wahr!''

„Also hat eure Klassenmannschaft alle Spiele verloren'', schließt Achim messerscharf, aber leider verkehrt, wie ihn Helga sofort belehrt.

„Wohl noch nichts von Logik gehört?'' frozzelt sie: „Das logische Gegenteil der Aussage ‚Unsere Klassenmannschaft hat alle Spiele gewonnen' ist die Aussage ‚Unsere Klassenmannschaft hat nicht alle Spiele gewonnen'.''

„Recht hast du ja'', muß Achim zugeben, „aber schön klingt dein Satz wahrlich nicht. Da gibt es doch sicher noch andere

Formulierungen für das logische Gegenteil von Stefans Aussage."

„Na, dann biete uns doch mal eine Auswahl davon an!" fordert ihn Helga auf.

Hier ist Achims Angebot:

1. Unsere Klassenmannschaft hat ein Spiel verloren.

2. Unsere Klassenmannschaft hat mindestens ein Spiel verloren.

3. Unsere Klassenmannschaft hat ein Spiel nicht gewonnen.

4. Unsere Klassenmannschaft hat mindestens ein Spiel nicht gewonnen.

5. Es ist nicht so, daß unsere Klassenmannschaft alle Spiele gewonnen hat.

6. Es gibt ein oder mehrere Spiele, die unsere Klassenmannschaft nicht gewonnen hat.

7. Es gibt ein oder mehrere Spiele, die unsere Klassenmannschaft verloren hat.

8. Es gibt mindestens ein Spiel, das unsere Klassenmannschaft nicht gewonnen hat.

9. Es gibt mindestens ein Spiel, das unsere Klassenmannschaft verloren hat.

10. Unsere Klassenmannschaft hat alle Spiele nicht gewonnen.

Welche Aussagen aus Achims Angebot stellen denn nun

tatsächlich das logische Gegenteil der Aussage „Unsere Klassenmannschaft hat alle ihre Spiele gewonnen'' dar? Unter Berücksichtigung der Tatsache, daß ein Fußballspiel auch unentschieden ausgehen kann, wobei dann keine der beiden Mannschaften gewonnen hat, sind dies die Aussagen Nummer 4, 5, 6 und 8.

Jede Aussage, die das logische Gegenteil einer gegebenen Aussage beinhaltet, heißt in der Mathematik die Verneinung oder Negation der gegebenen Aussage.

Und damit nicht etwa angenommen wird, die Verneinung des Satzes „Peter ist älter als Jan''sei der Satz „Peter ist jünger als Jan'', werden hier ein paar Beispiele für richtige Verneinungen vorgestellt:

| Satz | Mögliche Verneinung |
|------|---------------------|
| Peter ist größer als Jan. | Peter ist nicht größer als Jan. |
| | Es ist nicht so, daß Peter größer ist als Jan. |
| | Peter ist kleiner als Jan oder höchstens genau so groß wie Jan. |
| Alle Schüler sind fleißig. | Nicht alle Schüler sind fleißig. |
| | Es ist nicht so, daß alle Schüler fleißig sind. |
| | Es gibt mindestens einen Schüler, der nicht fleißig ist. |
| Jeder Lehrer hat eine Glatz. | Nicht jeder Lehrer hat eine Glatze. |
| | Es gibt mindestens einen Lehrer, der keine Glatze hat. |
| | Mindestens ein Lehrer hat keine Glatze. |

| Satz | Mögliche Verneinung |
|---|---|
| Kein Schüler trägt einen Vollbart. | Es stimmt nicht, daß kein Schüler einen Vollbart trägt. |
| | Es gibt mindestens einen Schüler, der einen Vollbart trägt. |
| | Ein oder mehrere Schüler tragen einen Vollbart. |
| Mindestens ein deutscher Fluß ist länger als der Nil. | Kein deutscher Fluß ist länger als der Nil. |
| | Es entspricht nicht den Tatsachen, daß ein deutscher Fluß länger ist als der Nil. Alle deutschen Flüsse sind nicht länger als der Nil. |

# Ein voreiliger Selbstmord

Herr Freier will dem von ihm heiß verehrten Fräulein Zierer zum Geburtstag einen prächtigen Strauß roter Rosen überreichen. Auf sein Klingeln wird ihm aber nicht geöffnet. Enttäuscht fragt Herr Freier bei der Nachbarin nach dem Verbleib seiner Angebeteten. Wo Fräulein Zierer sich aufhält, weiß die Nachbarin leider auch nicht. „Nur eines weiß ich mit Sicherheit", sagt sie: „Wenn Fräulein Zierer daheim ist, spielt ihr Radio." Herr Freier horcht an der Wohnungstür und hört leise Radiomusik an sein Ohr dringen.

„Also ist sie daheim", murmelt er totenbleich, „sie will mich nur nicht hineinlassen."

Er schenkt den Blumenstrauß der Nachbarin, geht und ertränkt sich im nächstgelegenen Gewässer.

So traurig, wie der Ausgang dieser Geschichte ist, so überflüssig ist er. Herrn Freiers Selbstmord beruht nämlich auf

einem Denkfehler. Hätte er streng logisch gedacht, so würde er noch leben, vielleicht sogar glücklich verheiratet mit seiner Angebeteten.

Hätte die Nachbarin gesagt: „Wenn ihr Radio spielt, ist Fräulein Zierer daheim", wäre Herrn Freiers Schlußfolgerung richtig gewesen. Denn dann mußte er ja folgern, daß Fräulein Zierer daheim war und ihn vor der Tür stehen ließ. Das aber hat die Nachbarin eben nicht gesagt, sondern: „Wenn Fräulein Zierer daheim ist, spielt ihr Radio."

Um die logischen Beziehungen in dieser Aussage der Nachbarin richtig zu verstehen, wollen wir ein ähnliches Beispiel aus der Mathematik unter die Lupe nehmen: Wenn eine natürliche Zahl n durch 6 teilbar ist, so ist n eine gerade natürliche Zahl.

Diese Aussage besteht aus zwei Teilen, nämlich:

1. Eine natürliche Zahl n ist durch 6 teilbar.

2. n ist eine gerade natürliche Zahl.

Der erste Teil ist offenbar eine Bedingung für den zweiten Teil der Aussage, und zwar insofern, als **alle** natürlichen Zahlen, die **durch 6 teilbar** sind, immer auch gerade Zahlen sind. Es gibt keine Ausnahmen. Die Eigenschaft, durch 6 teilbar zu sein, reicht für eine beliebige natürliche Zahl demnach völlig aus, um eine gerade Zahl zu sein. Deshalb nennen die Mathematiker diesen ersten Teil der Aussage eine **hinreichende** Bedingung für den zweiten Teil.

Umgekehrt ist selbstverständlich nicht jede gerade natürliche Zahl n auch durch 6 teilbar, wie z. B. die Zahlen 14 und 16. Sicher ist aber, daß natürliche Zahlen, die **nicht gerade** sind, auch **nicht durch 6 teilbar** sein können. Um also durch 6 teilbar sein zu können, ist es **notwendig**, daß eine natürliche Zahl erst einmal gerade sein muß. Das ist das mindeste, was wir von ihr verlangen müssen.

Aus diesem Grunde ist also der zweite Teil unserer Aussage auch eine Bedingung für den ersten Teil. In der Mathematik sprechen wir hier von einer **notwendigen** Bedingung. Wie unser Beispiel zeigt, brauchen notwendige Bedingungen durchaus nicht auch hinreichend zu sein.

Nun zurück zu Fräulein Zierers Nachbarin!

Ihre Aussage: „Wenn Fräulein Zierer daheim ist, spielt ihr Radio", bedeutet: „Fräulein Zierer ist daheim" ist eine **hinreichende** Bedingung dafür, daß „ihr Radio spielt!" Und „ihr Radio spielt" ist eine notwendige Bedingung dafür, daß „Fräulein Zierer daheim ist".

Aufgrund unserer Überlegungen folgt deshalb daraus, daß Herr Freier durch Fräulein Zierers Tür Radiomusik hört, nicht unbedingt, daß seine Angebetete auch zu Hause sein muß. Es ist also keineswegs ausgeschlossen, daß das Radio auch einmal in Betrieb sein kann, wenn Fräulein Zierer nicht daheim ist. Vielleicht hat sie beim Weggehen vergessen, es auszuschalten, oder vielleicht ist sie nur einmal kurz weggegangen, um für den erwarteten Besuch des Herrn Freier eine Flasche Sekt zu kaufen.

# „Und" oder „Oder" oder „Oder und Und"

An den Türen älterer Leipziger Straßenbahnwagen konnte man bis vor wenigen Jahren noch folgenden Text lesen: „Auf- oder Abspringen während der Fahrt polizeilich verboten!" Deutlich war zu erkennen, daß unter dem Wörtchen „oder" ursprünglich ein anderes Wort gestanden hat. Ursprünglich hieß es nämlich: „Auf- und Abspringen während der Fahrt ..."

Ein Mann, der es besonders eilig hatte und trotz dieser Warnung von der fahrenden Straßenbahn absprang, landete direkt in den Armen eines Polizisten. Dieser verdonnerte ihn zu einer Ordnungsstrafe von 5 Mark.

Der Mann weigerte sich jedoch, die Strafe zu bezahlen. Er sei sich keiner Schuld bewußt, behauptete er. Schließlich sei ja mit dem besagten Schild nur das Auf- und Abspringen von der fahrenden Straßenbahn verboten. Er jedoch sei keineswegs auf- **und** abgesprungen, sondern lediglich abgesprungen. Und das sei ja nicht verboten.

Die Sache kam vor Gericht.

Der Mann bekam recht.

Er brauchte nicht zu bezahlen.

In allen Straßenbahnen wurde über das Wörtchen „und" ein „oder" geklebt.

Daraufhin hielt ein stadtbekannter Witzbold seine Stunde für gekommen.

Vor den Augen eines Polizisten sprang er demonstrativ auf eine fahrende Straßenbahn, um unmittelbar darauf wieder abzuspringen.

Der Polizist schritt zur Tat. Eine Ordnungsstrafe war fällig. Der Witzbold weigerte sich, zu zahlen, mit dem Hinweis, nur das Auf- **oder** Abspringen während der Fahrt sei verboten, nicht aber das Auf- **und** Abspringen.

Doch vor Gericht kam er mit dieser Ansicht nicht durch.

264

Es heiße nicht: „Entweder das Aufspringen oder das Abspringen während der Fahrt ist polizeilich verboten", belehrte ihn der Richter, sondern es heiße: „Das Auf- oder Abspringen während der Fahrt ist polizeilich verboten." Und ein „oder" ohne ein „entweder" davor schließe in diesem Fall logischerweise auch das „und"'mit ein.

Somit seien durch die Formulierung:

„Auf- oder Abspringen während der Fahrt polizeilich verboten",

erstens das Aufspringen für sich allein,
zweitens das Abspringen für sich allein und
drittens das Auf- und Abspringen verboten.

Dem Witzbold verging das Lachen. Er mußte seine Strafe bezahlen. Und die Prozeßkosten obendrein.

In der Umgangssprache verwendet man das Wörtchen „oder" in zweierlei Bedeutung.

Im Satz: „Dieses Gedicht ist von Goethe oder von Schiller", wird das „oder" im Sinne eines „entweder — oder" verwendet. Das „und" ist dabei ausgeschlossen, weil das Gedicht ja nicht zugleich von Goethe und von Schiller sein kann.

Man spricht in diesem Zusammenhang vom „ausschließenden Oder".

Im Satz: „Wer raucht oder trinkt schadet seiner Gesundheit" schließt das Wörtchen „oder" das Wörtchen „und" mit ein. Nicht wer nur raucht oder wer nur trinkt, schadet seiner Gesundheit, sondern auch (und erst recht) wer raucht **und** trinkt. Man spricht hier vom „einschließenden Oder".

# Ein völlig verzweifelter Dorfbarbier

Während seines Urlaubsaufenthalts in einem kleinen Fischerdorf läßt sich Dr. L. O. Giker von dem dortigen Dorfbarbier rasieren. „Na, wie gehen denn so die Geschäfte in diesem kleinen Dörfchen?" fragt er leutselig den Barbier. „Danke, ich bin zufrieden und kann nicht über Mangel an Kundschaft klagen", erwidert der Meister. „Ich rasiere diejenigen Männer des Dorfes, die sich nicht selbst rasieren. Und damit habe ich mein Auskommen."

„Habe ich sie recht verstanden, daß sie eben sagten: ,Ich rasiere alle diejenigen Männer des Dorfes, die sich nicht selbst rasieren'?" will Herr Giker genau wissen.

„Genau das habe ich gesagt, und genauso ist es auch!" bestätigt der Barbier und pinselt Herrn Giker eine Ladung Rasierschaum ins Gesicht.

Als er den Mund wieder einigermaßen frei hat, will Dr. L. O. Giker vom Meister wissen: „Rasieren Sie sich eigentlich selber?"

„Natürlich", erwidert dieser, „wer soll mich denn sonst rasieren?" „Das frage ich mich auch", entgegnet Herr Giker. „Aber eines weiß ich mit Bestimmtheit: Wenn es stimmt, daß Sie genau diejenigen Männer des Dorfes rasieren, die sich nicht selbst rasieren, dann dürfen Sie sich doch nicht selbst rasieren."

„Wieso denn nicht?" will der leicht unsicher gewordene Figaro wissen. „Also passen Sie auf!" beginnt Dr. Giker seine Belehrung. „Sie haben doch gerade behauptet, daß Sie genau diejenigen Männer des Dorfes rasieren, die sich nicht selbst rasieren. Wenn Sie sich aber selbst rasieren, gehören Sie doch zu denjenigen Männern, die nicht vom Dorfbarbier, also nicht von Ihnen, rasiert werden. Mit zwei Sätzen, mein lieber Figaro: Genau dann, wenn Sie sich selber rasieren, dürfen Sie sich nicht selber rasieren. Anderenfalls würden Sie ja vom Barbier rasiert, und der Barbier

266

rasiert nur diejenigen Männer des Dorfes, die sich nicht selbst rasieren! Haben Sie das verstanden?"

„Nicht ganz, aber so viel habe ich mitbekommen, daß ich mich in Zukunft nicht mehr selbst rasieren darf", erwidert der Barbier.

„Nein", belehrt ihn Dr. L. O. Giker, „so dürfen Sie nun auch wieder nicht verfahren. Denn genau dann, wenn Sie sich nicht selbst rasieren, gehören Sie doch zu den Männern des Dorfes, die vom Dorfbarbier, also von Ihnen rasiert werden müssen. Mit einem Satz: Genau dann, wenn Sie sich nicht selbst rasieren, müssen Sie sich selbst rasieren!"

Da läßt der Meister vor Schreck den Pinsel fallen. „Wenn ich mich selbst rasiere, dann darf ich mich nicht selbst rasieren. Wenn ich mich nicht selbst rasiere, dann muß ich mich selbst rasieren", stammelt er. „Was soll ich denn nun machen?"

„Nichts kann man machen, keiner kann Ihnen helfen", entgegnet Dr. L. O. Giker.

„Aber eines ist klar: Sie sind nur deshalb in diese verzweifelte Lage gekommen, weil Sie gesagt haben: ‚Ich rasiere diejenigen Männer des Dorfes, die sich nicht selbst rasieren'. Einen solchen Satz darf ungestraft nur ein weiblicher Barbier sagen. Ein männlicher Barbier dagegen verschafft sich damit ein absolut unlösbares logisches Problem."

# Lügt er, oder lügt er nicht?

„Alles, was ich sage, ist gelogen!" behauptet ein von seinen lügnerischen Fähigkeiten restlos überzeugter Lügner.

Kann man ihm diesen Satz glauben?

Oder ist auch dieser Satz eine Lüge, wie alles, was er bisher gesagt hat?

Nehmen wir einmal an, der Lügner sagt diesmal ausnahmsweise die Wahrheit. Sein Satz: „Alles, was ich sage, ist gelogen", ist dann natürlich wahr.

Wenn er aber dieses eine Mal die Wahrheit gesagt hat, so ist ja nicht alles, was er sagt, gelogen. Folglich ist sein Satz: „Alles, was ich sage, ist gelogen'', eine Lüge. Nanu, was ist denn jetzt passiert?

Das merkwürdige Ergebnis unserer Überlegung lautet:

**Wenn der Lügner die Wahrheit sagt, so hat er gelogen.**

Da kenne sich einer aus!

Probieren wir es einmal andersherum und nehmen wir an, der Lügner lügt auch diesmal, wie immer.

Sein Satz: „Alles, was ich sage, ist gelogen'', ist dann falsch. Wenn er aber auch dieses Mal gelogen hat, ist doch tatsächlich alles, was er sagt, gelogen. Folglich ist sein Satz: „Alles, was ich sage, ist gelogen'', die volle Wahrheit. Nanu, schon wieder so ein merkwürdiges Ergebnis:

**Wenn der Lügner lügt, so sagt er die Wahrheit.**

Was nun? Der Lügner kann machen, was er will, es geht immer schief.

Sagt er die Wahrheit, so lügt er.

Lügt er, so sagt er die Wahrheit.

Wie aber kann man dem Lügner helfen, aus diesem Teufelskreis herauszukommen?

Überhaupt nicht! Wenn er einmal drin ist, führt kein Weg zurück. Und wie ist er in diese unangenehme Situation gekommen?

Offensichtlich dadurch, daß er leichtsinnigerweise als Lügner eine Aussage über seine eigene Lügnerei gemacht hat. Das sollte er tunlichst sein lassen.

# Ehrlich oder nicht ehrlich, das ist hier die Frage!

Auf einer seiner Forschungsreisen gelangt der berühmte Wissenschafter Dr. L. O. Giker zusammen mit seiner Frau Simplicia auf eine abgelegene Insel. Diese wird von zwei unterschiedlichen Volksstämmen bewohnt: dem Stamm der

Ehrlichen, die immer und überall die Wahrheit sagen, und
dem Stamm der Lügner, die immer und überall lügen.

Da das Forscherpaar längere Zeit auf der Insel zu verweilen
gedenkt, beschließt Frau Giker, ein Hausmädchen anzustellen. Natürlich kommt für diese vertrauensvolle Tätigkeit nur
ein Mädchen aus dem Stamm der Ehrlichen in Betracht.
Frau Giker fragt also eine Eingeborene, die ihr für diesen
Posten geeignet zu sein scheint, nach ihrer Stammeszugehörigkeit. ,,Ich gehöre zum Stamme der Ehrlichen'', antwortet diese und wird daraufhin prompt engagiert. Als Herr
Dr. L. O. Giker davon erfährt, lacht er seine Frau aus: ,,Ja,
glaubst du denn wirklich, daß das Mädchen zum Stamme
der Ehrlichen gehört?''

,,Natürlich!'' erwidert Frau Giker im Brustton der Überzeu-
gung. ,,Ich habe sie doch ausdrücklich nach ihrer Stammeszugehörigkeit gefragt, und sie hat mir zur Antwort gegeben,
daß sie zum Stamm der Ehrlichen gehört.''

,,Und was hätte sie denn wohl geantwortet, wenn sie zum
Stamme der Lügner gehören würde?'' will Herr Giker von
seiner Frau wissen.

,,Genau dasselbe!'' muß Frau Giker nach kurzer Überlegung
beschämt zugeben.

In der Tat, welchen Eingeborenen man auch immer nach seiner Stammeszugehörigkeit befragt, stets muß die Antwort sein: „Ich gehöre zum Stamm der Ehrlichen."

Handelt es sich nämlich bei dem Befragten um einen „Ehrlichen", so muß er, weil er **immer** die Wahrheit sagt, antworten:

„Ich gehöre zum Stamm der Ehrlichen."

Handelt es sich bei dem Befragten dagegen um einen „Lügner", so muß er, weil er **immer** lügt, ebenfalls antworten:

„Ich gehöre zum Stamm der Ehrlichen."

Wie soll man nun aber unter diesen Umständen herausfinden, zu welchem Stamm der Befragte tatsächlich gehört?

Herr Dr. L. O. Giker, als Wissenschaftler im Denken geübt, löst das Problem folgendermaßen:

Er schickt das frischgebackene Hausmädchen zu einem eingeborenen Fischer, der am nahegelegenen Strand seine Netze flickt. Zu welchem Stamm er gehöre, soll sie ihn fragen und mit der Antwort zurückkommen. „Was soll denn nun das?" fragt Frau Giker mit leichtem Befremden ihren Mann.

„Also paß auf", erklärt ihr dieser seinen Plan, „wir wissen doch mittlerweile, daß der Fischer dem Mädchen in jedem Falle, also selbst dann, wenn er zum Stamm der Lügner gehört, antworten wird: ‚Ich gehöre zum Stamme der Ehrlichen'. Wenn folglich das Mädchen nach seiner Rückkehr sagen wird, der Fischer habe behauptet, zum Stamme der Ehrlichen zu gehören, dann sagt sie die Wahrheit und ist somit eine ‚Ehrliche'. Behauptet sie dagegen, der Fischer habe sich als Angehöriger des Stammes der Lügner bezeichnet, dann lügt sie und gehört folglich zum Stamme der Lügner, ist also nicht als Hausmädchen für uns geeignet."

Da kommt auch schon das Mädchen angekeucht: „Der Fischer hat gesagt, er gehöre zum Stamme der Ehrlichen!"

„Na siehst du", sagt Frau Giker triumphierend zu ihrem Mann, „ich habe es doch gleich gewußt."

# Der todsichere Prozeß

Prof. Dr. Justus, der berühmte Rechtsgelehrte, hat mit seinem Schüler Streitling folgende Vereinbarung getroffen:
Prof. Justus unterrichtet Streitling in der Kunst der Prozeß-
führung. Das Honorar für seinen Unterricht bekommt er aber
nur dann, wenn Streitling seinen ersten Prozeß gewinnt.
Sollte Streitling wider Erwarten seinen ersten Prozeß verlie-
ren, verzichtet Prof. Justus auf sein Honorar.
Streitling hat seine Ausbildung bei Prof. Justus abgeschlos-
sen, denkt aber gar nicht daran, einen Prozeß zu führen.
Prof. Justus, der endlich zu seinem Geld kommen will, droht
Streitling mit einem Prozeß.
„Dabei komme ich auf jeden Fall zu meinem Honorar",
erläutert er seinem ehemaligen Schüler. „Gewinne ich nämlich den Prozeß, dann mußt du mir das Geld geben, weil dich
der Richter dazu verurteilt hat. Verliere ich dagegen den Prozeß, so mußt du entsprechend unserer Vereinbarung ebenfalls zahlen, weil du dann ja deinen ersten Prozeß gewonnen
hast. Zahlen mußt du also auf jeden Fall."
„Da bin ich aber ganz anderer Meinung", erwidert Streitling.
„Gewinne ich den Prozeß, dann brauche ich das Honorar
nicht zu zahlen, weil es der Richter ja so entschieden hat.
Verliere ich dagegen den Prozeß, brauche ich ebenfalls nicht
zu zahlen, weil das Honorar gemäß unserer Vereinbarung
nur dann entrichtet werden muß, wenn ich meinen ersten
Prozeß gewinne. Also brauche ich in keinem Falle zu
bezahlen."
Wer hat denn nun recht? Oder ist das ein unlösbarer Widerspruch?

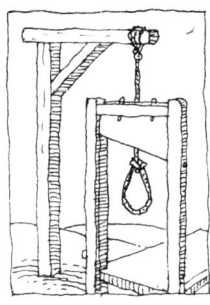

# Logik zwischen Galgen und Fallbeil

Ein Tyrann, der soeben einen seiner zahlreichen Gegner nach gewohnt kurzem Prozeß zum Tode verurteilt hat, spürt plötzlich eine bei ihm ganz und gar ungewohnte menschliche Regung.

„Herr Rechtsanwalt", wendet er sich an den Verteidiger des Verurteilten, „um Ihnen und Ihrem Mandanten mein Wohlwollen zu beweisen, stelle ich es Ihrer Geschicklichkeit anheim, auf welche Art und Weise die Hinrichtung erfolgen wird, durch Erhängen oder durch Köpfen. Sie können jetzt Ihrem Mandanten eine Frage stellen. Beantwortet er sie richtig, so wird er geköpft, beantwortet er sie falsch, wird er erhängt."

Der Rechtsanwalt, im logischen Denken nicht ungeübt, stellt dem Verurteilten die Fragen: „Wie wird man Sie hinrichten, durch Erhängen oder durch Köpfen?" Der Verurteilte erkennt blitzschnell seine Chance und antwortet: „Ich werde aufgehängt werden." Nach den Gesetzen der Logik glaubt er, sich mit dieser Antwort das Leben gerettet zu haben. Würde man ihn zum Galgen führen, so hätte er ja die Frage nach der Hinrichtungsart richtig beantwortet und müßte folglich der Abmachung gemäß geköpft werden. Würde man ihn dagegen zum Fallbeil führen, so hätte er die Frage falsch beantwortet und müßte folglich erhängt werden. Jede der beiden Hinrichtungsarten würde damit auf einen Widerspruch führen, das Urteil könnte nicht vollstreckt werden. Der Tyrann aber, mit den Gesetzen der Macht ebenso vertraut wie mit denen der Logik, zerstört die aufkeimende Hoffnung des Verurteilten durch folgende Überlegung: „Ob deine Antwort richtig ist oder falsch, entscheidet sich erst dann, wenn die Hinrichtung tatsächlich vollzogen ist. Ich werde dich also zunächst einmal aufhängen lassen. Da aber danach deine Antwort sich als richtig erwiesen hat, werde ich deinen Leichnam gleich anschließend köpfen lassen, falls du dann überhaupt noch Wert darauf legen solltest."

272

Ehrlich gesagt, so ganz unrecht hat der Tyrann schließlich auch wieder nicht, selbst wenn man sein Vorgehen keinesfalls billigen kann.

# Vier Farben sind genug

Die Bundesrepublik Deutschland besteht aus 16 Ländern:
Baden-Württemberg
Bayern
Berlin
Brandenburg
Bremen
Hamburg
Hessen
Mecklenburg-Vorpommern
Niedersachsen
Nordrhein-Westfalen
Rheinland-Pfalz
Saarland
Sachsen
Sachsen-Anhalt
Schleswig Holstein
Thüringen

Damit sich auf einer Landkarte der Bundesrepublik Deutschland die einzelnen Bundesländer deutlich voneinander abheben, stellt man sie unterschiedlich gefärbt dar.
16 verschiedene Bundesländer gibt es; folglich braucht man zu ihrer Darstellung 16 verschiedene Farben. Das würde jedoch eine teure Landkarte werden, denn viele Farben zu drucken kostet viel Geld.
Weil es aber nur darauf ankommt, daß sich die einzelnen Länder deutlicher voneinander abheben, braucht man ja eigentlich nicht für jedes Land eine geeignete Farbe. Es würde ausreichen, wenn zwei Länder, die eine gemeinsame

273

Grenze haben, unterschiedlich gefärbt sind, zum Beispiel Bayern und Hessen oder Thüringen und Sachsen.

Zwei Länder ohne gemeinsame Grenze könnten durchaus mit derselben Farbe dargestellt werden, wie zum Beispiel Bayern und Schleswig-Holstein oder Hamburg und Hessen. Unter diesen Umständen genügen für eine Landkarte der Bundesrepublik Deutschland drei verschiedene Farben. Mehr nicht! Mit drei Farben läßt sich erreichen, daß zwei aneinandergrenzende Bundesländer stets unterschiedlich gefärbt sind.

Es gibt Fälle, bei denen man sogar mit nur zwei Farben auskommt, es gibt aber auch Fälle, bei denen man vier Farben braucht. Mehr als vier verschiedene Farben wurden bisher noch bei keiner Landkarte benötigt. Selbst bei einer Landkarte Deutschlands zur Zeit der Kleinstaaterei kommt man mit nur vier Farben aus.

Da man bisher noch kein Gegenbeispiel gefunden hat und trotz größter Anstrengung auch kein Gegenbeispiel künstlich herstellen konnte, vermuten die Mathematiker, daß man in jedem überhaupt denkbaren derartigen Fall mit nur vier Farben auskommt.

In aller Strenge bewiesen hat man bisher aber nur, daß es keine Landkarte geben kann, bei der man sechs oder mehr Farben braucht. Es geht deshalb nur noch darum, herauszubekommen, ob vier oder ob fünf Farben genügen.

Kürzlich ging die Nachricht um die Welt, daß es einigen Mathematikern gelungen sei, mit Hilfe eines Computers nachzuweisen, daß man in jedem Fall mit nur vier Farben auskommt.

Dieser „Computerbeweis'' ist jedoch von einer ganz anderen Art, als es die Mathematiker bisher bei allen ihren Beweisen gewohnt waren. Sie sind deshalb mit diesem Beweis auch noch nicht ganz zufrieden und fahren fort, nach einem sogenannten klassischen Beweis für dieses „Vierfarbenproblem'' zu suchen.

# Ein Blick in die Vergangenheit

Manche Leute meinen, ein Lichtjahr sei ein Zeitmaß. Das stimmt aber nicht, denn das Lichtjahr ist eine Längeneinheit, und zwar versteht man unter einem Lichtjahr die Länge derjenigen Strecke, die das Licht in einem Jahr zurücklegt. In einer Sekunde legt das Licht 300 000 km zurück.

Ein Jahr hat 365 Tage; 365 Tage haben 365 · 24 = 8760 Stunden; 8760 Stunden haben 8760 · 60 = 525 600 Minuten, und 525 600 Minuten entsprechen 525 600 · 60 = 31 536 000 Sekunden.

Wenn das Licht also in einer Sekunde 300 000 km zurücklegt, so legt es in 31 536 000 Sekunden

31 536 000 · 300 000 = 9 460 800 000 000 km zurück.

Ein Lichtjahr ist folglich die Länge einer Strecke von 9 460 800 000 000 km.

Eine riesige Strecke! Aber für die Entfernungen im Weltraum ist ein Lichtjahr nur ein Klacks. Der uns am nächsten liegende selbstleuchtende Stern (Proxima Centauri) ist immerhin 4 Lichtjahre von uns entfernt. Bis zum Polarstern sind es 40 Lichtjahre. Die Milchstraße, ein gewaltiges Sternsystem mit mehreren hundert Milliarden Sternen, zu dem auch die Sonne gehört, hat einen Durchmesser von etwa 120 000 Lichtjahren. Bis zum Andromedanebel, einem unserer Milchstraße vergleichbaren Sternsystem, sind es rund 2,2 Millionen Lichtjahre. Die fernsten Himmelskörper, die man bisher entdeckt hat, sind sogar mehr als 14 Milliarden Lichtjahre von uns entfernt.

Nun stellen wir uns einmal folgendes vor: Es wird geplant, zu einer Weltraumstation täglich eine Versorgungsrakete zu schicken. Jede dieser Raketen braucht für ihren Weg von der Erde zur Raumstation 10 Tage.

Wenn wir also heute mit den täglichen Versorgungsflügen beginnen, so merkt die Besatzung der Raumstation erst in 10

Tagen etwas davon, weil erst dann unsere erste Rakete dort eintrifft.

Von da an geht's dann aber Zug um Zug weiter. Täglich kann die Besatzung eine Versorgungsrakete empfangen.

Etwas Bemerkenswertes passiert erst dann wieder, wenn die täglichen Raketenflüge aus irgendwelchen Gründen plötzlich eingestellt werden. Die Besatzung der Raumstation würde das nämlich erst 10 Tage später bemerken, denn so lange käme ja noch täglich eine Rakete bei ihnen an. Alle Versorgungsraketen die bereits unterwegs sind, setzen schließlich ihre 10tägige Reise bis zum Ziel fort. Sowohl den Beginn als auch das Ende der täglichen Versorgungsflüge bemerkt demnach die Besatzung der Weltraumstation mit einer Verzögerung von jeweils 10 Tagen.

Genau dasselbe passiert, wenn irgendwo im Weltall, beispielsweise 10 Lichtjahre von uns entfernt, plötzlich ein Stern zu leuchten beginnt. Erst in 10 Jahren würden wir das hier auf der Erde bemerken, denn erst dann kommt das Licht bei uns an.

Und wenn irgendwo im Weltall ein 10 Lichtjahre von uns entfernter Stern plötzlich zu leuchten aufhört, merken wir das auch erst nach 10 Jahren, denn so lange kommt noch Licht von diesem Stern zu uns, nämlich alles, was im Augenblick des Verlöschens schon unterwegs war.

Vielleicht gibt es auch 1000 Lichtjahre von uns entfernt schon seit 999 Jahren einen neuen Stern? Wir würden seine Entstehung erst im nächsten Jahr bemerken.

Aus diesen Überlegungen folgt: Wenn wir den nächtlichen Sternenhimmel betrachten, sehen wir die einzelnen Himmelskörper nicht so, wie sie in diesem Augenblick aussehen. Wir sehen sie vielmehr so, wie sie aussahen, als von ihnen das Licht ausging, das gerade auf der Erde eintrifft.

Den 4 Lichtjahre entfernten Proxima Centauri sehen wir folglich so, wie er vor 4 Jahren aussah;

Den 40 Lichtjahre entfernten Polarstern sehen wir so, wie er vor 40 Jahren aussah;

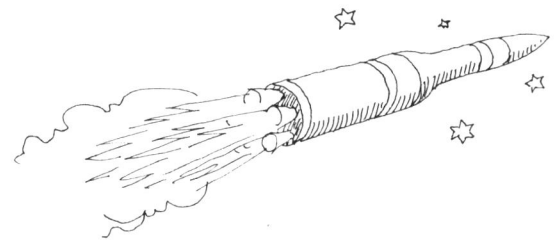

den 2 200 000 Lichtjahre entfernten Andromedanebel nehmen wir so wahr, wie er vor 2 200 000 Jahren aussah.

Der Blick zum Sternenhimmel ist demzufolge kein Blick in
den Weltraum, wie er jetzt ist, sondern ein Blick in die Ver-
gangenheit unserer Welt.

Wie das Weltall im gegenwärtigen Augenblick aussieht, wissen wir nicht, und das werden wir selbst auch niemals
erfahren.

Jetzt stellen wir uns einmal vor, ein 10 Lichtjahre von uns
entfernt im Weltraum vergessener Astronaut betrachtet
durch ein Fernrohr unsere Erde. Natürlich sieht auch er die
Erde nicht so, wie sie jetzt ist, sondern so, wie sie vor 10 Jahren war.

Falls sein Fernrohr so leistungsfähig ist, daß er damit sogar
einzelne Menschen auf der Erde erkennen kann, würde er
vielleicht in diesem Augenblick erst sehen, wie uns unsere
Mütter zum ersten Mal im Kinderwagen ausfahren oder vielleicht auch, wie wir mit Zuckertüten zum ersten Mal aus der
Schule kommen.

# Der Rekordflug

Beim Klubabend des Flugsportvereins „Krähenschwarm" geht es um die Frage, welche Windverhältnisse am günstigsten sind, wenn man den Ziel-Rückflug von Mellrichstadt zum 150 km entfernten Heilbronn in Rekordzeit zurücklegen will. Bei einem solchen Ziel-Rückflug geht es darum, mit einem Segelflugzeug möglichst schnell von Mellrichstadt nach Heilbronn zu gelangen, dort in der Luft zu wenden und unverzüglich möglichst schnell wieder nach Mellrichstadt zurückzufliegen.

Am günstigsten wären die Windverhältnisse, darüber waren sich alle Mitglieder des Klubs einig, wenn sowohl auf dem Hinflug nach Heilbronn als auch auf dem Rückflug nach Mellrichstadt ein möglichst starker Rückenwind herrschte. In einem solchen Fall müßte sich aber die Windrichtung genau in dem Augenblick um 180° drehen, in dem das Flugzeug über Heilbronn angelangt ist. Daß man mit einem so außergewöhnlichen Zufall nicht rechnen kann, war der Versammlung wohl klar. Deshalb wäre am ehesten mit einem Rekordflug bei absoluter Windstille zu rechnen. Nun aber behauptet einer aus dem Kreis der Sportflieger, genauso schnell wie bei Windstille ginge es auch, wenn auf dem Hinflug Rückenwind und auf dem Rückflug Gegenwind — oder umgekehrt —herrsche, falls nur der Wind während der gesamten Flugdauer stets mit derselben Geschwindigkeit bläst. Schließlich heben sich ja die hindernde Wirkung des Gegenwindes in der einen Flugrichtung und die unterstützende Wirkung des Rückenwindes in der entgegengesetzten Flugrichtung gegenseitig auf. Diese Behauptung findet die Zustimmung der ganzen Versammlung. „Das ist ja sonnenklar!" ist die allgemeine Meinung.

„Nichts ist sonnenklar!" kann man da nur sagen! Die Behauptung, so einleuchtend sie auch auf den ersten Blick erscheint, ist falsch. Nehmen wir an, das Flugzeug fliegt gegenüber der Luft, in der es sich befindet, mit einer

Geschwindigkeit von 100 km/h. Es würde in diesem Fall bei absoluter Windstille für die 150 km lange Strecke von Mellrichstadt nach Heilbronn 1 1/2 Stunden und für die genauso lange Strecke zurück ebenfalls 1 1/2 Stunden brauchen. Die gesamte Flugdauer für Hin- und Rückflug wäre dann 3 Stunden.

Jetzt nehmen wir an, der Wind bläst während des gesamten Fluges mit einer Geschwindigkeit von 50 km/h in Richtung Heilbronn.

Auf dem Hinflug bei Rückenwind von Mellrichstadt nach Heilbronn überlagern sich die Geschwindigkeit des Flugzeugs und die Windgeschwindigkeit; die Gesamtgeschwindigkeit des Flugzeugs gegenüber dem Erdboden beträgt folglich 100 km/h + 50 km/h = 150 km/h. Die Flugzeit für die 150 km lange Strecke von Mellrichstadt nach Heilbronn beträgt somit genau 1 Stunde.

Auf dem Rückflug mit Gegenwind muß jetzt die Windgeschwindigkeit von der Eigengeschwindigkeit des Flugzeugs abgezogen werden. Die Geschwindigkeit des Flugzeugs gegenüber dem Erdboden beträgt also nur noch 100 km/h − 50 km/h, also 50 km/h.

Und mit dieser Geschwindigkeit braucht das Flugzeug für die 150 km lange Strecke von Heilbronn nach Mellrichstadt genau 3 Stunden. Der Hin- und Rückflug dauert somit insgesamt 4 Stunden, und das ist eine Stunde länger als bei Windstille.

Folglich heben sich die unterstützende Wirkung des Rückenwindes auf dem Hinflug und die hemmende Wirkung des Gegenwindes auf dem Rückflug nicht gegenseitig auf. Der Gegenwind wirkt sich offensichtlich stärker aus als der Rückenwind. Das ist auch nicht verwunderlich, denn schließlich hat der Gegenwind ja viel länger Zeit, auf das Flugzeug einzuwirken, als der Rückenwind.

Übrigens: Wer das immer noch nicht glaubt, rechne einmal aus, wie lange der Ziel-Rückflug bei einer Windgeschwindigkeit von 100 km/h dauern würde!

# Langsamer geht's schneller

Auf den deutschen Autobahnen gibt es einige berüchtigte Engpässe. Zu ihnen gehören der Hamburger Elbtunnel, die Strecke von Frankfurt nach Mannheim und die Strecke von Nürnberg nach München. Für die Verkehrsplaner stellt sich da die Frage, mit welcher Geschwindigkeit auf solchen Strecken gefahren werden sollte, damit pro Stunde möglichst viele Kraftfahrzeuge das Nadelöhr passieren können. Viele meinen, das sei doch ganz einfach: Die betreffenden Kraftfahrzeuge sollten möglichst schnell fahren. Das ist aber ein Trugschluß! Diese Meinung würde nämlich nur dann zutreffen, wenn die einzelnen Fahrzeuge bei jeder Geschwindigkeit den gleichen Abstand voneinander einhielten. Das ist aber ganz bestimmt nicht der Fall.

Bei höherer Geschwindigkeit müssen die Kolonnenfahrer einen größeren Sicherheitsabstand zum Fahrzeug davor einhalten als bei langsamer Fahrt. Die positive Auswirkung einer höheren Geschwindigkeit ist folglich stets mit der negativen Auswirkung eines größeren Sicherheitsabstandes verbunden. Im unteren Geschwindigkeitsbereich überwiegt die positive Auswirkung einer Geschwindigkeitssteigerung. So können beispielsweise bei einer Geschwindigkeit von $10\,\mathrm{km/h}$ nur 850 Fahrzeuge die Strecke passieren, während es bei einer Geschwindigkeit von $20\,\mathrm{km/h}$ bereits 1400 Fahrzeuge sind.

Im oberen Geschwindigkeitsbereich überwiegt dann allerdings die negative Auswirkung eines größeren Sicherheitsabstandes. So können bei einer Geschwindigkeit von $100\,\mathrm{km/h}$ etwa 1600 Fahrzeuge das Nadelöhr passieren, während es bei einer Geschwindigkeit von $130\,\mathrm{km/h}$ nur noch rund 1400 Fahrzeuge sind.

In der folgenden Tabelle sind jeweils eine Geschwindigkeit und die Anzahl der Fahrzeuge, die bei dieser Geschwindigkeit einen bestimmten Autobahnabschnitt passieren können, einander gegenübergestellt.

| Geschwindigkeit in km/h | Anzahl der Fahrzeuge pro Stunde |
|---|---|
| 10 | 850 |
| 20 | 1400 |
| 30 | 1700 |
| 40 | 1840 |
| 50 | 1880 |
| 60 | 1860 |
| 70 | 1810 |
| 80 | 1750 |
| 90 | 1675 |
| 100 | 1600 |
| 110 | 1530 |
| 120 | 1460 |
| 130 | 1400 |
| 180 | 1125 |
| 200 | 1040 |

Wir sehen, daß die günstigste Geschwindigkeit 50 km/h beträgt. Wer hätte das gedacht!

Vielleicht erinnert sich der eine oder andere daran, wenn er wieder einmal glauben sollte, dem besseren Verkehrsfluß mit einer Geschwindigkeit von 180 km/h dienen zu müssen!

Übrigens: Der Tabelle ist ein Sicherheitsabstand zugrunde gelegt, der nur halb so groß ist wie der allgemein empfohlene.

Würde man diesen empfohlenen Sicherheitsabstand den Berechnungen zugrunde legen, läge die günstigste Geschwindigkeit bei nur 36 km/h.

Und wer glaubt, da müsse sich wohl ein Rechenfehler eingeschlichen haben, muß sich sagen lassen, daß zahlreiche Messungen an den verschiedensten Autobahnstrecken mit diesen Rechenergebnissen übereinstimmen.

# Die Autobahn als Parkplatz

„Wir haben viel zu wenig Autobahnen", stöhnt ein Autofahrer, der bei glühender Sommerhitze seit Stunden im Stau steckt. „Die paar tausend Kilometer reichen ja noch nicht einmal aus, um alle PKW der Bundesrepublik darauf parken zu können!" Da hat er in seinem verständlichen Ärger wohl etwas übertrieben? Oder?
Natürlich nicht! Auch wenn man's auf den ersten Blick kaum glauben mag. Rechnen wir's doch einmal nach!
Für die rund 30 Millionen Personenwagen, die in der Bundesrepublik Deutschland zum Verkehr zugelassen sind, gibt es rund 8200 km Autobahnen. Ein PKW ist im Durchschnitt 4,20 m lang. Würde man alle 30 000 000 Fahrzeuge, Stoßstange an Stoßstange, hintereinander parken, ergäbe sich eine Schlange von immerhin 30 000 000 · 4,20 m = 126 000 000 m = 126 000 km Länge. Wollte man diese Autos in Sechserreihen auf der Autobahn parken, so brauchte man immerhin eine Strecke von 126 000 km : 6 = 21 000 km Länge. Und das ist etwas mehr als zweieinhalbmal so viel, wie derzeit vorhanden ist. Parken wir ein bißchen enger, so wird es uns vielleicht gelingen, auf jeder Fahrspur der Autobahn vier Reihen parkender Autos unterzubringen. Wenn wir so die 30 Millionen PKW in Achterreihen parken, brauchen wir zwar nur noch 126 000 km : 8 = 15 750 km Autobahn, aber das ist immer noch fast doppelt so viel, wie vorhanden. Selbst wenn es gelänge, in Zehnerreihen zu parken, würden die 8200 km Autobahnen der Bundesrepublik für die dann nur noch 12 600 km lange Schlange parkender Autos nicht ausreichen. Noch schlimmer sieht die Sache aus, wenn man die bei der bisherigen Rechnung noch gar nicht berücksichtigten Busse und Lastwagen mit dazunimmt.
Eigentlich ist es da doch ein Wunder, daß man hin und wieder auf der Autobahn noch streckenweise freie Fahrt hat!

# Der Kopfsprung ins leere Schwimmbecken

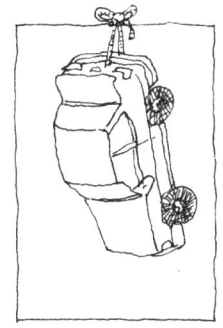

Manche Autofahrer glauben, sie brauchten ihren Sicherheitsgurt nur bei Überlandfahrten anzulegen. Bei Stadtfahrten mit der erlaubten Höchstgeschwindigkeit von kümmerlichen 50 km/h sei diese Vorsichtsmaßnahme überflüssig. Selbst im Falle eines Frontalaufpralls auf ein feststehendes Hindernis könne man sich bei dieser geringen Geschwindigkeit noch ganz bequem am Lenkrad oder am Armaturenbrett abstützen und sich so vor Schaden schützen, insbesondere vor dem Hinausschleudern durch die Windschutzscheibe. Wer das glaubt, irrt sich „tödlich!" Er müßte nämlich auch davon überzeugt sein, daß er einen Kopfsprung vom 10-m-Turm ins leere Schwimmbecken mit den ausgestreckten Armen abfangen und schadlos überstehen könnte. Denn wer aus 10 m Höhe frei herabfällt, kommt am Boden mit einer Geschwindigkeit von 50 km/h an. Selbst wenn der Frontalaufprall eines Autos auf ein feststehendes Hindernis mit einer Geschwindigkeit von lediglich 35 km/h erfolgt, so entspricht das in seiner Wirkung immer noch einem Kopfsprung vom 5-m-Turm in ein leeres Schwimmbecken.

Was der Sicherheitsgurt bei einem Frontalaufprall mit einer Geschwindigkeit von 80 km/h aushalten muß, wird einem spätestens dann so richtig klar, wenn man weiß, daß dies gleichbedeutend mit dem Aufprall nach einem Sturz aus 25 m Höhe ist. Und ein Auto, das mit 120 km/h gegen ein feststehendes Hindernis fährt, sieht danach genauso aus, als hätte es ein Kran an der hinteren Stoßstange 55 m hochgehievt und dann einfach losgelassen.

Unsere Tabelle zeigt, mit welcher Geschwindigkeit ein aus verschiedenen Höhen frei fallender Körper auf dem Erdboden ankommt.

Mit einem Taschenrechner können wir uns die Werte dieser Tabelle selbst berechnen. Dazu multiplizieren wir zunächst

| Fallhöhe in m | Aufprallgeschwindigkeit in km/h |
|---|---|
| 5 | 36 |
| 10 | 50 |
| 15 | 62 |
| 20 | 71 |
| 25 | 80 |
| 30 | 86 |
| 35 | 94 |
| 40 | 101 |
| 45 | 107 |
| 50 | 113 |
| 100 | 159 |
| 500 | 357 |

die Fallhöhe mit der Zahl 19,62, dem doppelten Zahlenwert der sogenannten Fallbeschleunigung: $g = 9,81 \, ^m/_s{}^2$. Wenn wir jetzt aus dem Resultat die Quadratwurzel berechnen, also auf die Rechnertaste mit dem Zeichen „$\sqrt{\phantom{x}}$'' drücken, so erhalten wir die Aufprallgeschwindigkeit, jedoch nicht in Kilometer pro Stunde, sondern erst einmal in Meter pro Sekunde. Um die Tabellenwerte zu bekommen, müssen wir unsere „Wurzelwerte'' noch mit der Zahl 3,6 multiplizieren.

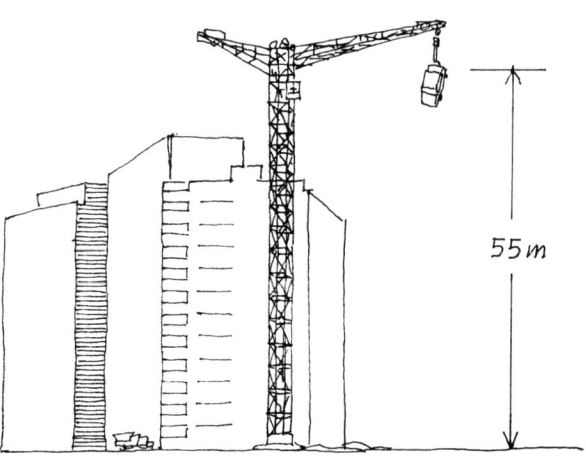

55 m

# Die schrecklich lange Schrecksekunde

Ungefähr eine Sekunde vergeht zwischen dem plötzlichen Auftauchen eines Hindernisses vor einem fahrenden Auto und dem Beginn des Bremsvorgangs. Als sehr kurz erweist sich diese sogenannte Schrecksekunde für alle die vielen und komplizierten Vorgänge, die sich während ihres Verlaufs im Körper des Autofahrers abspielen müssen:

Da muß die Nachricht vom plötzlichen Auftauchen des Hindernisses vom Auge über den Sehnerv zum Gehirn geleitet werden;

da muß das Gehirn diese Nachricht aufnehmen, verarbeiten und eine Entscheidung treffen: bremsen, ausweichen oder beides;

da muß das Gehirn, falls es sich für ,,bremsen'' entschieden hat, diese Entscheidung über die Nervenbahnen ans andere Ende des Körpers weiterleiten zu den Bein- und Fußmuskeln;

da müssen sich die Bein- und Fußmuskeln anspannen, den Fuß vom Gaspedal heben und aufs Bremspedal setzen;

und da muß schließlich der Fuß das Bremspedal kräftig nach unten drücken.

Alles das spielt sich innerhalb einer einzigen Sekunde ab! Fürwahr, eine reife Leistung! Im Hinblick darauf erscheint die Schrecksekunde als sehr, sehr kurz.

Als schrecklich lang erweist sie sich dagegen im Hinblick auf das, was sich während ihres Verlaufs am Auto selbst abspielt. Da ändert sich nämlich gar nichts. Eine ganze lange Sekunde lang rast der Wagen noch mit nahezu unveränderter Geschwindigkeit auf das Hindernis zu. Und der Weg, den er in dieser schrecklich langen Sekunde zurücklegt, kann unter Umständen auch schrecklich lang sein, oft sogar zu lang.

Bei einer Geschwindigkeit von 72 km/h legt ein Auto innerhalb einer Stunde eine Strecke von 72 000 m zurück.

Eine Stunde hat 3600 Sekunden.

Ein mit 72 km/h fahrendes Auto legt folglich in einer Sekunde 72 000 m : 3600 = 20 m zurück, d. h., 20 m würde der Wagen während der Schrecksekunde ungebremst weiterfahren. Bei einer Geschwindigkeit von 144 km/h wären es immerhin schon 140 000 m : 3600 = 40 m. Wenn also auf diesen 40 m vor dem dahinrasenden Wagen plötzlich ein Hindernis auftaucht, gibt es keine Rettung mehr: Das Fahrzeug prallt ungebremst, d. h. mit seiner vollen Geschwindigkeit, auf dieses Hindernis.

Auch bei der im Stadtverkehr vorgeschriebenen Höchstgeschwindigkeit von 50 km/h legt ein Auto immerhin noch 50 000 m : 3600 ≈ 14 m während der Schrecksekunde ungebremst zurück. Ein Kind, das in diesem Bereich plötzlich auf die Fahrbahn springt, etwa zwischen zwei parkenden Autos hervor, hat keine Chance zu entkommen. Es wird mit der ganzen Wucht, die in diesen 50 „Stundenkilometern" steckt, angefahren.

In der folgenden Tabelle sind einige der während der Schrecksekunde zurückgelegten Wegstrecken in Abhängigkeit von der Geschwindigkeit zusammengestellt.

| Geschwindigkeit des Fahrzeugs in km/h | Während der Schrecksekunde zurückgelegter Weg in m |
|---|---|
| 25 | 6,9 |
| 30 | 8,3 |
| 35 | 9,7 |
| 40 | 11,1 |
| 50 | 13,9 |
| 60 | 16,7 |
| 70 | 19,4 |
| 80 | 22,2 |
| 90 | 25,0 |
| 100 | 27,8 |
| 120 | 33,3 |
| 130 | 36,1 |
| 150 | 41,6 |
| 180 | 50,0 |

Und dem, der wieder einmal mit dem „Bleifuß" auf dem Gaspedal steht, sollten wir langsam und deutlich diese Tabelle vorlesen. Oder noch besser: Wir schreiben die Tabelle in gut lesbarer Form ab und kleben sie an gut sichtbarer Stelle ans Armaturenbrett des Wagens. Es lohnt sich! Ganz bestimmt!

# Überholen oder nicht überholen, das ist hier die Frage!

Daß Kraftfahrzeuge einander überholen, ist ein alltäglicher Vorgang. Schließlich will man ja nicht kilometerweit hinter einem stinkenden LKW herschleichen und seine Auspuffgase einatmen. Also auf zum Überholen! Links nachschauen, was hinter uns selbst los ist und ob was entgegenkommt, blinken, hinüber auf die linke Fahrspur, Gas geben, vorbeiziehen und wieder zurück auf die rechte Fahrbahnseite! Aufatmen! Fertig! Aus! So einfach geht das! Ja, so einfach ist das aber nur, wenn weit und breit kein Fahrzeug entgegenkommt. Man braucht viel freie Strecke zum Überholen, wie folgendes Beispiel zeigt:

Nehmen wir an, ein 20 m langer LKW fährt mit einer Geschwindigkeit von 80 km/h. Von hinten naht ein PKW mit einer Geschwindigkeit von 100 km/h. Der Sicherheitsabstand in Meter zum vorausfahrenden Auto soll nach einer Faustregel gleich der halben Tachometeranzeige sein. Bei 100 km/h beträgt er demnach 50 m. 50 m hinter dem LKW muß der PKW also zum Überholen auf die Gegenfahrbahn wechseln. Dort muß er zuerst diese 50 m bis zum LKW zurücklegen, dann die 20 m am LKW entlangfahren und darf — „Sicherheitsabstand = halbe Tachoanzeige" — fairerweise erst 40 m vor dem LKW wieder auf die rechte Fahrspur wechseln, wie unser Bild zeigt.

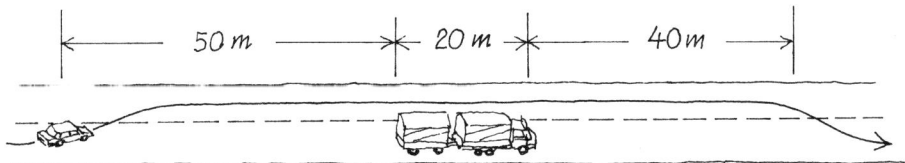

Diese 50 m + 20 m + 40 m = 110 m lange Strecke legt der überholende PKW aber nicht etwa mit seiner Geschwindigkeit von 100 km/h zurück; das täte er nur, wenn sich der LKW nicht bewegte. Da der Lastwagen jedoch mit einer Geschwindigkeit von 80 km/h fährt, bleiben für den PKW nur noch $100^{km/h} - 80^{km/h} = 20$ km/h übrig. Und mit dieser geringen Geschwindigkeit schleicht er die 110 m am LKW vorbei.

Bei einer Geschwindigkeit von 20 km/h werden in einer Sekunde 20 000 m : 3600 ≈ 5,5 m zurückgelegt.

Für die errechneten 110 m braucht man also 110 m : 5,5 $^{m/s}$ = 20 Sekunden. Der Überholvorgang, mit dem Ausscheren auf die Gegenfahrbahn beginnend und mit dem Zurückwechseln auf die rechte Fahrspur endend, dauert somit 20 Sekunden. Das klingt eigentlich gar nicht so toll. 20 Sekunden sind schließlich keine allzu lange Zeitspanne. Wenn wir aber bedenken, daß der überholende PKW bei seiner Geschwindigkeit von 100 km/h in jeder Sekunde 100 000 m : 3600 ≈ 27,8 m zurücklegt, kann einem allerdings angst und bange werden. Während des 20 Sekunden dauernden Überholvorgangs legt der PKW auf der Gegenfahrbahn sage und schreibe 20 · 27,8 m = 556 m zurück. Die Überholstrecke beträgt mehr als einen halben Kilometer! Selbst wenn man nicht einen 20 m langen LKW, sondern einen nur 5 m langen PKW in gleicher Weise überholt, ergibt sich eine Überholstrecke von immerhin noch 475 m.

Die Amerikaner mit ihren langen, geraden Straßen haben für's Überholen bei Nacht eine Faustregel. Sie lautet: „Überhole nicht, wenn du bei einem entgegenkommenden Fahrzeug die beiden Frontscheinwerfer bereits getrennt wahrnehmen kannst!"'

Wie recht sie damit haben, zeigt unser exakt durchgerechnetes Überholbeispiel. Auch die folgenden Tabellen können diese als übervorsichtig erscheinende Faustregel nur bestätigen. Die Werte darin berechnet man mit der Gleichung:

$$s = \frac{v_s \cdot \left(\frac{v_s}{2} + l + \frac{v_l}{2}\right)}{v_s - v_l}$$

Die Abkürzungen in dieser Gleichung bedeuten:

l — Länge des überholten Fahrzeugs
$v_l$ — Geschwindigkeit des Überholten
$v_s$ — Geschwindigkeit des Überholenden
s — Länge der auf der Gegenfahrbahn zurückgelegten Strecke.

| l (in m) | $v_s$ (in km/h) | $v_l$ (in km/h) | s (in m) |
|---|---|---|---|
| 20 | 100 | 95 | 2350 |
| | | 90 | 1150 |
| | | 85 | 750 |
| | | 80 | 550 |
| | | 75 | 430 |
| | | 70 | 350 |
| | | 65 | 293 |
| | | 60 | 250 |
| | | 55 | 217 |
| | | 50 | 190 |
| 5 | 100 | 95 | 2050 |
| | | 90 | 1000 |
| | | 85 | 650 |
| | | 80 | 475 |
| | | 75 | 370 |
| | | 70 | 300 |
| | | 65 | 250 |
| | | 60 | 213 |
| | | 55 | 183 |
| | | 50 | 160 |

| l (in m) | $v_s$ (in km/h) | $v_l$ (in km/h) | s (in m) |
|---|---|---|---|
| 5 | 130 | 125 | 3445 |
| | | 120 | 1690 |
| | | 115 | 1105 |
| | | 110 | 813 |
| | | 105 | 637 |
| | | 100 | 520 |
| | | 95 | 436 |
| | | 90 | 374 |
| | | 85 | 325 |
| | | 80 | 286 |
| | | 75 | 254 |
| | | 70 | 228 |
| | | 65 | 205 |
| | | 60 | 186 |
| | | 55 | 169 |
| | | 50 | 154 |

Wer einen Computer hat, der die Programmiersprache BASIC versteht, der kann mit folgendem kleinen Programm selbst solche Tabellen herstellen:

```
10 REM "BERECHNUNG DER ÜBERHOLSTRECKE"
20 INPUT "LÄNGE DES ÜBERHOLTEN FAHRZEUGS"; A
30 INPUT "GESCHWINDIGKEIT DES ÜBERHOLTEN"; B
40 INPUT "GESCHWINDIGKEIT DES ÜBERHOLENDEN"; C
50 LET D = (C*(C/2+A+B/2))/(C-B)
60 PRINT "DIE ÜBERHOLSTRECKE MISST";D;"METER."
70 END
```

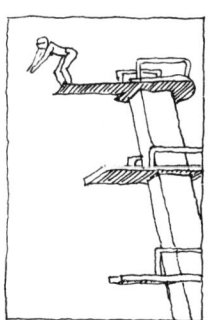

# Der ungeheuere Zeitdruck des Turmspringers

Was sie so alles anstellen, die Kunstspringer, während sie vom Sprungturm ins Wasser fallen: Doppelte und dreifache Saltos, doppelte und dreifache Schrauben, ja sogar doppelt geschraubte Dreifachsaltos und dreifach geschraubte Doppelsaltos. Ein Wunder, wie sie das alles schaffen, denn viel Zeit bleibt ihnen ja auf dem Weg vom Sprungturm ins Wasser wahrlich nicht. Manch einer von ihnen hat schon die bittere Erfahrung machen müssen, daß seine Fallzeit zwar abgelaufen, die kunstvolle Sprungfigur aber noch nicht beendet war. Und das ist eine für den Turmspringer oft recht schmerzliche, für die am Beckenrand stehenden Zuschauer oft recht feuchte Angelegenheit.

Wieviel Zeit hat denn eigentlich so ein Turmspringer für seine meistens recht verwickelten Figuren?

Bei einem Sprung aus 5 m Höhe beträgt die Fallzeit etwa eine Sekunde. Wer mehr Zeit für seine Figuren braucht, der muß höher hinauf. Nun ist es aber nicht etwa so, daß die Fallzeit beim Sprung aus doppelter Höhe auch doppelt solang ist. Beim Fallen vom 10-m-Turm beträgt die Fallzeit nicht 2 Sekunden, sondern leider nur 1,4 Sekunden. Wer 2 Sekunden für seine Figuren braucht, der muß schon auf einen 20 m hohen Sprungturm steigen, falls er einen solchen überhaupt irgendwo findet. Wer will denn auch schon aus dieser Höhe ins Wasser springen? Man prallt dann immerhin mit einer Geschwindigkeit von 71 km/h auf die Wasseroberfläche, und das ist in der Regel nicht nur schmerzhaft, sondern unter Umständen sogar lebensgefährlich. Bei solchen Aufprallgeschwindigkeiten zeigt sich das Wasser gar nicht mehr so sanft und nachgiebig, wie wir das beim Sprung aus geringer Höhe gewohnt sind. Im Gegenteil, es bekommt einen ausgesprochen harten Charakter, sodaß sich bei größeren Höhen der Sprung in ein gefülltes Becken immer weniger vom Sprung in ein leeres Becken unterscheidet.

Die Fallzeiten berechnen wir aus Fallhöhen am einfachsten mit einem Taschenrechner. Dazu dividieren wir den Wert der doppelten Fallhöhe durch 9,81, d. h. durch den Wert der Fallbeschleunigung. Anschließend müssen wir aus dem erhaltenen Wert noch die Quadratwurzel berechnen, indem wir die Taste mit dem Zeichen „$\sqrt{\phantom{x}}$" benutzen.

Zugegeben, die so errechneten Werte gelten streng genommen nur für das Fallen im luftleeren Raum, sie berücksichtigen den Luftwiderstand nicht, der die Fallzeit etwas verlängert. Bei den allgemein üblichen Sprungtürmen bis zu 10 m Höhe beträgt diese Verlängerung der Fallzeit aber höchstens einige hundertstel Sekunden, sie spielt deshalb praktisch überhaupt keine Rolle.

In der folgenden Tabelle sind Fallhöhe und Fallzeit einander gegenübergestellt:

| Fallhöhe (in m) | Fallzeit (in s) |
|---|---|
| 5 | 1,0 |
| 10 | 1,4 |
| 15 | 1,7 |
| 20 | 2,0 |
| 25 | 2,2 |
| 30 | 2,4 |
| 35 | 2,6 |
| 40 | 2,8 |
| 45 | 3,0 |
| 50 | 3,2 |
| 100 | 4,4 |
| 500 | 10,0 |

# Der Geisterflieger

Fast täglich wird im Verkehrsfunk vor Autofahrern gewarnt, die auf die linke Fahrspur der Autobahn geraten sind und dort den Verkehr im höchsten Grad gefährden. „Achtung, Autofahrer, fahren Sie nicht nebeneinander, überholen Sie nicht, fahren Sie am äußersten rechten Fahrbahnrand!" heißt es dann, und man ist gut beraten, wenn man sich strikt an diese Aufforderung hält. Geisterfahrer nennt man diese „Irrsinnstypen", obwohl sie sich bei dem meist fälligen Zusammenstoß nicht als körperlose Geister, sondern als handfeste Gesellen entpuppen, die beim Aufprall gewaltige Kräfte freisetzen.

Auch im Luftverkehr kommt es hin und wieder zu solch gefährlichen Situationen, wenn ein Flugzeug seinen ihm zugewiesenen „Korridor" verfehlt und frontal auf eine in gleicher Höhe entgegenkommende Maschine zurast. Von einem „Geisterflieger" könnte man hier sprechen.

Geisterflieger sind ungleich gefährlicher als die ohnehin schon äußerst gefährlichen Geisterfahrer auf der Autobahn, weil dort oben in der Luft alles ein bißchen schneller geht als am Boden und weil man in der Luft weder bremsen noch rechts ranfliegen und anhalten kann. Es gibt dort oben nur eines: so schnell wie möglich ausweichen. Und dazu hat man meist sehr, sehr wenig Zeit. Nehmen wir einmal an, daß ein solcher Geisterflieger mit 900 km/h frontal auf eine ebenfalls mit 900 km/h fliegende Maschine zurast. Bei einer Geschwindigkeit von 900 km/h legt jede Maschine in einer Stunde 900 km zurück.

900 km sind 900 000 m.

Eine Stunde hat 3600 Sekunden.

Das mit 900 km/h fliegende Flugzeug legt folglich in jeder Sekunde 900 000 m : 3600 = 250 m zurück. Da beide Flugzeuge direkt aufeinander zufliegen, verkürzt sich ihr Abstand voneinander in jeder Sekunde um 2 · 250 m = 500 m. Nehmen wir an, die Piloten der beiden Flugzeuge erkennen einander in 5 000 m Entfernung, dann bleiben ihnen gerade noch 10 Sekunden Zeit, um eine Katastrophe zu verhindern. Eine Sekunde davon können wir getrost ganz abschreiben, es ist die Schrecksekunde der Piloten. Während dieser Sekunden düsen die beiden Maschinen ungehindert aufeinander zu. Dann beginnt die Hektik: Der Autopilot muß ausgeschaltet, die Hebel für die Steuerruder müssen betätigt werden, die Steuerruder müssen ausschlagen, und die Maschine muß sich schließlich noch bequemen, dem Befehl der Steuerruder zu gehorchen. Das alles kostet wertvolle Sekunden. Und 9 Sekunden stehen nur noch zur Verfügung! Aber in jeder dieser 9 Sekunden verringert sich der Abstand der Maschinen voneinander um einen halben Kilometer. Kein Wunder, daß sich die Piloten, wenn alles gut ausgegangen ist, im wahrsten Sinne des Wortes wie neugeboren fühlen.

Noch schlimmer wird die Angelegenheit, wenn zwei über-
schallschnelle Maschinen aufeinander zufliegen. Falls sie mit
2,5facher Schallgeschwindigkeit fliegen, legt jede von ihnen
in der Sekunde 850 m zurück. Der Abstand zwischen ihnen
nimmt also in jeder Sekunde um 2 · 850 m = 1700 m ab.
Wenn sich die beiden Piloten in 5 km Entfernung erkennen,
bleiben ihnen sage und schreibe ganze
5000 m : 1700 m/s ≈ 3 Sekunden Zeit zum Ausweichen.

# Der gefährliche Irrflug eines Jagd-
# bombers

Vor ein paar Jahren geschah es, daß sich ein Pilot der Bun-
deswehr mit seinem Überschall-Jagdbomber ganz gewaltig
verfranzte. Ohne sich der Gefahr, in der er sich befand,
bewußt zu sein, raste er orientierungslos rund 150 km weit
über das Gebiet der damals noch bestehenden DDR. Als er
endlich die Orientierung wiedergefunden hatte, befand er
sich bereits über Berlin und landete wohlbehalten auf einem
Flugplatz im Westen der damals geteilten Stadt.
Die Nachricht von diesem Irrflug ging anschließend durch
die gesamte Weltpresse und sorgte überall für Aufregung.
Was hätte sich aus diesem Vorfall alles entwickeln können?
Was wäre wohl geschehen, wenn die Flugabwehr der
Sowjetarmee oder der DDR die bundesdeutsche Maschine
zur Landung gezwungen oder gar abgeschossen hätte? Welche politischen Schwierigkeiten zwischen Ost und West hätten die Folge sein können?
Kurzum, der Pilot wurde von allen Seiten mit Vorwürfen
überhäuft. An jedem Stammtisch wurde über den Fall disku-
tiert. Schließlich habe der Pilot doch bei seinem langen Flug
über das Gebiet der DDR merken müssen, daß er vom Kurs
abgekommen sei. Zeit genug habe er doch dazu gehabt.
10 km Einflug in die DDR hätte man ihm ja noch zugestan-

den, vielleicht auch 20 km, aber gleich 150 km dahinzufliegen, ohne zu merken, wo man gerade ist, das sei ja wohl das Letzte an Unaufmerksamkeit oder Reaktionsträgheit, das man von einem gut trainierten Piloten erwarten sollte. Da habe er wohl ein halbes Stündchen vor sich hingeträumt oder an seine Freundin gedacht. So die Meinung der meisten Stammtisch-Strategen. Wer aber so denkt, der weiß nicht, was es bedeutet, mit Überschallgeschwindigkeit zu fliegen.

Nehmen wir einmal an, der Pilot sei mit $2^1/_2$facher Schallgeschwindigkeit geflogen. Dabei legt er, da die Schallgeschwindigkeit rund 340 Meter pro Sekunde beträgt, in jeder einzelnen Sekunde sage und schreibe 850 m zurück; in 10 Sekunden also 8,5 km, in 100 Sekunden 85 km und in 200 Sekunden 170 km. Nach 200 Sekunden — das sind etwa drei Minuten — ist er aber schon über Berlin, denn die Entfernung Berlins von der damaligen Grenze der Bundesrepublik beträgt etwas mehr als 150 km.

# Die unvorhergesehene Kursabweichung

Libreville, die Hauptstadt des afrikanischen Staates Gabun, liegt ziemlich genau auf dem Äquator; Macapá, die Hauptstadt des brasilianischen Bundesterritoriums Amapá, ebenfalls. Macapá liegt westlich von Libreville.

Ein Flugzeug, das in Libreville zum Flug nach Macapá startet, muß also vom Start weg bis zur Landung ständig nach Westen fliegen. Falls es dem Piloten zu langweilig wird, kann er, wenn er die Maschine nach dem Start auf Westkurs gebracht hat, das Steuer festklemmen. Das Flugzeug fliegt dann, von Seitenwinden abgesehen, immer geradeaus. Es gelangt ohne jeden weiteren Steuerausschlag mit absoluter Sicherheit nach Macapá. Dort wird der Pilot allerdings das

Steuer wieder in die Hand nehmen und den ihm von der Flugsicherung angewiesenen Landekurs ansteuern müssen. Neapel liegt ziemlich genau auf dem 40. Breitenkreis, New York ebenfalls. New York liegt genau westlich von Neapel. Ein Flugzeug, das in Neapel zum Flug nach New York startet, muß also vom Start weg bis zur Landung ständig nach Westen fliegen.

Falls der Pilot auch bei diesem Flug, nachdem er die Maschine auf Westkurs gebracht hat, den Steuerknüppel festklemmt, wird er aber sein blaues Wunder erleben. Zwar fliegt die Maschine mit festgeklemmten Steuer auch jetzt ständig geradeaus, aber eben nicht ständig nach Westen. Und so wird der Pilot vergeblich nach New York Ausschau halten. Falls der Treibstoff überhaupt reicht, wird er erstmals wieder an der Nord-Ost-Küste von Venezuela, also in Südamerika, Land erblicken und eine Notlandung versuchen können.

Wer das nicht glaubt, sollte einen solchen „Geradeaus-Flug'' mit Hilfe eines möglichst kleinen Spielzeugautos und eines möglichst großen Globus nachahmen. Er setzt das Spielzeugauto genau über Neapel auf den Globus, und zwar so, daß der 40. Breitenkreis in der Längsachse des Autos verläuft. Danach wird das Auto langsam, und ohne es nach rechts oder nach links abzulenken, in Richtung Amerika gescho-

ben. Schon bald weicht es vom 40. Breitenkreis, also vom Westkurs, ab und gerät immer mehr auf einen Süd-West-Kurs.

Wenn man auf dem 40. Breitenkreis bleiben, d. h. den einge-schlagenen Westkurs beibehalten will, muß man während der ganzen Fahrt zwischen Neapel und New York ständig etwas nach rechts steuern. Und wer auch noch den zuvor beschriebenen Flug von Libreville nach Macapá mit dem Spielzeugauto nachvollzieht, wird merken, daß in diesem Fall bei einer Geradeausfahrt keine Kursabweichung auftritt.

Unter allen Breitenkreisen ist der Äquator der einzige, auf dem man ohne auch nur geringfügige Kursänderung ent-langfliegen kann. Will man dagegen auf einem nördlich vom Äquator gelegenen Breitenkreis genau nach Westen fliegen, so muß man ständig etwas nach rechts steuern, und zwar umso stärker, je weiter dieser Breitenkreis vom Äquator ent-fernt ist. Und will man auf einem nördlich vom Äquator gele-genen Breitenkreis nach Osten fliegen, so muß man ständig ein wenig nach links steuern.

Auf der Südkugel der Erde ist es umgekehrt. Wenn man dort genau nach Westen fliegen will, muß man ständig ein biß-chen nach links steuern, und wenn man dort genau nach Osten fliegen will, so muß man ständig nach rechts steuern. Wer gerade Globus und Spielzeugauto zur Hand hat, kann sich durch ein paar Versuche außerdem klarmachen, daß diese Erscheinungen beim Flug nach Norden oder Süden entlang eines Längenkreises nicht auftreten. Wer geradeaus nach Norden fliegt, der fliegt immer in Nordrichtung, und wer geradeaus nach Süden fliegt, der bleibt während des ganzen Fluges in Südrichtung.

# Ein Dreieck mit drei rechten Winkeln

Ein Dreieck mit drei rechten Winkeln, d. h. drei Winkeln von je 90°?
So etwas kann es doch gar nicht geben. Eine solche Figur würde sich ja nicht „schließen", wie die Zeichnung zeigt:

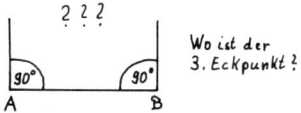

Und außerdem weiß doch jeder, daß die Summe aus den Größen der drei Innenwinkel eines Dreiecks genau 180° beträgt. Drei rechte Winkel ergeben aber zusammen $3 \cdot 90° = 270°$, und das sind offensichtlich 90° zuviel. Was also soll der Unsinn?
Ein Dreieck mit drei rechten Winkeln gibt es nicht und wird es niemals geben!
Halt! So einfach ist die Sache nun auch wieder nicht. Stellen wir uns doch vor, ein Flugzeug startet am Nordpol zu einem Dreieckflug. Es fliegt zuerst entlang dem nullten Längenkreis genau in Richtung Süden. Über England, Frankreich, Spanien und Nordafrika erreicht es südlich von Ghana den Äquator. Dort beschreibt es eine Linkskurve von genau 90° und fliegt dann entlang dem Äquator in Richtung Osten. Nachdem es Afrika und die Malediven überflogen hat, erreicht es kurz vor Indonesien den 90. Längenkreis, beschreibt dort wiederum eine Linkskurve von genau 90° und fliegt danach diesem 90. Längenkreis in Richtung Norden entlang. Über

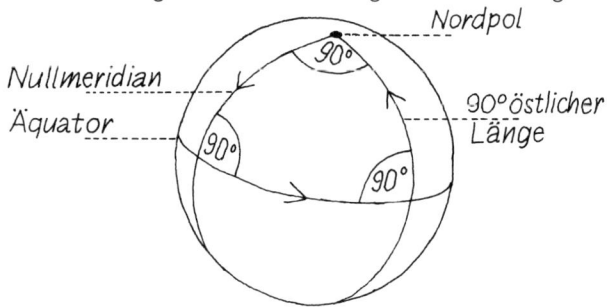

Bangla-Desh, Bhutan, China, die Mongolei und Rußland gelangt es zum Nordpol zurück.

Die Richtung, aus der das Flugzeug am Nordpol eintrifft, bildet mit der Richtung, in der es bei Beginn seines Dreieckfluges vom Nordpol weggeflogen ist, einen Winkeln von 90°. Der Weg des Flugzeugs stellt folglich ein Dreieck dar, das drei Winkel von je 90°, also drei rechte Winkel, besitzt. Damit aber ist bewiesen, daß es ein solches Dreieck tatsächlich gibt. Allerdings nur auf einer Kugel.

In der Ebene bleibt es für alle Zeiten dabei: Die Summe aus den Größen der Innenwinkel eines Dreiecks beträgt 180°.

# Ein verblüffend einfacher Kartentrick

Neulich führte ein Schüler einen verblüffenden Kartentrick vor, der so einfach ist, daß man nur schwer dahinterkommt. Und so ging das Spiel vor sich:

Der Schüler forderte einen Lehrer auf, aus einem Kartenspiel 10 Karten herauszuziehen und sie umgedreht, d. h. mit der Vorderseite nach oben, einzeln in den Stapel zurückzustecken. Anschließend durfte der Lehrer gründlich mischen. Dann mußte er dem Schüler unter der Tischplatte 10 Karten geben, und zwar so, daß weder der Schüler noch der Lehrer sehen konnte, wieviel umgedrehte Karten darunter waren.

Nun behauptete der Schüler, er könne unter dem Tisch, also ohne hinzuschauen, so viele Karten umdrehen, daß er danach unter seinen 10 Karten genauso viele mit der Vorderseite nach oben liegende Karten habe wie der Lehrer unter den ihm verbliebenen restlichen Karten.

Nach einer kurzen Manipulation legte er seine Karten auf den Tisch. Und tatsächlich: Unter seinen 10 Karten waren 7 umgedrehte, und unter denen des Lehrers waren 7 umgedrehte.

Wie das? Zuerst glaubte der Lehrer, der Schüler habe ein so feines Tastvermögen, daß er damit die Rückseite von der Vorderseite einer Karte unterscheiden könne. Das allein hätte ihm aber auch nichts genützt, wie hätte er denn herausbekommen sollen, wie viele umgedrehte Karten der Lehrer auf seinem Stapel hatte. Schließlich schrieb der Schüler zur Erklärung seines Kartentricks die folgende Gleichung an die Tafel:

$$10 - (10 - x) = x.$$

Und da funkte es beim Lehrer.
Hier die nähere Erklärung:
Angenommen, der Lehrer hat von den 10 umgedrehten Karten 7 behalten. Dann bleiben für den Schüler $10 - 7 = 3$ umgedrehte Karten übrig. Er hat also unter seinen 10 Karten 3 umgedrehte und $10 - 3 = 7$ normal liegende. Wenn er jetzt seinen Kartenstapel als Ganzes herumdreht, so liegen diese 7 Karten plötzlich mit der Vorderseite nach oben, und aus den 3 ursprünglich verkehrtherum liegenden Karten werden normalliegende Karten, d. h. solche, die mit der Rückseite nach oben liegen.
Damit befinden sich im Kartenstapel des Schülers genauso viele umgedrehte Karten wie im Stapel des Lehrers. Der Schüler braucht also nur seinen Kartenstapel im Ganzen herumzudrehen, und schon hat er genauso viele umgedrehte Karten wie der Lehrer.
Und das funktioniert immer. Hätte der Lehrer beispielsweise alle 10 umgedrehten Karten behalten, so hätte der Schüler zunächst keine einzige umgedrehte Karte in seinem Stapel. Wenn er danach aber den Stapel im Ganzen unter dem Tisch herumdreht, so hat er urplötzlich 10 umgedrehte Karten, genauso viele wie der Lehrer. Und wenn der Lehrer keine einzige der umgedrehten Karten behalten hätte, so hätte der Schüler zunächst 10 umgedrehte Karten und nach seiner Manipulation unter dem Tisch keine einzige mehr.

Ganz allgemein gilt:

Wenn der Lehrer x umgedrehte Karten behält, so hat der Schüler zunächst 10 − x umgedrehte Karten. Dreht er jetzt seinen Stapel, der ja genau 10 Karten enthält, im Ganzen herum, dann hat er

$$10 - (10 - x)$$

umgedrehte Karten. Nach den Regeln der Klammerrechnung gilt:

$$10 - (10 - x) = 10 - 10 + x = x$$

Folglich hat der Schüler, genauso wie der Lehrer, x umgedrehte Karten.

# Die schicke Miß und der Elefant

Je größer die Fläche ist, auf die eine bestimmte Kraft wirkt, desto geringer ist der Druck, der dabei ausgeübt wird. Das weiß jeder Skiläufer. Wenn sein Gewicht, das ja eine Kraft ist, auf die große Fläche seiner Skibretter wirkt, so ist der Druck relativ klein; der Skiläufer sinkt selbst bei weichem Schnee nicht ein. Schnallt er aber die Skier ab, wirkt sein Gewicht auf die viel kleinere Fläche seiner Schuhsohlen, der Druck wird größer, er sinkt tief in den Schnee ein. Schnallt er sich gar Schlittschuhe an, wirkt sein Gewicht auf die noch viel kleinere Fläche der Schlittschuhkufen. Der Druck wird so groß, daß er sogar Eis zum Schmelzen bringen kann. Daher gleitet der Schlittschuhläufer tatsächlich nicht etwa auf einer Eisfläche, sondern auf einem dünnen „Wasserfilm''.

Auch wer schon einmal eine Reißzwecke eingedrückt hat, weiß, daß der Druck umso größer wird, je kleiner die Fläche ist, auf die eine Kraft wirkt: Eine spitze Reißzwecke läßt sich leichter in die Wand drücken als eine stumpfe.

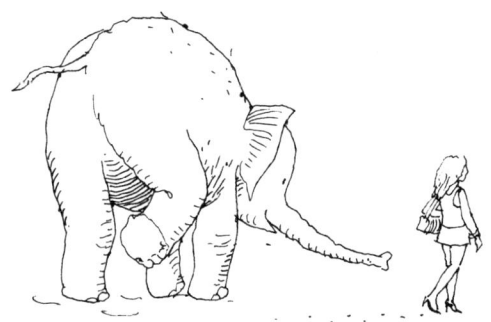

Das soll zur Vorbereitung genügen! Nun zur schicken Miß. Jede schicke Miß hält es für besonders schick, auf möglichst spitzen Absätzen durch die Gegend zu stöckeln. Solange sie auf Steinfußboden daherstolziert, hat keiner was dagegen. Sobald sie jedoch Holz-, Kunststoff- oder Teppichboden betritt, wird's kritisch. Mit ihren spitzen, oft nur pfenniggroßen Absätzen malträtiert sie den Fußboden mehr, als wenn ein Elefant darüber stapfen würde.

Zwar wird es sich jede dieser grazilen Damen energisch verbitten, mit einem plumpen Elefanten verglichen zu werden, aber dieser Vergleich ist durchaus zutreffend, wie folgende Überlegung zeigt:

Nehmen wir an, die schicke Miß, schlankgehungert wie es die Mode verlangt, wiegt nur 50 kg, und der Flächeninhalt eines ihrer Stöckelabsätze beträgt 1 cm². Daneben stellen wir einen Elefanten, der 4000 kg wiegt, also 80mal so viel wie die leichtgewichtige Dame. Den Flächeninhalt einer seiner Fußsohlen wollen wir mit 2 dm² annehmen.

Bei jedem Schritt der Dame wirkt einmal kurzzeitig ihr volles Gewicht auf einen der beiden Absätze, also auf eine Fläche von 1 cm² Inhalt. Wenn sich der Elefant vorwärtsbewegt, so hat er stets mindestens zwei seiner Sohlenflächen auf dem Boden. Sein Gewicht verteilt sich dabei auf eine Fläche von $2 \cdot 2 \, dm^2 = 4 \, dm^2$. Und weil $1 \, dm^2 = 100 \, cm^2$ hat, sind $4 \, dm^2 = 400 \, cm^2$. Auf jeden einzelnen Quadratzentimeter seiner Sohlenfläche wirkt somit ein Gewicht von

4000 kg : 400 = 10 kg. Bei der schicken Miß aber sind es 50 kg, die auf einen Quadratzentimeter wirken, also fünfmal so viel. Oder mit den Worten eines Physikers: Der Druck, den die Dame mit ihren Absätzen auf den Boden ausübt, ist fünfmal so groß wie der Druck, den der Elefant ausübt. Gerade der Druck ist es aber, der den Fußboden mißhandelt. Die Miß mißhandelt ihn folglich mehr als der Elefant.

Selbst wenn der Elefant beim Anblick der daherstöckelnden Modedame vor Vergnügen drei Beine in die Luft werfen würde, wäre das für den Fußboden immer noch weniger belastend als das Umhergehen mit pfennigkleinen Stöckelabsätzen.

# Ein saublödes Würfelspiel

Folgendes Würfelspiel ist sehr beliebt: Einer der Mitspieler wirft drei Würfel gleichzeitig. Zu dem Ergebnis, das jedem sichtbar ist, formuliert er einen Satz, der mit diesem Ergebnis in irgendeinem nicht sofort erkennbaren Zusammenhang steht. Wer den Zusammenhang als erster erkennt, hat gewonnen und übernimmt die nächste Runde des Spiels. Hier sind einige Beispiele, der Leser möge raten.

Der erste Wurf:

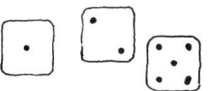

Der Satz, der dazu gehört, lautet:

„Ein Junge und zwei Mädchen besitzen zusammen 8 DM.''

Nun? Kann man den Zusammenhang zwischen dem Ergebnis des Wurfs und dem Satz deutlich erkennen? Nein? Noch nicht?

Na, dann noch ein Beispiel:

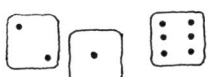

Und der zugehörige Satz lautet:
„Zwei Jungen und ein Mädchen haben zusammen 9 DM."
Falls wir jetzt schon hinter den Zusammenhang gekommen
sind, können wir den nächsten Satz selber formulieren. Man
prüfe erst hinterher nach, ob es richtig gemacht wurde!
Also, der Wurf sei:

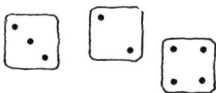

Jetzt einen Satz formulieren und dann erst weiterlesen!!
Hoffentlich lautet der Satz:
„Zwei Jungen und ein Mädchen haben zusammen 9 DM".
Wenn ja, so ist der Zusammenhang erkannt worden, wenn
nein, so soll er jetzt erklärt werden.
Jede gerade Augenzahl auf einem der drei Würfel bedeutet
einen Jungen, jede ungerade Augenzahl bedeutet ein Mäd-
chen, und die Summe aller Augenzahlen gibt die Geldmenge
an.
Zu einem Wurf mit drei Sechsen gehört folglich der Satz:
„Drei Jungen haben zusammen 18 DM."
Und ein Wurf mit drei Einsen führt auf den Satz:
„Drei Mädchen haben zusammen 3 DM."
So, und jetzt kann sich der Leser einen möglichst verwickel-
ten Zusammenhang ausdenken und seine Geschwister oder
seine Eltern raten lassen.
Einer der seltsamsten Zusammenhänge tauchte einmal in
einer Runde von Mathematikern auf. Dieser Zusammenhang
ist so blöd, daß keiner dieser klugen Leute ihn erkannte, trotz
Dutzender von Beispielen.
Drei solcher Beispiele waren:
1. Beispiel.
Der Wurf:

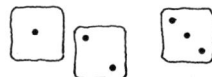

Der Satz: „2 Eskimos sitzen um 2 Löcher im Eis und fangen 2 Fische."

2. Beispiel.

Der Wurf:

Der Satz: „4 Eskimos sitzen um 1 Loch im Eis und fangen 10 Fische."

3. Beispiel.

Der Wurf:

Der Satz: „6 Eskimos sitzen um 3 Löcher im Eis und fangen keinen Fisch."

Und hier die Lösung des Problems, die nach diesen kümmerlichen drei Beispielen sicher noch nicht erraten wurde:

Als Eislöcher gelten die Punkte in der Mitte der Würfelflächen. Solche Punkte gibt es nur bei den Wurfzahlen 1, 3 und 5:

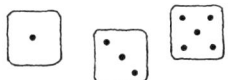

Das sind die Eislöcher.

Als Eskimos gelten alle Punkte rund um einen solchen „Mittel"punkt, denn die Eskimos sitzen ja „um" die Eislöcher „herum".

Als gefangene Fische gelten alle übrigen Punkte, also die Punkte, die bei den Wurfzahlen 2, 4 und 6 auftreten.

So, und nun probieren wir einmal, wohin diese Regel bei dem folgenden Wurf führt:

Der zugehörige Satz lautet:

„Kein Eskimo sitzt um kein Loch im Eis und fängt 12 Fische."

Ein saublöder Satz, aber er entspricht genau dem vereinbarten Zusammenhang.

Und jetzt ist auch klar, wie es zu der ungewöhnlichen Überschrift dieses Kapitels gekommen ist.

## Je klüger, desto umständlicher

Es gibt eine Aufgabe, die sehr kompliziert erscheint, aber im Grunde genommen ganz einfach zu lösen ist, nämlich: „Gemeinsam mit seinem Dackel Waldemar strebt Oberförster Hugo Tannemann nach erfolgreicher Pirsch dem heimatlichen Forsthaus zu. Genau 400 m vor dem Haus läßt er seinen Dackel von der Leine. Freudig bellend stürmt Waldemar auf die in der Tür des Forsthauses stehende Förstersfrau zu. Dort angekommen, kehrt er, hin- und hergerissen in seiner Zuneigung zwischen Herrchen und Frauchen, sofort wieder um und eilt nun dem Förster entgegen, springt an ihm hoch und rast zur Förstersfrau zurück. Dies wiederholt sich solang, bis der Förster seine Frau unter der Eingangstür in die Arme schließt. Wieviel Meter Weg hat der Dackel insgesamt zurückgelegt, wenn er während der ganzen Zeit doppelt so schnell wie sein Herr gelaufen ist?"

Mit dieser Aufgabe macht man im allgemeinen eine ganz seltsame Erfahrung: Je mehr die Leute, denen man sie vorlegt, von Mathematik verstehen, desto umständlicher ist ihr Lösungsweg. Die meisten von ihnen überschätzen die Aufgabe maßlos und pirschen sich auf folgendem Wege an die Lösung heran: 400 m vor dem Haus läßt der Förster seinen Hund frei. Beide laufen in derselben Richtung.

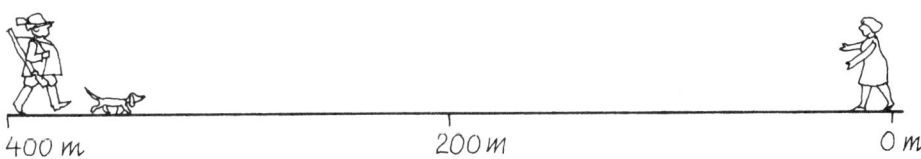

Während der Hund die 400 m bis zum Haus zurücklegt, kommt der Förster dem Haus um 200 m näher.

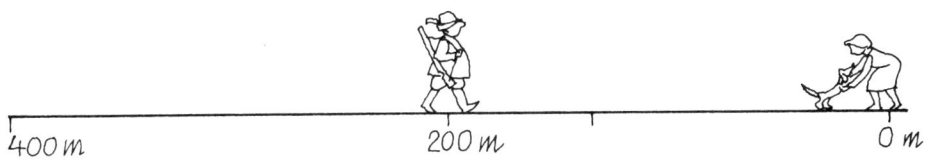

Jetzt kehrt der Hund um und läuft dem Förster entgegen. Da der Dackel doppelt so schnell läuft wie der Förster, muß man die zwischen ihnen liegende Strecke von 200 m in drei gleich lange Teile zerlegen. Jeder von ihnen ist 200 m : 3 = 66²/₃ m lang. Einen dieser drei Teile legt der Förster zurück, zwei der Hund. Die beiden treffen sich also zum erstenmal wieder 2 · 66²/₃ m = 133¹/₃ m vom Forsthaus entfernt.

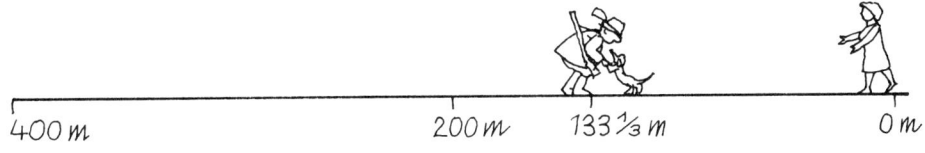

Jetzt laufen beide wieder in derselben Richtung.
Während der Hund nun die 133 m zum Haus zurücklegt, kommt der Förster dem Haus um die Hälfte dieser Strecke näher, also um 133¹/₃ m : 2 = 66²/₃ m. Wenn der Hund am

Haus angelangt ist, befindet sich der Förster noch 66²/₃ m vorm Haus.

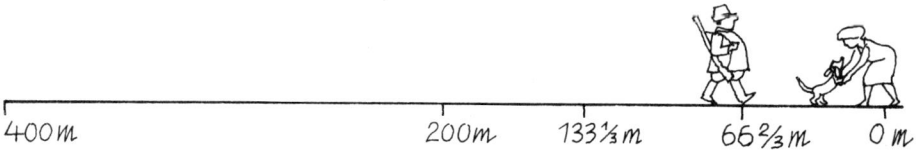

| 400 m | 200 m | 133⅓ m | 66²/₃ m | 0 m |

Nun laufen sich die beiden wieder entgegen. Erneut muß man die Strecke zwischen Haus und Förster in drei gleich-lange Teile zerlegen. Jeder dieser Teile ist 66²/₃ m : 3 = 22²/₉ m lang. Eine dieser Strecken legt der Förster zurück, zwei der Hund. Sie treffen sich folglich 22²/₉ m · 2 = 44⁴/₉ m vom Forsthaus entfernt.

| 400 m | 200 m | 133⅓ m | 66⅔ 44⁴/₉ m 0 m |

Und so geht das immer weiter und weiter. Gemäß dieser Überlegung bricht das Hin- und Hergelaufe des Hundes niemals ab.

Mathematisch gesehen, handelt es sich dabei um eine Summe aus unendlich vielen, ständig kleiner werdenden, Summanden. Ähnlich wie im Kapitel „Achill in Nöten" auf S. 188 ist der Wert dieser Summe aus unendlich vielen Summanden auch in diesem Fall nicht unendlich groß. Es gibt eine Formel, mit der man ihn berechnen kann. Natürlich kennen die klugen Leute, die diese kluge Überlegung angestellt haben, diese Formel, oder sie wissen wenigstens, wo sie steht. Und damit erhalten sie als Ergebnis ihrer langwierigen Überlegung das folgende Ergebnis: Der Hund hat insgesamt 800 m zurücklegt.

Der mathematische Normalverbraucher wäre schon deshalb nicht auf diesen umständlichen Lösungsweg verfallen, weil er einerseits nicht in der Lage ist, derartig scharfsinnige Überlegungen anzustellen, und weil er andererseits nichts

308

mit Summen aus unendlich vielen Summanden anzufangen weiß. Er geht in der Regel viel unbefangener an die Aufgabe heran und sagt sich: Wenn der Hund doppelt so schnell läuft wie der Förster, so legt er in der gleichen Zeit auch einen doppelt so langen Weg zurück. Wenn der Förster also bis zum Eintreffen am Forsthaus 400 m zurückgelegt hat, dann hat der Hund in dieser Zeit eine doppelt so lange Strecke, also 800 m zurückgelegt. Aus! Fertig! Und wenn man diesen so einfachen Lösungsweg den klugen Leuten zeigt, müssen sie beschämt gestehen, daß sie diesmal vor lauter Bäumen den Wald nicht gesehen haben.